LOCUS

LOCUS

LOCUS

LOCUS

touch

對於變化，我們需要的不是觀察。而是接觸。

a *touch* book
Locus Publishing Company
11F, 25, Sec. 4 Nan-King East Road, Taipei , Taiwan
ISBN 957-0316-71-3 Chinese Language Edition

Re-Creating the Corporation:
A Design of Organizations for the 21st Century

June 2001, First Edition.

Printed in Taiwan

交響樂組織
——互動式管理：循環式組織＋內部市場經濟＋多層面組織
作者：羅素・艾可夫（Russell L. Ackoff）
譯者：黃佳瑜
責任編輯：陳翠蘭　美術編輯：謝富智
法律顧問：全理法律事務所董安丹律師
出版者：大塊文化出版股份有限公司　e-mail: locus@locuspublishing.com
臺北市105南京東路四段25號11樓　**讀者服務專線：0800-006689**
TEL:(02)87123898　FAX:(02)87123897
郵撥帳號：18955675　戶名：大塊文化出版股份有限公司
總經銷：北城圖書有限公司　地址：台北縣三重市大智路139號
TEL:(02)29818089（代表號）　FAX:(02)29883028　29813049
排版：天翼電腦排版印刷股份有限公司　製版：源耕印刷事業有限公司

初版一刷：2001年6月

定價：新台幣380元

touch

交響樂組織

互動管理：循環式組織＋內部市場經濟＋多層面組織

Re-Creating the Corporation:

A Design of Organizations for the 21st Century

組織思想大師

Russell L. Ackoff

具體形塑企業理想化再造的思維模式

黃佳瑜⊙譯

目錄

在歷史的記載中，沒有任何一個時代
如同二十世紀一樣，經歷如此頻繁而革命性的社會轉型。
我認爲這些社會改革，或許將是我們這個世紀
以及它所留予後人的遺產中，意義最重大的事件。
二十世紀的最後十年裡，已開發自由市場國家
（這些國家雖然僅占全球人口的五分之一弱，卻是其他國家的典範）
的工作型態與勞動人口，
以及其社會與政體，不僅迥異於世紀之初，也是歷史上前所未見的——
不論就它們的型態、流程、問題或架構而言，都是如此。

杜拉克（Peter F. Drucker）

《社會變革的年代》（*The Age of Social Transformation*）

亞特蘭大月刊（Atlantic Monthly）

領導——美學的活動

李仁芳

有關組織，我們最大的困境是——「管理過度，卻又領導不足。」

領導，基本上是一種美學的活動。帶領組織追求成長的領導者，必須參與願景的制定，並且激發人們追求願景的決心，願景是一種比目前更令人渴慕的狀態。由於願景通常是一份可以持續迫近、卻永遠難臻的理想，領導者必須確保追求的過程能令組織同仁感到滿足，同時也感受到樂趣、意義與價值。

爲了有效地追求組織願景，領導者必須讓追隨者奉獻出最高的心力；而組織若希望做到這一點，就必須提供最高品質的工作生活。

鼓舞人心的能力，是一種美學上的才能，也是讓人從追求理想的過程中獲得滿足的能力。領導者是吸引人並改造追隨者，使他們能持續追求願景的人。

艾可夫教授滿勇敢的，在《交響樂組織》裡，他不羞不懼地大談他的「管理美學」。艾可夫明顯地是管理學院裡一位具備創新管理基因的優雅異類。

《交響樂組織》關切二十一世紀創新型智價企業的組織設計，討論「執行與學習」（第二篇）、「改革與轉型」（第四篇）。

「歡愉經濟」與「體驗經濟」

要如何爲創意與創新理出空間？如何將企業打造成一個創新之泉不斷湧現的組織平台？這樣的平台又需要形塑怎樣的文化氛圍？

事實上，創新需要動員內心深處最深刻的理智與情感資源。如果企業文化氛圍只鼓勵組織成員追索 Know What、Know How，以致於 Know Why 的知識上的好奇心，但文化氛圍中卻缺少對同仁 Care Why 的支持與對同仁本人 Care 的溫暖與慈心，這樣的智價創新企業競爭力是不能持久的。

最新鮮的洞察力來自最天眞的心靈。

最具創新震憾力的靈感（inspiration）孕育自最溫柔的胎床。

新的聲音與新的視野的孕育，需要溫暖與紀律、歡愉與智慧間適當的拿捏與平衡。成熟睿智心靈的最佳表徵，就是能安逸自在地同時諧調兩種看似相互矛盾的意念。

無論是高創造力的國家經濟、產業聚落或企業組織，其最微觀、最基本的組成單元還是歸結到高創造力的個人。

對這群「不同凡想」的高創造力個人綜合觀察，可以看到他們共通的氣質——自在、專注、熱情、以及歡愉。

創新力高強的組織平台與文化中充盈著溫暖的光影與歡愉的氛圍。

溫暖孕育熱情，歡愉才會自在——

創新需要自在；

自在需要專注；

專注需要熱情；

熱情則帶來歡愉並引領你朝向發現之旅。

千禧年跨世紀之交，台灣各界「知識經濟」、「智價經濟」的呼聲響徹雲霄。但是很少聽人提起，數位創新經營必備的「歡愉經濟」、「體驗經濟」組織平台與文化該如何佈建。

很少人思考，習於仰賴紀律、勤奮勞動力的產業台灣「苦力經濟體」，如何落實轉向仰賴自在、歡愉、熱情與創造力的產業新台灣「創新經濟體」。

我們一向喜歡高談策略、理性、知識與智慧。但也一向很少知覺到孕育創造力的組織平台所亟需的溫暖光影與美麗空間。

是的，策略是智慧，但智慧有時是憂鬱的。美麗才是歡愉。對創新經營的組織平台與文化孕育來說，美麗的事物是永恆的歡愉，是自在與專注之泉，更是激發創新與創造力永不止熄的熱情之火。

知識與智慧是「知識論」的範疇，美麗與歡愉則屬「美學」的領域，但是對照一般策略管理書籍的憂鬱，與艾可夫教授《交響樂組織》的歡愉，我們不禁覺得——

其實，歡愉也是一種智慧，一種非常有益於創新的智慧。

原來，美學與知識，歡愉與智慧，在孕育創新的組織平台與文化中正是一個母體的兩個孿生兒女。

艾可夫教授在《交響樂組織》裡作了兩項重大貢獻：除了上述的「領導與管理美學論」外，他再三致意的是組織與經營的系統觀點。

「在我們的文化中，代價最慘重的解析動作，莫過於將生活分解為工作、娛樂、學習與心靈啓迪四個元素。」

因此，企業是工作場所，不是用來娛樂、學習或啓迪心靈的地方。因此，知識經濟難免變成憂鬱經濟……

但是，勇於帶領轉型的領導者為了有效追求成長，必須具備整合生命各個層面的能力，這已是創新經濟智價組織體內愈來愈明顯的事實。勇於帶領轉型的領袖將能夠創造一個重新整合生命的組織——一個融合工作、娛樂、學習與心靈啓迪的場所。

（本文作者為政治大學科技管理研究所教授李仁芳）

自序

我的知識主要來自於實際經驗以及與三位導師——小辛格（Edgar A. Singer Jr.）、況恩（Thomas A. Cowan）與喬屈曼（C. West Churchman）——的討論，不論是理論上或實務上的知識都是如此。我原本接受的教育，是打算成為一位建築師的，而一個人從實踐、以及反省實踐成果與影響所得到的建築知識，遠比課堂上或圖書館所能提供的更為豐富。我在系統學、組織學與管理學等方面的研究，並沒有甚麼不同。

科學哲理（Philosophy of science）是我在研究所的研究領域。我的第一份工作，受聘於底特律韋恩大學（Wayne University）的哲學系，我因為試圖成立一所應用哲學中心，並且膽敢召開了一次涵蓋哲學與市政規劃的研討會，而丟掉這份工作。我試圖在研討會中，將這兩個領域結合在一起。

我從哲學學到的思考方式，以及從建築學學到的設計法則，在我轉換學術跑道，將重心從哲學轉向作業研究之後，得到了運用的機會。而隨著時代的改變，以及新時代在實務上的不同需求，我自然而然地又將研究重心，從作業研究演化為系統學的研究。

我在前一本書《創造企業未來》（*Creating the Corporate Future*，Wiley 出版，一九八一年）中，放入許多汲取自實務經驗的心得，隨後，我將書中某些部分加以延伸，寫成了《民主企業》（*The Democratic Corporate*，Oxford 出版，一九九四年）一書。我對於這兩本書所涉及主題的最新想法，大部分記錄在許多論文之中，發表於各式期刊上。看起來該是時候將這些想法整合在一起了；這本書就是彙總之後的產物。

這本書不單只是將以往發表過的文章集結而已，而是將我在一些論文與書籍中陳述的構想，以嶄新的方式呈現出來。在此，我也視情況修改了部分構想，使其更合乎時代，也擴展了其他構想，並且將它們整合在一起，凝聚成一個我所期望的整體——成爲一個由理念構成的系統。

希望讀者在閱讀的時候，能和我在撰寫此書時，得到一樣多的樂趣。

我在撰寫過程中，得到布蘭德（Pat Brandt）的許多幫助，我的每一項工作，都獲得她不遺餘力的幫助。她的女兒菲勒布恩（Tina Fellerbaum）也出力不少，她們是讓整個工作過程樂趣無窮的最大功臣。

羅素・艾可夫（Russell L. Ackoff）

費城　一九九八年十月

第一樂章

概論

系統本質與分析模式、管理的類型

1

系統的本質

系統爲一整體，分割後便無效力

系統擁有一個以上的命定屬性或功能

其中的各別元素能夠影響整體屬性或功能

系統子集合足以執行整體功能，但各別元素則否

任一必要元素對系統的影響取決於另一必要元素

系統子集合對整體的影響取決於另一子集合

如果不改變我們的思維模式，將無從解決現行思維模式所產生的問題。

——愛因斯坦（Albert Einstein）

在歷史上，每一種思考方式都產生了它所無法闡明的重大難題。然而，愛因斯坦簡明而發人深省的見解，卻沒有得到廣泛的重視，也沒有發揮作用。於是，我們的社會、公共機構以及在其間運作的團體，仍舊設法以熟悉的方式解決關鍵問題，卻反而加深了問題的嚴重性。

舉例而言，美國獄中人數占總人口的比例高居世界第一，卻仍有全世界最高的犯罪率；美國平均每人的醫療預算，高於其他任何國家，醫療成果卻排名第七，並且在已開發世界中，是唯一沒有全面健保的國家；美國在教育上投注大量資金，卻是文盲人口比例最高的已開發國家；它不斷增設高速公路，交通阻塞與空氣污染問題卻日益嚴重；在已開發國家之林，它的選民投票率最低；然而最重要的，或許是不斷惡化的財富分配不均現象。美國農業部在一九九七年九月十五日公佈一項研究結果，根據這份報告，美國每年有一千一百萬人民飢不飽餐。全世界最富裕的國家，竟是貧民比例最高的開發國家，這眞是一大諷刺。

企業界是否有相同的情況？根據迪古斯（Arie de Geus）在一九九七年的報告：

一九七〇年的財星前五百大企業，到了一九八三年，有三分之一遭到被收購、解散或合併的命運。

企業的倒閉率過高，似乎違反了自然法則。自然界中，沒有任何生物的平均壽命與預期壽命會有如此大的差距。我們發現在北半球，企業的平均壽命遠低於二十年。

企業界必定在根本上出了什麼差錯！

雖然托佛勒（Toffler，一九九七）以及他的衆多信徒，讓我們察覺世界正進行根本上的變革，但試圖解釋這些變革的人（例如杜拉克，一九九四）卻屈指可數。許多人知道我們的思考方式已開始產生變化，但卻沒什麼人明白這些變革的本質與含意。

每種文化，都有一個共通的思考模式，那是讓文化凝聚在一起的力量。每種文化的獨特思考方式，蘊含在它對現實本質的看法，也就是它的世界觀。世界觀的改變，不僅爲文化帶來深刻的衝擊，也會造成歷史學家口中所稱的「時代的改變」。所謂「時代」，是指盛行的世界觀大致維持不變的一段時間。如今，我們的世界觀正發生徹底的轉變，所以說，我們參與了時代的改變。

這樣的巨變並不多見，距離目前最近的一次變化，是發生在十四到十五世紀的文藝復興。文藝復興所開創的現代（Modern Age）或是機器時代，已開始褪色，一個新的紀元逐漸成型，不過眼前的路還很長。在這次的轉變中，美國是否能在西方世界扮演引領潮流的角色，情勢還渾沌未明；它是否能跟得上脚步，都還是個未知。

由於人們在成長過程中受到潛移默化，不知不覺地吸收了文化中共通的想法，因此少有人能清楚地闡述該文化盛行的世界觀，以及它所蘊含的思維模式。對新思維的抗拒，是一種普遍存在的現象。許多人將他們的舊思維模式，視爲尚未充分利用的投資。獲利最豐的人，在舊思維模式中感到自在，頗能容忍舊思維所產生的懸而未決的難題。教育制度是這類舊思維模式的主要受惠者之一，因此它堅強地捍衛舊思維。而受到舊思維模式荼毒最深的人，則沒有足夠的知識與理解來推翻它。我們不只得忍受財富分配不均之苦，還得忍受知識與理解的分配不均。

人們對於系統的本質，以及這些本質對於組織與管理的影響，有著愈來愈深的認知，這是促成新世界觀形成之一大功臣。雖然新世界觀的貢獻者不知凡幾，但毫無疑問地，白塔朗菲（von Bertalanffy，一九六八）的研究功不可沒。「雖然白塔朗菲在一九三七年，就在芝加哥大學的哲學研討會中提出他的『一般系統理論』(General System Theory)，但一直到二次世界大戰結束之後，他才首次針對這個主題發表文章」（Laszlo and Laszlo, 1997）。時至一九六〇年代，「系統運動」（systems movement）已如火如荼地展開。

要了解這種新興的思維模式，就必須了解系統的本質。

系統的本質

這本書是將系統化的思考模式，運用在企業管理與組織之後的產物。因此要理解這本書的內容，有必要先了解系統與系統化思考的本質。

雖然大多數人都能辨別許多不同種類的系統，但是能夠確切地了解系統眞義的人寥寥無幾。如果不能確切地認識系統，就不能領會箇中的道理；不能領會箇中道理，就不會明白系統對於管理與組織的含意，以及處理當前重大難題的方式。

關於「系統」的文獻林林總總，有著五花八門的定義，不過都大同小異。以下這個定義試圖異中求同，擷取所有定義的精髓。

系統是一個整體，由兩個以上的要素組成，並且能滿足下列五項條件：

1. 此整體擁有一個以上的命定屬性或功能

舉例而言，汽車的命定功能，就是在陸地上爲人類提供運輸服務；企業的命定功能之一，是要創造並分配財富；醫院的命定功能則是照料病患。値得一提的是，系統擁有一項以上的功能，意味著系統本身或許也隸屬於另一個或多個更大型的系統，它所擁有的功能，就是它在這些大環境中扮演的角色。

2. 系統中的個別元素，能夠影響整體的屬性或功能

比方說，人體的心、肺、胃與腦等器官的狀態，能夠影響身體整體的健康與特性。另一方面，醫學界尚未找出任何作用的盲腸，就不是系統的一部分，只能算是個添加物或是附件，正如盲腸的英文 appendix（另一義爲「附加物」）字面上的意思（如果能找出盲腸對身體的作用，它必定會有個不同的英文名稱）。通常能在汽車置物箱中看到的操作手冊、地圖與工具，也只是附件，不算是汽車系統中的元素，這些附件可有可無，不影響汽車執行其命定功能。

3.由幾個元素組成的子集合，足以在不同的環境中執行系統整體的命定功能；這些元素各個不可或缺，但都無法單獨完成命定的功能。

這些元素是系統不可缺少的成分，失去其中任何一項，系統就無法執行其命定功能。引擎、燃油噴射器、方向盤與電瓶，都是汽車不可或缺的元素，少了它們，汽車就無法爲人類提供運輸服務。在醫院的醫療體系中，每一種受過訓練的醫護人員，包括醫生、護士與技師等，都會影響醫療品質。他們是醫院必要的元素，而醫院中負責出租電視的員工以及禮品店的店員則不然。

大多數的系統，都會包含一些非必要的成分，它們的確會發揮作用，但不會影響系統的命定功能。汽車中的收音機、煙灰缸、腳墊與時鐘，都是可有可無的元素，但它們會透過其他方式影響使用者的駕車經驗，例如可以提供娛樂，或在行進中爲乘客提供資訊。

企業是一個系統，其中某些元素是不可或缺的，例如財務、採購、生產與行銷；某些元素則可有可無，例如公關與勞工關係等部門。企業也可能擁有附件，比方說企業創辦的基金會，或是企業所屬大樓的其他承租戶。值得注意的是，供應商、批發商、零售商與顧客等隸屬於企業外部環境的元素，或許同時也是企業生存不可缺少的元素。

在某些環境條件之下才能執行命定功能的系統，稱爲「開放系統」(open system)。因此，由部分元素集合形成的子開放系統，不足夠在所有環境執行其功能。任何情況下都能執行命定功能的系統，完全不受環境的影響，所以稱爲「封閉系統」(close system)。密閉的時鐘是一個相當封閉的系統，不論被放置在怎樣的環境，它多半能執行其任務。

系統的環境，由能夠影響系統的屬性與性能、但不受系統支配的事件組成。系統可以干預卻無法控制的環境成分，稱爲「相互作用型」(transactional)的環境，例如消費者與供應商，就隸屬於企業的相互作用環境。企業無法干預也無法控制的環境，就稱爲「背景」(contextual)環境，例如氣候與其他諸如水災、地震等自然事件。就企業而言，競爭行爲在某些程度上，也可歸爲背景環境。

4.任一必要元素對系統的狀態或屬性之影響，取決於另一個（或多個）必要元素（的狀態或屬性）。

換句話說，系統的必要元素，形成一個彼此關聯的子集合，可以在任意兩個元素之間找到相連的途徑。這些必要元素無法單獨對系統產生影響，例如心臟對身體的作用，得視肺部的狀態而定；而肺部對身體的影響，則取決於心臟、大腦與其他元素的性能。製造部門對企業績效的影響，視行銷單位的運作而定；而行銷部門的運作與屬性，則受到生產與工程部門的狀態與屬性之影響；諸如此類。

系統內的各個必要元素必定會相互影響——不論以直接或間接的方式。因此，由於汽車與汽車之間不會產生互動，所以即使是同一個人收藏了一大批汽車，也不構成一個系統。另一方面，汽車內的引擎與煞車，則是汽車的必要元素，它們之間的確存在著一種互動關係。

5.由必要元素組成的子集合對系統整體產生的影響，取決於另一個（或多個）這類子集合的狀態。

如同系統中的個別元素，由元素構成的子集合，也無法單獨對系統產生影響。新陳代謝系統對人體的影響，取決於神經系統的作用；而神經系統的作用，則取決於運動系統的狀態；諸如此類。

如果實體中的元素彼此沒有互動關係，那麼這些元素只是聚集在一起，並不構成系統。人群與組織的差別，就是最常見的例子。許多控股公司與企業集團都是聚集體，而非系統；集團中各個元素的唯一共同點就是它們的所有權人，元素之間沒有互動關係。

根據系統的定義，系統的屬性並非來自元素個別的行爲，而是來自元素之間的互動。因此，當系統遭到肢解，就會喪失其命定功能，各個元素也失去作用。汽車遭到拆卸之後，就不再是輛汽車，即使將所有零件放在同一個房間內也不能改變事實。汽車和所有系統相同，都是各個元素交互作用下的產物，而非只是元素的總和。人體也不例外，當遭到肢解（例如透過外科手術），生命就不復存在。

此外，當系統遭到肢解，系統的必要元素也隨之失去其命定屬性或功能。例如在汽車的運行中，引擎是不可或缺的元素，一旦脫離了車體，引擎就無法推動任何東西，甚至無法推動自己。脫離了人體的手掌，無法做出手勢、書寫或是拾起物件。是人在看，而不是眼睛；是人在思考，而不是大腦；脫離了頭部的眼睛與大腦，不會看也不會思考。脫離了採購、行銷與財務等部門，製造單位就失去了作用。

系統是一個整體，沒有任何元素能擁有系統的基本屬性與命定功能。例如在汽車系統中，沒有任何元素能單獨爲人類提供運輸服務；也沒有任何器官能在脫離人體之後存活。

> 系統是一個整體，在分割爲獨立的元素之後，必會喪失其基本屬性或功能。

這樣的陳述似乎不怎麼新鮮，但它的含意卻具有革命性的啓發，其中某些含意，可以運用於企業組織與管理的探討。

系統績效：化零爲整

由於系統的屬性是元素互動之下的結果，而非來自元素的個別行爲，

因此當個別地改進元素的性能時，系統整體的績效不一定會（通常不會）獲得改善。

事實上，系統可能反而受到破壞，或表現更差。例如，假設我們聚集了市面上可以見到的各式汽車，並針對汽車的各個必要元素，分別選出表現最優異的廠牌。我們可能發現勞斯萊斯有最強勁的引擎，賓士有最滑順的傳動裝置，而別克則有最靈敏的煞車，諸如此類。假設我們將這些零件從原有的系統上拆下來，試圖組裝一輛具有各種最優異零件的汽車。由於這些零件根本不相稱，我們可能連一個堪稱爲汽車的物體都拼湊不出來，更遑論組裝出性能

最傑出的汽車了。系統的績效取決於元素互動的方式，而非元素的個別成效（在進行標竿學習時，這個原則更顯重要，我們將在第十二章說明）。即使試圖在韓國現代（Hyundai）車上強行安裝勞斯萊斯的引擎，也不可能提升汽車的性能。引擎很有可能因爲規格不符而無法安裝，即便安裝成功，汽車也無法靈活操縱。

儘管如此，大多數系統都以反其道的方式經營——也就是專注於改進個別元素的性能。管理教育是導致這種錯誤方式的元兇，企管學院分別教授企業的各種功能——生產、行銷、財務、人事等，卻從未或甚少討論各種功能之間的互動方式。

很明顯地，如果系統的一項必要元素失靈，系統整體也可能隨之失去作用。引擎停止轉動導致汽車無法運行，就是一例。因此，各項必要元素的運作方式，對系統整體的績效具有關鍵性的影響。在改變系統的元素之前，必須先了解這個變化對整體的作用，並確定能產生正面的效果。

由此可以得知，管理階層的基本功能，是要管理：⑴經理人所負責的單位與單位員工之間的互動；⑵單位與組織內其他單位的互動；⑶單位與其他組織，或單位在各個環境中的互動。

我們需要能促進這類管理的組織型態。傳統上常見的專制階級制度，無法達成上述的管理功能。企業所需進行的變革，就是本書其餘部分的主題。

糾正錯誤

系統的績效有兩個層面：效率（以正確的方式行事）以及效能（行正確的事，也就是發揮系統的價值）。這兩個層面應同時考量，否則如果以正確的方式做錯誤的事，方式愈理想，錯誤就愈深。以錯誤的方式做正確的事，勝過以正確的方式做錯誤的事。因爲如果以錯誤的方式做正確的事，我們犯的是可以修正的錯誤，也因此學會更具效能的方法。換句話說，瞄準正確的目標卻失手，強過瞄準錯誤的目標卻正中靶心。

想想我們所謂的健保體系，事實上，它不該稱爲健康保險系統。在系統中提供服務的人，因爲照料病人與傷患而得到報酬，因此，它其實是疾病傷殘保險系統。如果成功地消除了疾病與傷殘，健保系統就不復存在，體系中提供服務的人也會因而失業。因此不論醫療業者的意向如何，此系統的運行方式可以確保，只要有需要接受醫療「服務」的人，他們就必須提供這樣的服務。醫療業者都心知肚明，很高比例的病人，是因爲醫院造成的「錯誤」而再度就醫；醫生經常執行不必要的檢驗與手術；開出去的藥方，不論是單一因素或與其他因素結合，反而產生了大量需要治療的疾病與傷殘。

汽車性能的改良，是以正確方式行錯誤之事的一個絕佳範例。從本世紀初到現在，汽車在概念上沒有產生重大的變化，因此不論汽車的性能如何優異，它的功能已愈來愈施展不開，如今甚至對生活品質產生威脅。壅塞問題持續加劇，在如墨西哥市、聖地牙哥、卡拉卡斯、倫敦與紐約等衆多城市中，開車是愈來愈消耗時間與精神的事情。某些城市如今立法，規定只能在一星期中的特定日子開車；另外一些城市，則將行車範圍限定在某些區域內——保留一些地區供行人、有時也供公共運輸車輛行走。

尤有甚者，汽車造成的污染日益嚴重。在墨西哥市，當污染達到危害健康的程度，當局便會禁止學童外出上學。世界上多數城市之中，汽車載運的人數平均不到兩人，而其中八〇%的車輛，是載運量不超過兩個人。這些車輛的行車速度，遠低於它們所能達到的極限。簡而言之，在非假日期間，對於都會交通而言，這些車輛的體積過於龐大、速度性能過度優越、對環境的殺傷力也太大。

雷諾（Renault）汽車公司已開始生產小型雙人座的都會汽車，不過過高的售價，限制了它的普及率。然而，這是往正確方向前進的一步，他們以錯誤的方法進行了正確的事。其他廠商群起傚尤，宣佈將發展同類型的汽車。

企業努力提升產品的品質，顯然是一件正確的事，不過正如第十二章的論述，從這些努力沒有達到預期的成效來看，企業改善品質的方式必定出了偏差。另一方面，我將試著在同一章證明企業縮編（downsizing）是一項錯誤的事——不論進行的方式多麼有效率。

系統的分析與綜合

爲了解系統，人類傾向於將之分解並逐一探討各個元素。這種作法是分析思考的產物。

很遺憾地，「分析」（analysis）與「思維」（thought）經常被視爲同義詞。其實，分析只是思考的一種方式，綜合（synthesis）則是另一種方式。兩種方式都包含三個步驟。

1.進行分析思考時，我們首先將思考的標的物拆解開來；進行綜合思考時，我們首先得找出思考標的物所屬的一個或多個更大型的系統。

在分析的第一步驟中，企業被拆解爲採購、製造與行銷等部門。而綜合的第一步驟，則是將企業視爲隸屬於如產業或社會等更大型系統的一個元素。

2.分析的第二個步驟，是要試圖理解系統元素各自的作用；而綜合的第二個步驟，則是要試圖了解系統隸屬的更大型系統，究竟有什麼功能。

進行企業分析時，必須嘗試理解企業的各個部門。而在綜合思考的過程中，則需針對涵蓋企業的更大型系統，試圖了解其命定功能。社會的功能，或許是提供社會組成份子有效率地追求其目標的機會。

3.在分析的過程中，接著將針對系統各個元素的理解集合起來，以解釋系統整體的作用與屬性；而在綜合的過程中，會將對於更大型系統的理解加以分解，以辨識系統的角色或功能。

針對系統進行分析，揭露了系統的結構以及系統運作的方式。同時提供必要的知識，讓系統有效率地運行，並在系統停止運作時，提供修復系統的知識。系統分析的產物是知識，是訣竅，而不是對系統的理解。要使系統能有效地執行任務，我們必須理解它，必須能解釋其行爲，這就需要領會系統在它所隸屬的更大型系統之中，具有什麼樣的功能。要解釋企業的作用，不能光形容企業的部門、部門運作的方式、以及部門互動的成效，例如特定產品的製造與行銷；只有在明瞭了企業在社會中的功能——例如創造與分配財富，之後才能領會企業的作爲。

分析思考雖然無法解釋系統整體的行爲或屬性，不過藉由揭露各個元素在整體中扮演的角色或功能，以及它們對整體運作的貢獻，就能夠說明各個元素的行爲。針對美國汽車與英國汽車進行再多的分析，也無法解釋兩國行車方向相反的原因。同樣地，再詳盡的分析也無法說明，爲什麼大多數美國汽車一直是六人座的規格，直到最近才有所改變。產生這種規格的原因，是爲了能夠容納一般的美國家庭，而當時每戶平均有五・六個人口；目前每戶平均只有三・二人，因此汽車的規格也隨之縮小。

在我們的文化中，代價最慘重的解析動作，莫過於將生活分解爲工作、娛樂、學習與心靈的啓迪等四個元素。人們設立專門的機構，一次僅進行一項活動，盡可能地將其他三項元素排除在外，將生活的各個層面區分開來。企業是工作的場所，不是用來娛樂、學習或啓迪心靈的地方；鄉村俱樂部、劇院與體育館是娛樂的場所，而非工作、學習或啓迪心靈的地點；學校的目的是學習，不是工作、娛樂或啓迪心靈；博物館與教堂是啓迪心靈的地方，不是工作、娛樂或學習的場合。然而，系統式思考最重要的產物之一，就是體悟出這個事實——這四項功能中任一項的執行成果，取決於以整合的方式同時實踐四項功能的程度。

只有消除了工作、娛樂、學習與心靈啓迪之間的藩籬，以及助長這四個層面獨立進行的機構，我們才能成功地持續改善生活的品質。這四個層面的互動，是管理階層勢必得有效管理的另一種互動。

錯綜複雜的問題

在種種困擾大多數人（包括經理人在內）的錯誤觀念中，最具殺傷力的，莫過於認爲問題是可以親身體驗的。這是錯誤的想法，因爲問題其實是一個抽象的名稱，是人們針對經驗加以分析所擷取出來的抽象概念。問題之於經驗，就好比原子之於桌子——我們可以直接從感官中體認桌子，卻摸不到也看不到原子。我們幾乎從未面臨各別獨立的問題，而是面臨由複雜的系統交錯而成的狀況，然在這些系統之中，各種問題激烈地交互作用著。我將這類的問題系統，命名爲「混局」（messes）。

因此，元素互動的方式比元素獨立的行爲，更能影響混局的狀態。然而一般的作法，總是將混亂的局面化爲一連串的問題——然後排定先後順序分別處理，彷彿問題是獨立存在的實體。連同經理人在內的多數人，通常不知道如何有效地應付混局，不知如何以整體的觀點來處理實際狀況。

有效的管理,必須「解構」（dissolving）混局,而非「解決」（solving）或「解除」（resolving）問題。

處理問題與混局的方式

在「眞實」的世界中，人們面對問題與混局，有四種迥異的處理態度。

赦免（absolution）：**忽視問題與混局的存在，期望它們會自行解決或消失。**以此種方式處理的問題，數量上比我們願意承認的多。這種管理方式，堪稱是無爲而治。這種方式對許多經理人深具吸引力，因爲沒有做該做的事，比做了不該做的事，更難追究責任。事實上，「順其自然」有時候也能達到不錯的成果。

解除：採取某些行動以產生差強人意、足以「令人滿足」的結果。解除問題是一種臨床式的方式，倚重過去的經驗、反覆摸索、定性的判斷以及所謂的常識來處理問題或混局。這種方式著重於問題或混局的獨特性，較不在意與其他問題的共通點。

解決：採取行動，以產生──或盡可能地接近──最佳的結果，得到最理想的結局。問題的解答涉及以研究的方式處理問題或混局，倚重實驗、定量分析與獨特的見識。它較著重於問題或混局的一般性層面，對問題或混局的獨特性著墨不多。找出問題的解決方案（problem-solving），是管理科學最主要的課題。它在二次世界大戰期間，由軍方率先興起，在一九五〇與一九六〇年代，成了管理上首要的重點。可惜的是，一九六〇年代末期到一九七○年代之間浮現的許多問題，都無法輕易地找出答案，因此促成了系統科學（systems sciences）的發展，著重於以解構的方式處理問題與混局。

解構（dissolution）：以消除問題或混局並促使組織不斷進步的方式，重新設計面臨問題與混局的實體，或重新設計實體的環境。簡而言之，使組織理想化。

在解構的過程中，問題或混局的一般性與獨特性並重，並且採用任何能協助設計過程的技巧、工具與方法——不論是臨床或科學的方式。

以下這個非常簡單的例子，可以闡明「解決」與「解構」之間的差異。在使用舊式的紙板火柴時，為避免四散的火星引燃剩餘的火柴，可以在正面標示「打火前請蓋上封面」的說明——這是問題的解決辦法；如果將打火石從紙板火柴的正面移到背面，問題就不存在了——這就是問題的解構。

四種處裡方式的不同之處，能以下面這個相當簡明的範例解釋。

> 在一九五○年代，奇異電器公司（General Electric）的家用電器部門，面臨了一個關於電冰箱的問題。每一種型號的冰箱，都需生產兩種款式，一種從左邊開門，另一種則從右邊開門。兩種款式的銷售比例，在不同的市場或在同一市場的不同時點，都有巨幅的差異，因此導致了嚴重的存貨問題，有時存貨不足，公司會蒙受銷貨的損失；而在其他時間與地點，則又有庫存積壓過多的問題。大部分顧客不願意

等候公司調貨，寧可轉換其他廠牌，購買開門方式符合需要的冰箱。

有好多年的時間，奇異忽視（赦免）這個問題的存在，造成問題日益加劇。接著，公司要求業務員根據不同市場，提出每種型號兩種款式的銷售預估（解除）。業務員的預估經常出現嚴重的誤差，銷售數字愈高，平均的誤差也愈大。於是公司訴諸管理科學（解答），提出以統計數字爲基礎的銷售預估，比起以個人判斷爲基礎的預估方式，這種方式提高了預估值的正確性，但仍然不盡理想。

最後，公司研發出能在任一邊栓上門的冰箱，因此能任意從左邊或右邊開門，徹底地解構了這個問題。這種方式不但消除了庫存品種類的問題，也具有誘人的行銷特色——當消費者搬遷到需要改變冰箱開門方向的新地方，就不需要重新添置冰箱，只要將門換另一邊栓上就可以了。

問題與學術領域

正規教育最大的戕害之一，在於誘導學生相信每一個問題，都可以歸類於諸如物理、化學、生物、心理、社會、政治以及倫理等不同學科。在企管學院中，問題則分屬於財務、人事、公共關係、製造、行銷、配銷與採購等範疇。然而，眞實世界與大專院校不同，各個領域並非如此涇渭分明。學術界的分類方式，既不能表現歸類於各個領域的問題之本質，也無法展現問題的最佳處理方式，不過這些學科範疇，倒透露出當初將學科分門別類的人之本質。

在一個經典的個案中，一棟大型辦公大樓的承租户，抱怨大樓電梯的服務愈來愈差。於是大樓聘請專門處理電梯相關問題的顧問公司，來處理這個問題。顧問公司一開始先確認問題所在——電梯的平均等候時間太長了。接著，他們評估各項可能的解決方案，包括增設電梯、以更快速的電梯取代現存的電梯，以及引進電腦控制系統來提升電梯的利用率。基於種種因素，這三項方案沒有一項的評估結果能令人滿意。工程師於是宣稱這個問題無法解決。

一位任職於大樓人事部門的年輕心理學家，在得知問題的狀況之後，提出了一個簡單的解決方案。有別於工程師的觀點，他不認爲電梯服務速度太慢，而認爲問題是出自等候電梯時的無聊與厭倦，所以他拿定主意讓等候電梯的人有事情可做。他建議在電梯大廳安裝鏡子，藉由讓等候電梯的人能在不被察覺的情況下打量自己與他人，來轉移他們的心思。大樓採納建言，安裝了鏡子，抱怨聲也停止了。事實上，一些原先提出抱怨的承租户，還盛讚大樓管理階層改善了電梯的服務呢。

問題的最佳解決之道落在問題最初被歸類的領域之外，並非罕見之事。頭痛就是一個很簡明的例子。人們通常不會以腦部手術來處理頭痛，而是將藥丸吞到胃裡面。了解系統元素的互動方式，就可以找到較好的問題切入點。

以學科歸類問題的結果，就是導致問題單由該學科領域中的人處理。例如，當問題被歸屬於「行銷」的領域時，就會留在行銷部門中。然而經理人必須了解，處理問題的最佳方式，不盡然落在問題出現的領域裡。

想想以下的這個例子：

一家大型紙業公司的製造副總，發現公司一間廠房在過去五年內的產出量持續衰退。分析結果顯示，產量的衰減並非由於機械設備的生產力降低，也不是因爲維修期造成的停工時間增長。他隨後確認了問題的根源——公司在過去五年內，增加了許多新的產品線，於是需要更多的生產排程，每次排程的運行時間更短，公司花費在重新安排生產線的時間也隨之大幅提升，而這類的整備時間是毫無生產力的。

因此，製造副總聘請研究小組，委託他們找出一套辦法，讓生產排程更流暢，以將裝配時間降至最低。在研究工作的初始階段，研究小組發現公司所製造與銷售的產品中，大部分不具獲利能力。既然生產排程數量的上升是造成問題的根源，研究小組建議公司淘汰不賺錢的產品，縮減產品線的數量。但產品線的控制，是屬於行銷部門的責任範疇。當行銷副總獲知狀況之後，否決了研究小組提出的解決方案，因爲據他所言，購買每一項不賺錢產品的顧客，都有大量使用高獲利的產品。不過當問及這項說法的根據時，他其實不知道事情眞相如何，但他不願意冒著失去高獲利銷售的風險，去進行調查以驗證他的說法是否正確。

研究小組於是重新構思問題的解決方式。他們原本認爲，要減少生產線上的品項，必須減少可供業務員銷售的產品種類。研究小組如今明白，要減少生產的產品種類，可以用另一種方式達成——在沒有縮減產品線的情況之下，減少業務員銷售的商品種類。他們設計了一套報酬制度，將業務員佣金的計算方式，從原本以銷售金額爲基礎，轉變爲由業績的獲利率爲基礎。根據他們針對獲利商品訂定的佣金率，如果今年獲利商品的銷貨量與去年相同，業務員的收入就會維持不變，而業務員若銷售不具獲利性的商品，將不會獲得佣金。

公司在五個經銷區域中，選擇一個地區試行這套報酬制度。在實驗期間，此地區停止銷售過半數的商品，結果業務員的收入與公司的利潤都大幅的提升。接著，所有的經銷區域都採行了這個制度。這套辦法成績斐然，不止解決了原本所定義的製造問題，還讓生產排程的數量比產量衰退前的水準還低。

面對問題時，並非所有觀點都具有同等的效益，但最富成效的觀點往往不易察覺。因此在選定處理問題的方向之前，應該盡可能以不同的角度來審視狀況。最理想的辦法，通常需要集思廣益。遺憾的是，大專院校不鼓勵跨系別的互動，經常懲罰試圖尋求互動的教職員。學生從這一點得到的訊息不僅強烈，並且徹底錯誤。企業界在創造不易侵入與互動的「壁壘」

之際，也犯下了如出一轍的錯誤。這種狀況，可以藉由第九章所討論的組織型態加以更正。

結論

關於系統與系統性思考的本質，以及它們對於管理與企業組織的含意，都不可能在這一章之內鉅細靡遺地論述。在第一樂章其餘的章節中，將針對這些主題進行更豐富的探討。我在第二章討論系統的種類，以及各種系統對於組織與管理方式的影響。第三章則提出傳統管理與規劃方式的種類與缺失，並討論一種以系統爲導向的新方式——互動式的管理與規劃。

第二樂章的第四章到第八章，分別由獨立的章節探討互動式規劃的五個層面。

在第三樂章中，我將描述與說明管理與組織轉型的三大模式——在獨裁式管理與結構的組織中推行民主化（第九章）；在中央計畫與控制的組織中推行市場經濟（第十章）；以及採用一種多層面的組織設計，以消除在因應內外部的變化時，組織進行重整的必要（第十一章）。

在第四樂章中，我檢視了目前盛行一時的萬靈丹，以及它們在多數情況下都無法實現承諾的原因（第十二章）。最後在第十三章裡，我分析組織進行系統導向的轉型時，組織的構成條件與必要條件，以及在此過程中，領導人的構成條件與必要特質。

附錄一建議一系列關於系統導向的延伸閱讀，這份清單意圖讓讀者明瞭此領域中的多元想法，而非用來強化本書的內容。附錄二以杜邦（DuPont）——一家對安全、健康與環境負責的公司——的一項主要活動爲例，描述互動式規劃的應用方式。

2

系統與分析模式的型態

宰制型、動物型、社會型及生態型系統

宰制系統相當於機械裝置，完全不具意志

動物系統包括整個動物界，生存是其最重要目的

社會系統如企業、學校，本身就具備意志

大自然就是一個生態系統，涵蓋前三型系統

充分了解系統屬性，有助分析有效方案的機會

社會的進步，讓人類的福祉愈來愈緊繫相連。

——喬治（Henry George）

人們對於系統的定義各異，顯然地，系統也有許多不同的歸類方法。分類的方式有許多種，例如可以根據規模、學術領域（物理、化學、生物、心理學等）、地點以及功能等不同的方式進行分類。分類方法的選擇，取決於人們分類的目的。就我的目的而言，是爲了檢驗系統與分析模式不相稱的後果，以及我們思考這些後果的方式，因此意志（purpose）是最重要的分類變數；唯有能夠選擇時，意志才可能存在，而需要選擇的不是手段就是結果，也就是希望得到的結局。

如果實體能夠在兩種以上的環境中，選擇事件的進行方式與結果，它就具有意志。選擇能力是意志的必要條件，卻不是充分條件。一個能夠有不同行爲表現（能選擇不同方式）的實體，若在不同的環境之下，只能產生一種必然的結果，此實體充其量只是具有追求目標（goal-seeking）的能力，而不具備意志。自動控制系統就是一個例子。例如，船舶與飛機上的自動導航系統，以及暖氣的自動溫度調節器。這兩者的目標皆由外部設定，並非出於自我意志的選擇。船舶與飛機上的自動導航系統的目的地，是由人類從外部設定輸入的，自動溫度調節器所維持的溫度也是一樣。相反地，人們可以在相同或相異的環境中追求不同的目標，因此人們顯然具有意志；某些型態的社會族群也是一樣。某些實體可以在不同環境選擇不同的目標，卻無法選擇追求目標的方式——進行的方式由外部決定，無關乎選擇。自動導航系統能在不同的時點，設定不同的目的地。出於意志的行爲所導致的結果，不會完全由外部因素決定，實體所選定的方式至少會造成部分影響，因此，進行選擇的實體必定對行爲的結果也會造成影響。

這裡所採用的系統分類方式，以系統元素與系統整體是否具有意志爲依歸。在此分類準則之下，產生了四種不同型態的系統，與四種不同的系統分析模式（見表2.1）。

1. **宰制型**（Deterministic）：元素與整體皆不具備意志的系統與分析模式。

2. **動物型**（Animated）：整體具備意志，但元素則否的系統與分析模式。

3. **社會型**（Social）：元素與整體皆擁有意志的系統與分析模式。

4. **生態型**（Ecological）：某些元素具備意志，但整體則否的系統與分析模式。

這四種系統，形成了特定型式的階層關係。動物系統的元素中，包含了宰制系統——例如人類是一種動物系統，但其器官則是宰制系統。此外，某些動物系統，例如人類，能創造並使用諸如機器等宰制系統，反觀宰制系統卻無法創造動物系統。社會系統的元素涵蓋動物系統，但動物系統卻不可能包含社會系統。這三種類型的系統，都隸屬於某些元素具備意志，但整體則否的生態系統。例如，地球就是一個不具備意志的生態系統，然而它卻包含了具備意志的社會與動物系統，以及沒有意志的宰制系統。

以下以更詳盡的篇幅，仔細探討這四種系統。

表2.1 系統與分析模式的種類

系統與分析模式	元素	整體
宰制	無意志	無意志
動物	無意志	有意志
社會	有意志	有意志
生態	有意志	無意志

宰制系統

系統本身與元素都不具備意志，其行為由外部因素決定。諸如汽車、風扇與時鐘等機械裝置就是最佳的例子。雖然包括機械裝置在內的宰制系統，本身並不具備任何意志，但它們經常幫助一個以上的外部實體，即其創造者、管理者或使用者，達到其目的；幫助外部實體達成目的，就是它們的功能。因此汽車的功能，就是將司機與乘客載運至目的地。雖然機械系統的元素不具備意志，但它們的確有其作用，能幫助系統整體執行功能——汽車引擎的作用，就在於移動車體與其內含物。因此，宰制系統的所有子系統同樣也是宰制系統，而子系統的作用在於幫助系統整體執行其功能。

如果宰制系統的行為或屬性受到環境的影響，此系統便是「開放系統」，反之則為「封閉系統」。然而即便是封閉的宰制系統亦有其作用，幫助外部實體達成目的，或幫助宰制系統所隸屬的更大型系統執行功能。例如，笛卡爾與牛頓將宇宙視為封閉性的機械系統，像是密封的時鐘。他們相信此系統出於上帝之手，用來達成祂的目的、執行祂的工作，這就是宇宙的作用。而雖然諸如汽車、發電機與電腦等常見的開放性宰制系統，它們沒有自己的目的，但它們的任務不是替製造者或使用者達成目標，就是幫助所隸屬的更大型系統執行功能。

宰制系統不全然爲機械裝置，植物的屬性亦屬於機械式的——即便它們具有生命。不論植物本身或其元素，都無法進行選擇，也都不具備意志。由此可知，意志並非生命的決定性特質。電腦下棋時，只能選擇途徑，不能選擇結局。棋局的結果，完全取決於外界輸入電腦的資訊與程式，電腦內所設定的指令，就是它的因果法則。這些因果法則，連同電腦內部結構與外界輸入的資訊，徹底地支配電腦的行爲。

宰制系統可以依照其功能多寡來進行分類。尋常的時鐘具有單一功能，就是用來顯示時間。另一方面，由於鬧鐘還具有鬧鈴裝置，因此具備多項功能。有些時鐘還具有額外的功用，例如可當作馬錶，並能顯示氣溫。時鐘具有哪些功能，取決於外部實體的決定，例如當人們設定或取消時鐘上的鬧鈴，便能決定時鐘是否具備鬧鐘的作用。

動物系統

動物系統本身具有意志，而其元素則否。最常見的動物系統，當然就是包含人類在內的動物了。凡是動物系統皆爲生物，因爲動物都具有生命，但生物則不一定是動物系統。目前學術界以下列的方式定義生命：「在維持生命單位與整體的過程中，生命的構成要素不斷地或定期地分解與重建、創造與毀滅、製造與消耗」（Zeleny, 1981, 5）‥生命系統（living system）是自我組織（self-organizing）與自我維繫（self-maintaining）的系統。根據這項定義，社會系統與生態系統也都隸屬於生命系統。

植物不具備意志，但和所有生命相同，生存也是植物的宗旨或目的。當外部環境發生變化，植物的反應方式以能維持生存爲目標，然而它們的反應是受到制約的，無關乎選擇。另一方面，人類的反應方式則是出於自我意識的選擇，而各種選擇的終極目標則是生存。

概括地說，對動物而言，生存是一項最重要的（甚至是至高無上的）目的。動物是具有意志的生物，其元素（某些元素稱爲「器官」）具有功能，但不具備意志。生物元素的作用，取決於元素的結構與生物的狀態與活動。動物的心、肺與大腦等元素，本身不具備意志，但它們的功能是生物整體追求生存或目標時不可或缺的成分。

歷史上對待動物系統的態度，經常認爲動物不過就是繁複的機械結構。機械論生物學（mechanistic biology）主宰生命的研究長達幾世紀之久。例如，據說生物機械學家盧斯（Roux）曾主張：「由於物質本身存在，因此生物學容許精確的公式化表述方式‥將生物與非生物視爲截然不同的兩界，是毫無理論基礎的。生命的起源是無生命，無生命體在機械法則的運作之下，產生出以帶有細胞核的細胞所呈現的生命，同時，生命也受到機械法則的支配」（E.F. Flower, 1942, 72）。由於機械論者無法充分解釋生命的本質，因此引發了機械論者與生機論者（vitalist）的爭論。與機械論者看待動物系統的觀點的對立看法，便在這場爭論中浮現出來。

如今學術界傾向以自行組成與自我更新來定義生命，顯見機械論的理論模型，並未涵蓋生物的必要組成。

另一方面，機械實體鮮少被視爲生物。我所能找到的唯一例外，存在於信仰「泛靈」(animatistic) 的原始民族。根據大英百科全書（一九一一），泛靈論意指「相信非生物的世界，絕大部分（甚至整體）與生物世界相同，具有與生俱來的理智、智慧與意志，與人類毫無二致」。

社會系統

社會系統如企業、學校、社群，本身具備意志，由具有意志的元素（其他社會系統與動物有機系統）構成，並且通常隸屬於包含其他社會系統的更大型社會系統（例如企業與國家的關係）；有些全然遺世獨立、自給自足，因而不歸屬於更大型社會系統的原始族群則屬例外）。就我所知，沒有人試圖以社會系統來比擬生物或機械系統，然而社會系統卻經常以生物性或機械性的方式，來建立分析模式（例如 Jay Forrester, 1961、1971）。社會學家索羅金 (Sorokin)，將兩位著名社會物理學家哈瑞特（Haret）與巴賽羅（Barcelo）以機械論闡述社會學，歸納如下：

> 他們的研究以下面這種方式，將不帶機械性語言的社會科學，以機械性語言詮

釋：將個人（individual）轉譯爲「質點」（material point），將社會環境轉譯爲「力場」（field of forces）。……一旦完成這樣的轉換，就能輕鬆自如地運用力學公式解釋社會現象；需要進行的工作，就是謄寫這些公式，然後以「個人」取代公式中的「質點」，以「社會族群」取代物理系統或力場。

「個人所增加的動能，相等於位能的減少」、「在能量的各種轉換中，個人的總能量維持不變……」。

除此之外，索羅金還寫道：

十九世紀下半葉，以自然法則解釋社會現象的研究中，凱里（H.C. Carey）所著的《社會科學原理》（*Principles of Social Science*），是最卓越的論述之一。

凱里將萬有引力等自然法則，套用於社會現象的分析。比方說，如果將個人比喻爲分子，將社會族群比喻爲物體，那麼兩個物體之間的引力與其質量（每一單位社群的人數）成正比，與物體之間的距離平方成反比。此外凱里認爲，人群的聚集與疏散，等同於向心與離心的力量。

十九世紀的演化論哲學家史賓塞（Herbert Spencer），提供了以生物學爲社會系統建立分析模型的絕佳範例。哈桑（A.M. Hussong, 1931）將史賓塞的主張歸納如下：

史賓塞本人將生命與社會的比較，組織成四大部分，結果顯示衆所週知用來描繪生命的三大現象，也同樣可以用來描繪社會。這三大現象是：(1)與生命息息相關

> 的成長；⑵結構差異化遞增；以及⑶功能差異化遞增。
>
> 仔細思索史賓塞的第一個論點，有助於闡明他的主張：
>
> 不論生物或社會有機體的成長，都以同樣的現象顯示這樣的變化。兩者都呈現質量的增加——就生物個體而言，由胚胎茁壯爲成熟的形體；就社會而言，由鬆散的部落擴張爲強盛的國家。兩者都能達到不同的規模——在生物有機體當中，單細胞動物的成長不會超過顯微鏡下的大小；在社會有機體中，原始的塔斯馬尼亞人，鮮少聚集成龐大的聚落，而文明世界裡的帝國，卻動輒數百萬人口。兩者在簡單的個體繁衍之後，都會出現群體的聚集與不斷合併。最後，在每個群體當中，兩者的個體都會持續地繁衍增長。

生物性的分析模式，並未將社會系統的元素意志納入考量。不過，當系統元素的意志有限，或不影響系統整體的運作時（專制管理或統治的組織便是一例），以生物模式來分析社會系統，仍然相當有效。組織愈專制，套用生物模式的適切性就愈高。

以獨裁箝制手段所統治的社會系統，在下列的情況之下會引發紛爭：⑴社會成員的教育程度提升；⑵爲了完成指派的任務，成員所需精通的技術較以往提升；⑶對成員的要求愈來愈多樣化。被管理、支配或統治的人，愈懂得如何執行他們的功能，獨裁的控制方式就愈不易發揮作用。由於生物性分析模式遺漏了元素進行選擇的能力，因此不足以精確地分析成員擁有高度自由與選擇權利的民主式組織，當涉及如何解決問題時，這種分析方式的匱乏就益發明顯。

想想管理教育中所使用的個案分析方法。我最近在一個高階人才訓練課程中，詢問剛完成個案分析的多位經理：如果向相關企業的資深管理階層提出他們的解決方案，會發生什麼狀況。學員們回答，管理階層可能會找出一些拒絕接受提案的理由，不過如果他們接納了解決方案，可能會因爲來自負責方案執行成敗者的阻力，而無法如預期地執行。重點是，管理者與執行者是企業問題的一部分，並非置身問題之外。在分析企業的過程中，學員們不知不覺地採用了生物模式，因此未將解決方案的決策者的意志納入考量，就更別提執行者的了。如果學員採用社會系統分析模式，他們就會將解決方案的接納與執行，視爲個案問題的一部分，而不是分開考量了。

在政治領域裡，尋找一般認爲可以解決問題的方案，與方案的採納與執行，通常是兩碼子事，而不被視爲問題互補的兩面。舉例而言，美國總統柯林頓便曾針對全國醫療體系的問題提出解決方案，而遭到國會的否決；任何法案的頒布，均需先經過國會通過。再者，許多法案卻因爲沒人遵行或實施，因此沒有發揮作用，甚且有許多解決方案在執行時遭到修改，爲的就是能滿足方案執行者的目的。這種狀況在開發程度較低的國家，當所謂的解決方案能夠任意竄改，用來催化貪污、腐敗時，便經常會出現。

墨西哥的農民大多非常窮困，他們的收成量幾乎難以餬口，更別想有剩餘的作物能提供銷售賺取利潤。在一九七〇年代，當農民有剩餘的農產品可供銷售，就僅能出售給地方上的政治當權者。這些地方上的領袖，是農民的生活圈子當中，唯一具有財力購買作物，並有管道將作物運送到市場的人。地方當權者以極低的價格購買這些農產品，但以相當高的價格銷售給中間商。中間商再重複同樣的過程，直到產品送到最終消費者的手中。消費者所支付的價格，通常是農民所得到的五到十倍。

墨西哥政府透過一般商品局，發展出一套辦法，意圖幫助農民。這套辦法保證以高於地方當權者通常支付的價格，購買農民的作物。政府在鄉村地區廣設採購站，農民可以將作物帶到這些地方，換取政府所資助的價格。唯一的條件是，作物必須達到基本的品質標準。

政府必須派遣人員負責採購站的營運，因此徵詢地方當權者的意見，請他們推薦適合在當地經營採購站的人選。地方當權者所保舉的人，幾乎總能獲得這項職務。

隨後，農民們迫不及待地帶著微薄的收成，前往這些採購站。採購站服務員通常會拒絕購買，宣稱作物的品質過於低劣。農民們別無他法，只好帶著作物轉而求助地方當權者。地方當權者已透過採購站服務員（他們所選定的人），得知採購站拒收這些作物，他們裝腔作勢，佯裝勉爲其難地收購這些劣等產品，但他們願意支付的價格，比政府推行這套措施之前還低。

當農民們更加窮困、後悔不已地向現實低頭後，當權者將農產品帶到早先拒收的採購站，以高於政府承諾的價格售出。採購站服務員也因此獲得適當的回饋。地方當權者與採購站服務員撈了好多年的油水，直到這項弊案公諸於世，政府也採取了矯正措施之後，才宣告終止。

生態系統

生態系統——大自然就是一例，涵蓋交互作用的機械、生物與社會系統，但不同於社會系統，它本身不具備意志。然而，生態系統提供其元素的生物與社會系統使用，並且爲它所涵蓋的非動物性生物系統，例如植物，供應生存的必要物質。這樣的服務與支援，就是生態系統的功能。

生物與社會系統等元素的行爲，會影響生態系統的狀態。不過，這些影響的模式是既定的，正如機械系統的行爲與屬性所受的制約。好比說，作爲推進器燃料的氟氯碳化物，以既定的方式影響著臭氧層，這樣的影響，並非生態環境的選擇。與動物及社會系統相同，由於生態系統也展現自我組織與自我更新的現象，因此它也具有生命。

雖然生態系統的功能在於供應系統元素之所需，不過許多人相信上帝的存在，認爲整個生態系統都以奉行上帝的目的爲依歸。人們還假設上帝創造了此系統，因此是生態系統的擁有者。

要記得，宰制、動物、社會與生態系統，都是分析模式的種類，每項種類之中仍存在著許多變化。然而之所以會產生這些變化，大多是因爲對於非必要的變數，擁有不同的處理態度所致。

分析模式與社會系統的不相稱

人們可能會採用機械理論來探討（進而建立分析模式）社會系統的一個層面或某一元素，例如企業的製造設施，並藉此提升該元素的效能。然而，這種作法可能反而降低系統整體的成效。記得稍早曾提過，系統的每項必要元素都會影響整體的績效，但無法獨立發揮效果。因此，當試圖改變系統某一元素的效能，必須考慮這項改變對於系統整體的效應。然而系統必要元素的某些（非必要）屬性，或許在系統整體的運作中無足輕重，例如汽車內部的色調，不影響汽車執行其任務，因此車內顏色的改變不會影響汽車的績效。同樣地，勞工在企業中或許是必要元素，但他們服裝的顏色與款式則否。

當採用任一模式來描述與理解特定系統的行爲屬性時，該模式的效力，終究取決於能正確地描繪系統的程度。然而在某些情境之下，使用宰制或動物系統來分析社會系統，也能產生有用的成果，只不過這些情境通常如曇花一現，並不久長。就長遠的角度，如果採用的分析模式較爲簡略，忽略了社會系統中的重要層面，模式與社會系統間的失調便會產生不盡理想的結果。好比說，墨西哥農產品價格支持系統(price-suport system)的失敗，就是這種情況。

組織的宰制分析模式

在工業時代初期，企業的概念彷彿牛頓眼中的宇宙，是上帝（業主）所創造的機器，用來滿足祂的目的。業主的首要目的，不消說，當然是創造利潤。因此企業的社會功能與唯一責任，就是爲業主的投資提供報酬。傅利曼（Milton Friedman, 1970）仍堅持這樣的立場。

業主對於他們所創造的系統，簡直擁有無上的控制權，不受法令與工會的規範與限制。企業中的員工，被視爲可任意取代的機器零件。這不表示業主完全無視於員工的人權，不過在雇傭協議當中，已默許業主免除爲員工謀福祉的責任。業主唯一的義務，便是支付工資以換取勞力。自動販賣機差可比擬工人的角色——投入一個銅板，得到一份產出；投入兩個銅板，得到兩份產出；依此類推。

以這種方式思索企業並建立分析模式，在下列幾項因素之下是可行的：

1. 工人的教育水準低落，並且不具備特殊技能，但已足以完成簡單的重複性任務。這些工作所需要的活動，比較像是機械性的動作，而不是人類的動作。
2. 由於失業救濟金制度尚未建立，對許多人而言，失業就代表經濟上的窘境，爲求溫飽，員工願意忍受適合機器而非人類的工作環境。

3. 等待就業的人數衆多，因此工人的替換就好比更換機器零件，十分容易。工人對這種狀況也心知肚明。

當社會邁入工業時代，機器取代了數以千計的農業人口，導致大批不具特殊技能的農業勞動人口失去工作，社會也爲之動盪。幸好，一種新的製造業概念適時而至，阻止了災難的發生。製造程序的設計，彷彿繁複的拖拉機，由衆多零件組成，每項零件專注於極度簡易而重複的工作。不具特殊技能的勞工，便被分派執行這些基本的工作。一段時間之後，這種機械化的生產模式，以及義務教育的執行，致使擁有部分技能的工業勞工，取代了大批不具特殊技能的農業勞工。這種機械化的組織模式，對生產力的影響極鉅，在此時代產出的商品與服務，數量凌駕所有的預期之上。

雖然亨利·福特（Henry Ford）創立的機械化大量生產系統，讓他達到卓越的成就，不過此系統本身已隱含了衰退的種籽。從他說：「顧客可以擁有任何顏色的車輛，只要是黑色的就行」，可以看出他絲毫無法領會多樣化生產的潛力。福特的失算，讓通用汽車的史隆（Alfred Sloan），得到躍升爲汽車市場霸主的契機。史隆不重視大量生產，他的重心在於思索銷售問題；行銷時代於焉誕生。一連串深富挑戰的新問題應運而生，其中最重要的問題，就是有關如何組織並管理製造、配銷與行銷等功能，以滿足市場需求。

隨著組織的規模與複雜度日益提升，將組織視爲機器的管理方式，也逐漸失去效力。控制權的分散成了不可不行之事，然而這種作法，卻與機械式的組織概念不相容。人們對於機器的要求，是要完全由中央控管，並且能有固定而不脫軌的產出。沒有任何頭腦正常的人，願意駕駛採用分權控制前輪（前輪能自行決定方向、速度）的車子。

然而，在要求各單位以恆常不變的方式運作的組織（例如官僚體系）中，地方分權若未導致天下大亂，也會引發組織的解體。這是由於在分權的組織裡，個別地改進某些單位的績效，常會降低其他單位與組織整體的效能。在不考慮其他單位的情況下，生產問題的最佳解答（例如，減少生產線上的產品類別），很可能與行銷問題的最佳解答（例如，提供多樣化的產品，擁有完整的產品線）互相抵觸。一旦改進個別單位的績效，顯然已無法提升組織整體的成效時，組織便會採取中央集權制度。爾後若在中央集權的制度下，某些單位顯然無法運作完善，組織便會又改採地方分權制度。這就是組織經常在集權與分權兩種制度之間搖擺不定的原因。

製造單位萌生的問題，特別容易傾向於機械性的解決方式。作業研究與管理科學已發展出一些數學技巧，以機械性的方式來處理這類生產與庫存問題，例如：經濟批量、生產排程、多條生產線排序、廠房或設施的產量分配，以及機器設備的維修與替換排程。雖然這些技巧通常能改善生產單位的表現，但是它們要不無法提升生產單位所隸屬的系統之整體績效，就是無法讓生產單位的表現達到最大的進步。以社會系統的角度處理製造單位的問題，通常會得到較佳的解答。

一家研磨材料的製造商，提供了以社會系統的角度處理生產與庫存問題的典範。他們提供顧客的價格折扣，與顧客要求送貨的前置時間之長短成正比。這套辦法藉由將顧客的想法納入考量，而將「需求」轉變爲可部分掌控的變數，庫存量的降低，比先前以經濟批量計算所能達到的更爲卓著，並且影響顧客對公司產生非常正面的印象。

回顧上一章提到的電梯問題。電梯工程師以機械性的角度看待整個狀況，並以機械模式分析電梯的運作。他們導出的三項解決方案，都無法發揮效用。相反地，年輕的心理學家認爲電梯的作用是在社會系統中提供服務。他以置身於該社會系統中的動物系統——人的角度，來檢視整個狀況，發現等候時間的無聊才是問題所在，因此找到處理問題的有效方式。

總括地說，當個別考慮社會系統的元素或某一層面時，宰制式的分析模式或許能行得通。不過，若同時分頭提升系統各個元素或層面的效能，或許反而會斲傷系統整體的成效。這是由於系統的元素或層面無法獨立影響系統，系統的績效是其元素互動之下的產物。除此之外，如果以偏向社會系統的角度來看待社會系統的元素，也能對元素的性能有所助益。

組織的動物分析模式

兩次世界大戰之間的某些發展，導致人們以宰制模式來分析社會系統，特別是對企業，這樣的觀點已愈來愈不恰當。企業與政府組織認爲成長勢在必行，才能有效地反應市場對產品與服務的需求量之增加與多元化的要求。科技的進展，迫使勞工具備愈來愈多的技能；而隨著勞工教育水準的提升，工會與政府的干預也與日俱增。失業救濟金制度的創立，使得失業對個人經濟窘境的威脅愈來愈模糊。最後，由於企業公開上市以籌措足夠的資金供成長與技術發展所需，管理權與所有權終於分家。在公開上市的企業（corporation 的字源爲「corpus」，意指「軀體」）裡，股東是公司的所有人，而執行長則是公司的「頭」，或稱爲管理階層。基於這些發展，以動物模式來分析諸如企業等社會系統，已愈來愈爲廣泛。

在史隆的眼中，組織是目標專一的生物實體，因此他對組織的概念基本上屬於動物模式。這種概念提供了一個相當有效的方式，來管理組織的成長以及產出的日漸多元化。在他隱含的模式中，企業彷彿人體，可以區分爲兩大部分：(1)管理階層，也就是大腦；以及(2)營運單位，也就是軀幹。

身爲軀幹的營運單位，沒有選擇能力也沒有意識，它的角色限制在機械化地反應管理階層——大腦——的指令，或反應週遭環境的事件。理想上，營運單位應像是輸入了程式的機器人，毫無誤差地遵照管理階層設定的一套程序執行任務。軍隊、政府官僚與專制管理的企業，都很接近機器人的運作狀態。

在以動物系統，或以有機體爲概念的組織中，生存當然是最首要的目標。成長通常是生存的必要條件，因爲相對於成長的另一個方向——衰退，走到極端就是死亡。在此理論脈絡裡，利潤不是目標，而是手段——杜拉克曾經說道，利潤之於企業如同氧氣之於身體，是生存的必要條件，卻不是生存的理由。

組織的社會系統分析模式

第二次世界大戰期間，西方世界的勞動人口大舉湧入軍隊，取而代之的，是包含女性在內的新勞工。驅策這些新勞工的力量，除了賺取額外的收入之外，還包括同樣強烈的愛國心。這些勞工不能被視爲可隨時替換的機器零件，或身體裡的器官，只考慮工作對其健康與安全的影響；雇主必須將他們視爲擁有個人意志的人。此外工會發現，簽訂成本加成（cost-plus）契約的企業，或要求增加產量的公司，會輕易地對勞工的權益做出讓步。有利於勞工的工作規範，歷經了全然的轉變。再者，由於科技發展的突飛猛進，勞工所需具備的技能也隨之大幅增強。工人具備的技能愈豐富，就愈難以被取代。科技的進展迫使企業投注大筆資金，爲勞工提供專門的訓練課程，而管理階層的投資，必須獲得足夠的報酬。在這些前提之下，將員工視爲擁有意志的個人，成了企業必然的方向。

二次大戰後的勞工子女，形成了極端自由的一代。除了被視爲擁有意志的實體之外，極端自由主義的成員不接受任何其他的對待方式。他們要求雇主將員工的利益納入考量，否則員工將取採敵對態度，生產力也因而下滑（HEW, 1973）。「工作生活品質運動」（quality-of-work-life movement），便是爲了要修正這種狀況而興起的活動。

在許多社會系統之內，具有意識與目標的次級團體，開始要求它們所屬的系統對其權益賦予更大的關注。「種族平等運動」與「婦女解放運動」就是兩大範例；同樣地，第三世界要求在世界經濟發展中占有更重要的份量，也是這種思潮的產物。此外諸如消費主義者與環保主義者，這些在社會系統之外形成的反對團體，堅持影響他們生活的系統必須更尊重反對團體的利益。因此管理的社會責任與工作倫理，成爲企業最關心的議題，甚至成爲管理學院的一大課題。

時至一九六〇年代末期，西方世界歷經了加速的變革與遞增的複雜度，這是顯而易見的事實；科技的進展是變革速率加快的主因，而交通與通訊的持續進步，使得人際間的互動暴增，因而導致社會的複雜度與日俱增。社會經濟環境起伏不定，未來的可預測性大幅地降低，動態平衡是唯一能取得的均衡點，如同在暴風雨中穿越飛行的飛機一樣。這些變化，逐漸破壞了以生物模式分析社會系統的效力。集權式的控管，以及將部屬視爲沒有頭腦的元素，不再是理想的作法。

漸漸地，員工執行本身工作的能力，逐漸強過他們的直屬上司，不過只有當他們能自由地執行自己的工作時，才能有這樣的成績。因此，機械式與生物式管理概念中的「命令與控制」，甚至較爲軟性的督導方式，都愈來愈不適用。管理的功能轉而成爲：

1. 敦促激勵部屬以他們所知道的方法，盡力地執行工作；

2. 訓練部屬，使他們在未來能比現在達到更好的成效；
3. 管理員工之間的互動，而非管理員工個人的活動；
4. 管理負責單位與其他內、外部單位或組織之間的互動。

唯有透過本書第三部所提供的社會系統的方法，才能達成上述的管理功能。

除此之外，二次世界大戰之後，財富與知識的分配均出現史無前例的景況，讓人們面對空前的選擇空間，彼此之間的依存也愈來愈深，改變了社會環境與個體行爲的本質。人際之間的互動與依存愈深，少數人的活動就愈能牽動整個社會系統（破壞活動與恐怖主義也因而興盛起來）。人們能取得的知識愈多，溝通與資訊的價值就愈高。然而資訊科技與通訊雖然進步，但在控管方面卻未產生管理階層所期望的質或量。由於理論上若將組織視爲生物，那麼組織內的成員就像人體的器官，只能機械性地根據大腦所提供的資訊動作；因此，如果組織運作不良，原因不外是缺乏資訊，或溝通管道出現雜音，這顯然是很合理的推斷。基於這個觀點，便出現了愈來愈豐富的資訊，與愈來愈優越的通訊設施。

遺憾的是，此種思考模式，無法有效應付由於社會互動與人類依存愈深所造成的複雜情況。它沒有認清組織內的成員與生物的元素不同，組織成員能進行選擇，不會純粹依據接收到的訊息做出機械性的反應。想像一具發展出自我意識的自動溫度調節器：這調節器一旦接收到不合它脾胃的室溫訊息，它就置之不理，那麼空調系統將會是一團混亂。自動控制器能有效運作的基礎，在於它不具備選擇的權利，只能依照事先定義好的方式反應環境的變化。我們的器官也是一樣，它們無法自行決定運作與否，以及它們的運作方式。即使當器官出現問題，我們也不會認爲它們是故意找碴。

這股促進溝通的熱潮，還引發了另一個問題。暴漲的資訊，終於造成了梅耶（Meier, 1963）所說的「資訊超載」（information overload）——當資訊的增加，超越了資訊接收者能有效處理的數量，接收者對資訊的使用程度就會愈來愈低。接收者不僅因資訊量達到飽和而無法再接收新訊息，還會因爲負荷量超載，而丟棄原有的某些資訊。

此外，資訊還會造成衝突加劇。由具有意志的成員組成的組織，幾乎總避免不了內部的衝突。只要人們擁有選擇的權利，就會有意見分歧的時候；沒有選擇，就沒有衝突。生物性的思考模式無法有效地應付衝突，因爲此種思考模式，通常以加強對立雙方的溝通爲解決之道。不幸的是，當衝突肇因於價值觀的分歧或資源的不足，資訊流量的增加，不但不會改善情況，反而會讓衝突愈演愈烈。好比說在戰爭期間，敵對的雙方對彼此的了解愈深，互相造成的傷害就愈加慘重。

然而就短期來看，生物性的組織型態在家長式統治的文化之下，仍可能獲致成功。此種文化以忠誠、順從，以及全心的投注與奉獻爲最大美德。歸屬於一個能保護並供養其成員的組織所產生的安全感，更強化了這些美德。舉例而言，日本這個工業化的社會，就近似一個生物性的系統，他們仍保有相當強烈的家長式文化，因此日本社會較能有效地利用生物性組織的長處。在強烈的家長式文化之下，衝突可藉由父權人物的斡旋而化解。即便父權人物下令：「把蘋果讓給妹妹」，也會獲得遵從，不產生心結。福特、杜邦、通用汽車、ＩＢＭ與柯達等美國企業巨擘的成就，都得歸功於它們擁有父權色彩的創辦人。想想這些公司，就能領會這類領袖人物的力量。

高度開發的社會系統，在本質上與家長式文化大相逕庭，社會成員足夠成熟，不再需要父權主義保護傘所提供的安全感與歸屬感，他們要求擁有選擇的權利，擁有爲自己下決定的權利。然而他們也須因此付出代價，面對這項權利所帶來的不安與衝突。在選擇的過程中，擁有意志的個人或團體，常追求互相牴觸的目標或採取互不相容的手段，衝突便隨之而起。於是，由於其生物觀導向，美國無法有效地處理內外衝突，也發現自己幾乎無法進行必要的變革，以在快速變遷與日益複雜的環境中興盛。它的力氣有一大部分用來處理衝突，卻徒勞無功。白費心力所帶來的挫折感，讓美國益發失去進行改變的能力，因而產生了一股無力感與失去希望的氣氛，讓西方世界的政府、機構與組織停滯不前。

藉由減少選擇的機會，並且將組織成員降格爲機器人，組織就可以達到沒有衝突的狀態；這就是法西斯社會與專制組織的宗旨。但這樣的系統意圖泯滅人性，長期下來，將導致勞工生產力與產出品質的低落。如此一來，經濟將急促地衰退，許多西方國家的狀況便是明證。另一方面，純粹仰賴妥協與增加資訊流量來減少衝突，如同生物性組織的作法，一樣無法產生令人滿意的結果。看看聯合國的處境；它大幅地提升了國與國之間的資訊流通，並促進彼此的妥協，但國際間的衝突仍時有所聞。

一個以社會系統爲概念的企業，將發展視爲組織的首要目標。這項目標涵蓋了組織本身、組織成員，以及它所隸屬的更大型系統的發展。與目前盛行的說法不同，「發展」並不等同於「成長」，兩者不一定同時並存。關於發展的本質，將在第十三章進行詳盡的探討。

社會系統式組織

我將分別在第九、十與十一章，提出以社會系統模式爲基礎的組織設計。這些組織設計具有下列的特質，是其他任何模式所找不到的：

1. 社會系統模式是一種民主式的組織；任何受到組織作爲所影響的個體，都有權利參與組織的決策。同時，權力凌駕於其他個體之上的個人，將受到群體力量的制衡，因此組織中沒有至高無上的權威（第九章）。
2. 它具備內部的市場經濟；組織成員能自行選擇從任何內部或外部的來源，購買所需的商品或服務，也能隨意地銷售商品給任何買家。然而購買與銷售的決策，都可能遭受更高權力單位的推翻。不過，高層權力單位必須針對組織成員因其干預所蒙受的收入損失或成本上漲，提出補償（第十章）。
3. 它擁有多層面組織結構；組織的各個層級都存在著三種不同型態的單位，這三種單位分別是：(a)依其功能而定義的單位（產出主要供組織內部使用的單位）；(b)依其產出而定義的單位（生產的產品與服務，主要供外部消費）；以及(c)依其使用者而定義的單位（根據市場或是顧客的種類與所在地來定義）。這種類型的組織，消除了持續進行重整的必要，由資源的重新分配取代組織重整的工作（第十一章）。

4. 它採用互動式的規劃方式；包含重新設計出組織最理想的境界，同時找尋在能力所及的範圍內，最接近理想境界的狀態。接下來，還要制定追求此狀態的方法；準備追求過程中所需的資源；明定實行的步驟、期限與責任分配；最後，必須設計針對實行過程以及計畫成效的控管方式（第四到第八章）。

5. 它包含一個能促進組織學習與調適的決策支援系統。此系統將紀錄(a)每項重大決策預期達成的成果，(b)決策所依據的假設與資訊，以及(c)達成決議的過程與決策參與者。此外，決策支援系統還負責監控每項決策的執行、假設與成效；當發現假設出現偏差或無法達成預期成果時，要針對決策進行修正；並且將組織習得的經驗，以能夠輕易取得的方式保存。最後，此系統持續地監測環境中已發生或即將發生的變化，以及早察覺組織需要因應的事件（第八章）。

採取這些改變中的一項或任意幾項，就能夠大幅度地提升組織的績效。然而一旦五項改變同時進行，將產生強大的相乘效果，比起分別採取各項改變的成果之加總，還要驚人。

社會系統的社會功能

回顧一下，以宰制系統的角度看待組織，組織的功能是爲其上帝（所有人或創造者）的投資提供報酬，也就是賺取利潤。當以生物系統的角度思考，利潤則被視爲手段，而非目標；一如氧氣之於人體——是生存的必要條件，而非生存的理由。利潤本身沒有價值，利潤的使用才是它的價值所在；一如比爾斯（Ambrose Bierce, 1967）所說的，錢不花掉就沒有價值。生存是任何生物系統的首要目標。和利潤相同，成長也是生存的必要條件，因爲成長的反面——衰退，終究會導致死亡。

每一個社會系統在它所隸屬的更大型系統當中，都有其作用。以企業而言，其功能主要是經濟性的。以利害關係人的觀點看待企業，是理解企業經濟功能本質的最佳方式。在描述此種觀點及其含意之後，我將探討這項經濟功能在社會系統的首要目的——促進系統元素、系統本身與系統所隸屬的更大型系統的發展——當中扮演的角色。

所謂利害關係人，是指任何直接受到企業作爲影響的個體。這個定義不包含競爭者，因爲企業對它們的影響是間接的，是透過企業對顧客、供應商與其他利害關係人的直接影響而達成的。以利害關係人的觀點看待企業，就是將企業視爲利害關係人交換資源的一連串交易行爲。我們非常粗淺地將利害關係人分成六類，得到如圖2.1所呈現的企業觀。

企業的員工投注勞力，並以薪資的形式從企業獲取金錢；供應商將商品與服務投入企業

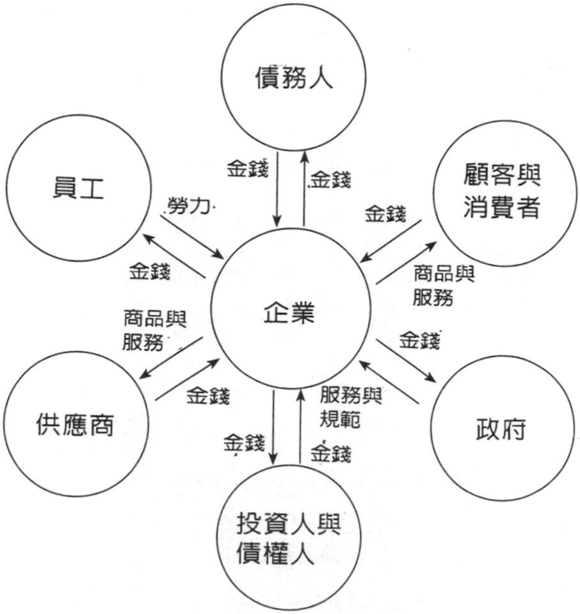

圖2.1　利害關係人的企業觀

以換取金錢；顧客則恰恰相反——他們從企業取得商品與服務，並以金錢回饋。一般而言，顧客從商品與服務獲得的價值，通常比供應商輸入企業的價值高。因此，企業對其購進的商品與服務，提供了附加價值，即使企業只是讓顧客更容易取得這些商品與服務（例如零售商店）也不例外。

投資人與債權人以投資或貸款的形式，將資金投入企業，並在稍後得到金錢上的報酬，期望報酬的金額比當初的投資或貸款更高。債務人恰好相反，他們先從企業取得款項，隨後再歸還企業。舉例來說，企業將營運資金存放於銀行，銀行便對企業產生負債，且通常需要支付企業利息。企業通常將退休基金投資於其他公司，這些公司也成了企業的債務人。政府也藉由供應物資（如水資源）與服務（如治安與消防的保護），換取企業以付費或稅金提供的回饋。政府與其他的供應商不同，它對企業擁有部分控制權，同時，即使企業使用政府提供的物資與服務，這些物資與服務也不屬於企業的財產。

將利害關係人分為六群（圖2.1），幾乎是最簡單的作法了，可以進行更詳盡的分類。例如，政府可以進一步區分為地方與中央政府；顧客與消費者可以再細分為批發商、零售商、終端顧客與使用者（顧客與消費者不一定是同一群人，兒童食品與服飾的購買與使用就是一例）。此外，投資人也可區分為法人與個人。不過不論以什麼方法分類，每一個利害關係人，都牽涉與企業進行資源交換的行為。

進出企業的資源，只有兩大類——若非供企業耗用的資源，就是藉由企業的作為所產生的資源。如果企業產生的資源大於它所耗用的量，那麼企業便創造了財富。企業為社會創造財富的功能，不是什麼新發現，這是長久以來眾所週知的事。然而對許多人，特別是企業的管理人而言，企業同時還具備分配財富的功能，倒是前所未聞的說法。企業透過提供財務上的資源來分配財富。這些財務資源，可以用來購買企業所產生或所耗用的商品與服務。企業的這項功能——分配財富，通常不受到重視，甚至完全被忽略。

提供生產性的就業機會，是企業分配財富的方法之一，甚至是最重要的方式。這是目前所知，唯一能同時創造並分配財富的方法。因此，創造並提供生產性的就業機會，是以社會系統爲概念的企業之一項主要的社會功能。

資本社會，如果私人公司創造的生產性就業機會，在數量與品質上無法產生公平且令人滿意的財富水準，那麼執政當局任職期間的長短，通常會受到嚴重的威脅。一旦發生這種狀況，政府通常會將企業收歸國有以維持就業水準，即使犧牲利潤也在所不惜。就政府而言，就業機會不足所構成的威脅，比利潤不足來得嚴重。政府掌管的企業，即使很擅長分配手中的財富，通常極欠創造財富的能力。政府的問題在於，雖然他們熟悉分配的方法，卻無法有效率地創造財富，這正是許多共產國家發生的現象——由於沒有產生足量的財富，他們最終在人民之間分配的，竟是貧窮。另一方面，將許多產業收歸國有以維持就業水準的資本國家，如英國與墨西哥，隨後爲了創造更多的財富，大多將產業重新開放民營。因此，就社會的觀點而言，製造並維持生產性的就業機會，是私人企業的首要責任。有鑑於此，目前廣泛發生的裁員與企業縮編，引發關於企業社會責任，以及政府對於其失責行爲的因應措施等重大問題。我將在第十二章探討這些議題。

結論

我認爲將系統與分析模式，分爲宰制、動物、社會與生態等四類，是很有助益的作法。

而區分的準則，就是在相同與相異的環境中，系統與模式是否能就其目標與手段加以選擇——換言之，是否具備意志。宰制系統及其元素不具備選擇能力；它們本身沒有意識，但可以幫助外部實體達成目標，這就是宰制系統的功能。動物系統呈現出選擇能力；因此它們本身具有意識，但它們的元素則否。社會系統及其元素都能進行選擇；因此系統本身具有意志；同時，它們所隸屬的更大型系統，以及系統所包含的元素，也都具備意志。最後，大自然一類的生態系統無法選擇其目標與手段，因此不具備意志；但生態系統的某些元素（動物與社會系統）則展現選擇的能力，也就是說，這些元素擁有意識。

我的重點是，如果將一種分析模式套用在不同型式的系統上，將大幅降低得到有效方案的機會。這是因爲如果採用的分析模式與系統不相稱，將顯著地減少方案的數量與種類，而其有效性降低的程度，則視系統的成熟度而定。我們的社會，以及社會中的私人企業與公家機關，都已達到一定的成熟度，套用宰制與動物模式來分析社會系統曾有的功效，如今已蕩然無存。

我相信爲了讓企業的運作達到最大的成效，企業必須做到五件事情，本書隨後的篇幅將對此加以討論。這五件事情是：有效的規劃、迅速並有效地學習與調適、民主化、推動內部市場經濟，以及採行一種能發揮最大彈性，並將重整需求降至最低的組織結構。

3

管理的類型

懷舊式管理、惰性管理、未來導向管理

懷舊式管理視過去的狀態爲努力的目標

惰性管理滿足於現狀，一切順其自然

未來導向管理相信未來會更好

有效管理的原則——以追求理想爲導向

而非以去除缺點爲目標

我們所謂的管理，不過就是讓人們的工作窒礙難行罷了。

——杜拉克

任何兩種管理方式不可能一模一樣，也不會截然不同。然而管理方式的變化無窮，只有透過分門別類，才能好好地加以討論。幸好這和色彩相同，傳統的管理型態也能以少數幾個範疇歸納。雖然色彩的變化多端，但是所有顏色都是來自三原色的組合；傳統的管理形式，也都衍生自三大基本型態。正如生活上出現三原色的機率並不高，純粹的基本管理型態也很少獨立存在。不過，即使經過混和，我們通常能夠看出其中最強勢的基本型態。雖然企業通常由一種管理型態主導，但在大多數的組織中，或多或少都能看到三種型態同時並存；此外，個別的經理人在不同的情況下，通常也會展現不同的管理方式。

三種基本管理型態的區分基礎，源自於人們對於時間與改變所持有的不同態度。時間是非常容易理解的變數，因爲它能區分爲三個極爲熟悉的範疇——過去、現在與未來。態度這個變數就更簡單了，因爲它要不是正面（+），就是負面（－）。面對時間的態度，造就了面對改變的態度。表3.1呈現了三種管理型態對於時間與改變的態度，以及三種管理型態的特色。

懷舊式的管理

從表3.1可以看出，懷舊式的管理（reactive management）對現狀與未來的發展方向均感不

表3.1　傳統管理的三種基本型態

	態度			
	針對過去	針對現在	針對未來	針對改變
懷舊	＋	－	－	回復原狀
惰性	－	＋	－	防範發生
未來導向	－	－	＋	促進變化

滿，他們念念不忘的是舊日的景況。因此，他們將過去的狀態視爲努力的目標，不論是問題的處理方式或是計畫的訂定，都以恢復過去的狀態爲依歸（圖3.1）。

懷舊式管理面對問題的解決之道，首先是找出問題的成因或根源，然後將之去除或抑制。如果一切順利，就可以消除造成問題的變化，並將系統恢復到問題發生之前的狀態。這樣的過程稱爲「問題的解除」（problem resolution）。過程的本質具有臨床診療的特色，主要依照先前處理類似問題的經驗來解除當前面臨的難題。在過程中投注的思考方式是質化（qualitative）的思考，仰賴管理者的經驗與來自常識的判斷力。

例如美國社會在二十世紀初，出現了嚴重的酗酒問題，政府認定酒品是問題的根源，因此立法禁止酒類的釀造與銷售。這樣的作法毫無成效。禁酒令無法遏止人們取得酒類的管道，隨處可見的私酒販子不但讓人容易買酒，並且導致集團犯罪的興起。比起酗酒，集團犯罪可是更嚴重的社會問題。不過在很多情況之下，例如疾病治療這種

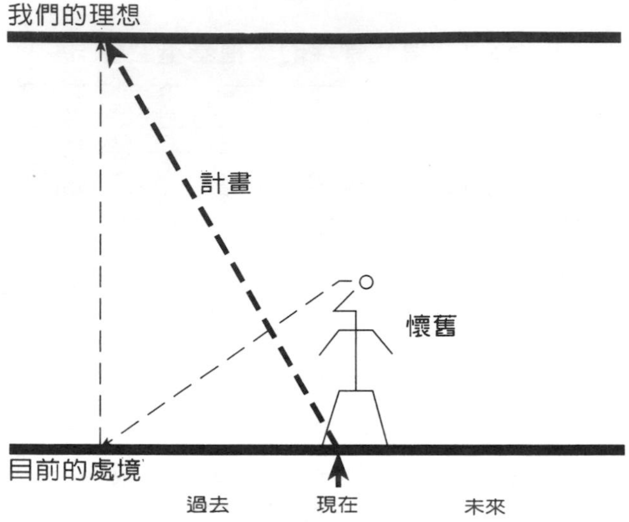

圖3.1 懷舊式的規劃

處理問題的方式，這種管理方式卻可以得到令人滿意的成效。醫學診斷試圖找出疾病的根源，並加以去除。如果治療得當，通常能讓病人恢復健康。不過，由於醫療而導致更嚴重的疾病或殘障，也是屢見不鮮。

由懷舊式管理所主導的組織，傾向於採用人類所知最古老也最穩定的組織型態——也就是家庭。他們渴望讓組織成爲一個「快樂的大家庭」。執行長扮演父親的角色，員工們認定他是智慧最高、無所不知的人。他在絕大多數的情況下擁有最後的決定權，大家都以「老闆」稱呼他。執行長（幾乎都是男性）的年歲愈長，經驗愈豐富，解決問題的能力也愈強。「經驗是最佳的導師」以及「逆境的磨練是最好的鍛鍊方式」，都是懷舊式管理的箴言。

和許多家庭相同，大多數懷舊式組織以專制的階級制度運行。包括訂定計畫在內，任何事件的發生，都得先徵求老闆明確的指令或暗中的認可。通常在得知其他他所仰慕的懷舊式組織進行了規劃之後，老闆才會興起如法炮製的念頭。一旦決定進行企業規劃，他通常會召見那些直接向他報告的「較年長的孩子」，說道：「孩子們，我希望在今年年底以前，提出涵蓋未來五年的企業規劃。這代表我需要你們每一個人，在十一個月後提出各自的部門計畫，好讓我有一點時間進行評估，並整合成一份完整的企業計畫。明白了嗎？」

他們回答稱是，卡嗒一聲地併攏鞋跟，行禮而退，然後召見較年輕的孩子——也就是組織的下一個層級。他們通常會如此說道：「孩子們，老闆希望在年底以前提出企業的五年規劃，這代表我需要在十一個月後呈交部門計畫，因此，你們必須在十個月後提出各科的計畫，好讓我有一點時間進行評估，並整合成一份部門計畫。明白了嗎？」

他們一樣地回答稱是，卡嗒一聲併攏鞋跟，行禮而退，然後召見他們的屬下。如此層層向下，一直到組織最低層的管理階級，通常是工頭或領班爲止。工頭是組織的原子，是重要而不可再分割的微粒。他的直屬上司吩咐下來，工頭需要及時呈交小組計畫，好讓上司有足夠的時間加以整合。如果組織有超過十二個管理階層，工頭可能得在六個月或更早之前就將計畫準備好。還好，他對這種要求早已習以爲常。

值得注意的是，雖然在懷舊式的組織中，規劃的決策由最上層依次向下傳達，但是實際的規劃，卻是由下往上完成。

現在，工頭會怎麼做？由於這是懷舊式的組織，他首先會列出所有需要回應的事，也就是目前狀況中出現偏差的事情。他針對每一項缺失，策劃一套確認問題成因以及解決的方法，這些方法就稱爲「專案」（project）。工頭估算專案的成本與利益，並以各種方法將之併入績效考核的方式。然後根據專案的預期成果，排列出專案的優先順序。

工頭通常對專案能爭取到多少預算，心裡大致有個譜。如果去年是個好年，他很可能多得一〇～二〇％的預算；如果公司去年收益不佳，可能會刪減一〇～二〇％；若是不好也不壞，就沒什麼改變。但他也明白，如果要得到預期的預算，他必須提出更高的要求。工頭估算出數字，然後挑出優先順序最高的專案，將它的成本從打算提出的總預算中扣除。接著挑出表上第二順位的專案，重複先前的步驟，直到提列的預算全部分配完畢。最後，他準備一份文件，將需要籌措經費的專案「包裝」在一起，並將這份計畫呈交給直屬上司。

他的上司從各個屬下的手上收到這類的計畫之後，會做三件事。首先，主管會訂正文法與拼字上的錯誤，可能會、也可能不會，修改計畫的內容。接著，主管會在收到的計畫中，加入他自己提出的專案，以解決他所面臨的問題。最後，再將這些計畫「重新包裝」。這樣的步驟持續地往上層進行，直到交到老闆的手中爲止。

在研討呈交計畫的內容，並進行適度的修改之後，老闆將重重篩選後倖存的專案，整合成所謂的企業計畫。企業計畫由爲數衆多的專案構成，這些專案來自組織各個層級，目的都是要消弭缺失以提升績效。

在我的經驗中，大約二五％的企業計畫與五〇％的政府計畫，都屬於這種型態。不過，徹底執行這些計畫的組織寥寥無幾。幸得如此，因爲這類計畫的實施，可能對組織產生相當大的斲傷。之所以可能發生這種狀況，是由於此種規劃方式有兩大嚴重的缺陷。

第一點，這些計畫以去除不想要的事物爲導向。遺憾的是，在試圖摒除不想要的事物，通常不會因而獲致希望得到的事物，結果可能更令人不快（禁酒令引發的集團犯罪就是一例）。這一點應該不言而喻。如果在大白天打開電視，大部分人通常不會立刻找到想要欣賞的節目，要去除這個令人不快的節目很容易，只要轉臺就可以了。不幸的是，轉換頻道往往找到難看節目的機率比精采節目的機率高，甚至可能比原先不想看的節目還要糟糕。從這一點，我們可以導出有效管理的基本原則——**有效的管理必須以追求理想爲導向，而非以去除缺點爲目標**。

第二點，每一項缺失都是交錯各種缺陷的系統之一部分。這種系統，就是我所謂的「混局」（mess）。因此，即便清除了所有缺失，並分別以更優異的元素取代，新的系統仍可能比原先的系統更不完善。記得以前曾經提過，個別改進系統中的元素，不可能提升系統整體的績效。

十九世紀初期的「勒德分子」（Luddite），是懷舊思考模式的典型。這些英國手工業工人，試圖搗毀害他們失業的紡織工廠與機械設備；十八世紀時，法國哲學家盧梭（Jean Jacques

Rousseau）主張，當時所興起的「回歸自然的蒙昧人」（natural man），比當代的人類更勝一籌。十九世紀末葉，同樣發生在英國，藝術評論家莫里斯（William Morris）與羅斯金（John Ruskin），呼籲藝術家回歸中世紀時期的原理與畫風。到了一九六〇與七〇年代，成群的嬉皮移居加拿大西部等地，形成了農業社區，希望藉由褪去現代科技與文化，覓得更高的生活品質。

不論過去或現在，懷舊式的組織就像開倒車的火車，管理者對昔日情景知之甚詳，卻渾然不知未來的走向。他們轉過身來看著過去，倒退地步入未來。

基礎工業在美國經濟中扮演的角色，重要性已大不如前，殘存的產業，例如鐵路、鋼鐵與礦業，都傾向於懷舊式的管理。一位鐵路公司的高階主管曾告訴我，只要去除了卡車業與州際商務委員會，鐵路業者所面臨的問題，就能夠迎刃而解。

惰性的管理

不同於懷舊式管理，惰性（inactive）組織的管理者滿足於現況——情形或許不完美，但也該知足了。所以，「情況夠好了，不要畫蛇添足」、「順其自然」以及「東西沒壞就不用修補了」，都被惰性管理者奉為圭臬。他們的目標是要保持現狀，避免改變（圖3.2）。

德國哲學家萊布尼茲（Liebnitz）是惰性主義的代表人物，他認為既然上帝理所當然是完美的，祂所創造的世界，必定也是最圓滿和諧的。伏爾泰（Voltaire）在其名作《贛弟德》

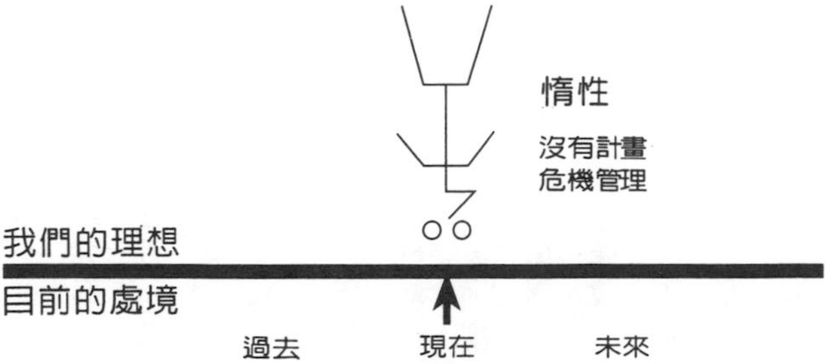

圖3.2　惰性的管理

（*Candide*）中，對這樣的理念嗤之以鼻。現代社會裡，相信世界完美無缺的人所剩無幾，不過，許多人滿足於現狀，認爲不應該企圖改變世界。

惰性主義者相信，如果一切順其自然就不會發生改變，那樣的世界也不壞。不幸的是，許多人不斷試圖改善生活，卻幾乎總是弄巧成拙。然而，通常只有當組織的穩定與存活受到威脅時，也就是面臨危機時，惰性主義者才會對這類企圖改善生活的努力做出回應。而他們處理危機的方式，也是盡可能地低調。他們和懷舊式的管理人不同，懷舊式的管理企圖消弭問題的根源，惰性主義者卻只想抑制症狀的出現。

他們奉行危機管理（crisis management），因此在本質上反對進行規劃。艾森豪時期的國務卿杜勒斯（John Foster Dulles）在國務院中推行危機管理，並奉爲官方的信條。不過，他將危機管理更名爲「邊緣政策」（brinks-manship）——不到懸崖邊緣，不輕易往回跳。英國文人稱這種政策爲「朦混過關」（muddling through），但學術界人士擔心學子就輕易能理解這樣的措辭，因此將惰性主義者的信條稱爲「不連貫的漸進主義」（disjointed incrementalism）——意指只有當迫於外部事件不得不回應時，才稍加處理。這些動作並非計畫中事，動作範圍也是愈小愈好。

如同托佛勒於一九七一年所言，這個世界的變化愈來愈快，複雜性愈來愈高，危機的次數與強度也隨之日益升高。這樣的環境，讓惰性主義者辛勤地忙著阻止變革的發生。不過即使沒有發生危機，或面對別人不遺餘力地試圖改變世界，他也會忙碌不堪，因爲一般人（特別是一般員工）無法在無所事事中自得其樂。因此，惰性主義者必須找出讓人們無事忙的方式。幸好，有一種組織型態能幫助他們達到目標，那就是官僚體系（bureaucracy）。官僚體系由一群從事「打發時間工作」的人，系統化構成。不幸的是，官僚體系經常爲其他忙於具有建設性工作的人，創造出許多缺乏建設性的工作，好比那些拖拉費時的繁瑣手續。

通常得運用高度的想像力，才能創造出不具有建設性的工作，比方全自動電梯的操作員。我曾造訪某個國家，在那兒，旅館大廳的電梯旁站著身著制服的年輕人，詢問你要上樓或下樓，然後替你按下適當的電梯按鈕；冗長的問卷調查，也是一種以無實際成果的工作打發時間的有效方式，問卷的答案可能會列表統計，但不會進行進一步的分析，分發給員工的工作生活品質問卷，通常就是這種型態。在一九七〇年代，藉由分析墨西哥石油產業的雇傭狀況，我發現該國壟斷市場的番美克思（Pemex）國營石油公司，員工人數是實際需求的七倍。難怪它不賺錢！當我向管理番美克思的國家資源部部長指陳這一點時，他告訴我，番美克思的功能不在於創造利潤，而在於創造工作，製造就業機會。他表示，藉由裁減員工人數使公司轉虧爲盈，很可能對政局的穩定造成威脅。

什麼樣的組織能在惰性管理下存活？答案是：組織能否經營下去，與其績效無關（服務或產品水準）的機構。獲得資助的機構，便擁有這樣的獨立性。它們的營運資金來自更高層單位的補貼，不必仰賴產品或服務的銷售。因此，它們所提供的產品與服務的素質低落，且一般，不大理會用戶的反應。

顯而易見地，許多政府機關是這類型組織的代表，不過企業內部許多功能性的服務單位，也屬於這種類型。這些單位提供的服務包括會計、資料處理、教育訓練與人事等，當其他部門需要這些服務時，依規定只能求助於這些單位，因此它們具有壟斷的地位。使用這些服務的部門，通常不會在享受服務時付費，而是向更高層單位支付間接費用（例如稅金），再由高層主管將資源分配給各個功能性的服務單位。

受政府管制保護的公共事業單位，得到政府的津貼，利潤受到公共事業委員會的保障，因此組織特性明顯地傾向於惰性管理，只有在迫不得已時才會進行改變。一旦市場開放，公共事業公司——例如昔日的美國電話電報公司（AT&T）將被迫面臨競爭，公司的管理風格與從事的活動也將歷經徹底的變革。

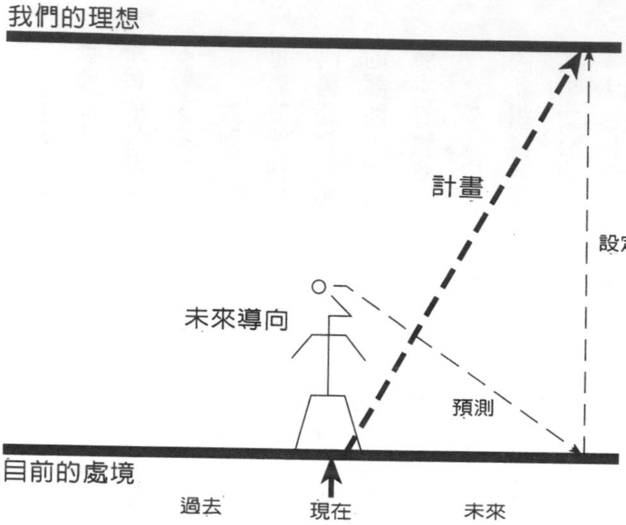

圖3.3 未來導向的管理

未來導向的管理

不論未來導向(preactive)的人賦予過去與現在多高的評價，他們總認爲未來會更好(圖3.3)。他們對未來充滿渴望，因此全心全意希望能加速理想的達成。

要說明未來導向主義、惰性主義與懷舊主義的不同之處，以下這個比喻最清楚不過了。想像一個人在海中游泳，卻被強勁的海底逆流捲離岸邊。懷舊的人會轉身，試圖奮力地抵抗潮流游回海岸。惰性主義者則頗能欣賞目前的位置，並且試圖下錨，停泊在固定的地點。如果是未來導向的人，將願意追隨潮流，並且試圖利用他的優勢，搶先抵達目的地，然後爬上岸，轉過身來，向後來抵達的人收取通行費。對未來導向的人而言，改變是值得善加利用的契機。

未來導向的管理人，會先行預測並據以籌備。也就是說，他們首先企圖預測未來，接著設立目標（通常以「願景陳述書」表達），然後訂定從目前的局面達到理想境地的計畫。在他們的計畫中，以降低預期中的威脅，並盡可能地掌握機會爲準則。相對於籌備工作，預測在此過程中占有更關鍵性的地位，因爲不論籌備多麼完善，如果預測錯誤，那麼後果將比對正確的未來毫無準備更爲嚴重。正因如此，預測是未來導向管理者與其員工投注最多心力的工作。

未來導向的管理人對愈來愈快速的變化感應敏銳，因此他們不認爲經驗是良師，也不相信逆境的磨練是最好的鍛鍊。世事的變化讓經驗毫無用武之地。好比說，多年的駕車經驗並不能賦予一個人操縱飛機或太空梭的能力。因此，體驗並適應變化的心理準備、意願與能力，取代經驗而成爲必備的條件。這有兩大含意：第一，由於比起年長的人，年輕人更懂得變通也較樂於學習，所以未來導向組織中的高階職務，多半由年輕的經理人出任；第二，若提到快速而有效地進行改變的能力，不會聯想到家庭，而會以運動團隊比喻。因此，運動團隊成了成功管理的隱喻——組織傾向於以小組的方式管理，管理人視自己爲教練，而非司令官。

未來導向的管理階層對組織的安排方式，以能快速回應變革爲準則，因此採用分權式的結構，將決策的權力，分散到能最先偵測並快速回應組織內外部變化的單位。在懷舊式的組織中，經理人的作用，猶如執行老闆意旨的行政官；而未來導向組織中的管理者，則在組織整體的計畫與政策規範之下，具有較高的自主性。

在《兩種文化：重新審視》(The Two Cultures: a Second Look, 1964) 一文中，英國著名小說家史諾 (C.P. Snow)，突顯出科技世界與人文世界兩種文化的差異。這篇論文的主旨，可用未來導向與懷舊式管理的差異爲例。未來導向的人相信，沒有任何疑難雜症無法以堅實的科學與技術解決；而懷舊派的人則認爲，唯有較軟性的人文方式，才是一切問題的解答。因此，未來導向的管理盛行於科技導向的企業與商管學院，實在是意料中之事。

遺憾的是，當變化發生的速率愈來愈快，環境變得愈來愈複雜時，未來導向的經理人對未來的預測正確性也愈來愈低。不過，未來導向的經理人與規劃師並不因而垂頭喪氣。他們表示，我們沒有完美的氣象預測，也無法對天氣的變化做最好的準備，但我們的生活，顯然因爲這些預測與準備而變得更好。他們說得很有道理，不過基於一項很重要的理由，這個論點顯然文不對題。根據氣象預測而作的準備，不會影響天氣的變化——雖然有些人相信出門帶傘可以防止下雨，或者洗車會帶來雨天。相反地，企業針對未來的預測所作的準備，正是打算要扭轉未來。計畫的目的，是要改變預測中的顧客、供應商、政府與其他相關人士的行爲，以利於進行這項規劃的組織。因此，和根據氣象報告所作的準備不同，規劃的目的是要改變預測，而這項預測正是規劃的基礎。

這代表一項成功的計畫，是可以改變計畫所憑據的預測，所以需要修改預測，因而也需要跟著修正計畫，好將改變後的未來納入考量。不過修改了計畫，就需要隨之修改預測，若不是隨意地停止，這個過程將無止盡地循環下去。未來導向的規劃，通常到了一定程度就會停下來。由於預測的錯誤逐漸明朗，讓以此預測爲基礎的計畫失去效用，許多——甚至是大部分——未來導向的計畫，從未徹底地執行。

然而，要讓管理人放棄預測與準備，還有另一個更強烈的理由。我以下面的例子揭示這個道理。假設你面臨兩項選擇，一是每天獲得正確無誤的氣象預測，並擁有足以應付各種天氣的所有衣服，不過你得在戶外工作；另一方面，你也可以選擇在室內工作。除了工作非得在室外進行的人之外，幾乎沒有人會選擇戶外的工作。顯而易見地，人們不會要求辦公建築內的氣象預測，因爲在人類所創造的建築物中，氣候是可以控制的因素，也就沒有預測的必要。從這個例子可以清楚地了解，規劃的目的，不應是爲不可掌控的未來作準備，而應該以「建造建築物」的方式，力圖控制那些對未來產生影響的變數。

互動式管理

再回到墜海的例子，互動式管理者在這個例子中將會試圖控制海潮。這不是不切實際的空想，人類已能逆轉河水的流向、遷移河川、讓陸地變成海洋（蘇彝士與巴拿馬運河），並且將海洋填成平地（荷蘭的海岸）。

仔細想想，企業所發生的事情，並非環境加諸組織的結果，而是來自企業本身的作爲。因此管理與規劃，應以盡可能地以創造未來爲目標。這是一種新的管理型態——互動式（inter-

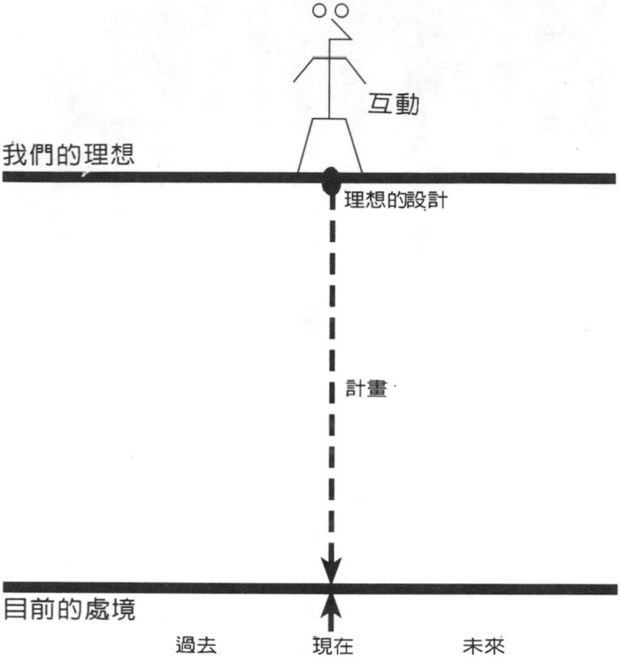

圖3.4 *互動式規劃*

active）管理——的目標。這種管理方式脫離了表3.1的範疇，因爲它不認爲時間能有好壞的區別，也不認爲時間能對我們產生好或壞的作用，而認爲我們的作爲能夠影響時間的好壞。比起環境的影響，我們的際遇主要還是自己所造就的。

互動式規劃程序

互動式規劃（圖3.4與3.5）的成分，包括設計理想的當前狀態，以及發明或選擇盡可能達成理想狀態的方法。由於此類的規劃過程，主要由設計與發明等行爲——也就是一種創造性的行爲所構成，因此規劃的目標就是創造未來。藉由具體指明企業應採取的行爲，以持續縮減組織「當前」的現實與理想狀態之差距，就能達成創造未來的目標。爲什麼要追求「當前」的理想狀況？因爲如果不了解在能隨心所欲的情況下，我們希望目前能有怎樣的處境，又如何明白自己希望在五年或十年後能有怎樣的局面呢？事實上，我們能有相當的把握在五年或十年之後，我們不會再希望擁有目前所期待的狀況。

互動式規劃有六個相互影響的階段，其中幾個或全部的階段，可能或甚至經常是同時進行的，不過一開始時，規劃程序通常由下面所陳述的步驟進行。按部就班地描述這些階段，勢必讓人誤以爲必須以特定的步驟執行，其實我的陳述順序，並不代表這些階段的執行次序。正如我將指出的，互動式規劃必然是連續循環的程序，所以沒有最後的步驟，也可以從任一個階段開始。

有系統地闡述「混局」——狀況分析：這個階段的任務，是要描述並理解組織的現狀與環境，目的在於顯現組織所具備與欠缺的技能，以及了解需要進行怎樣的變革，才能強化組織的能力。此外，這個階段還會揭露隱藏在組織中的自我破壞因子，並且提出避免災難的方式。如此一來，組織所面對的最重要抉擇，便能一一呈現出來。

目標規劃：在此階段，具體陳述組織所追求的理想、願景與目標——組織要什麼，而非組織不要什麼。要明辨目標並詳細說明，可以透過組織的理想化再造（idealized redesign）達

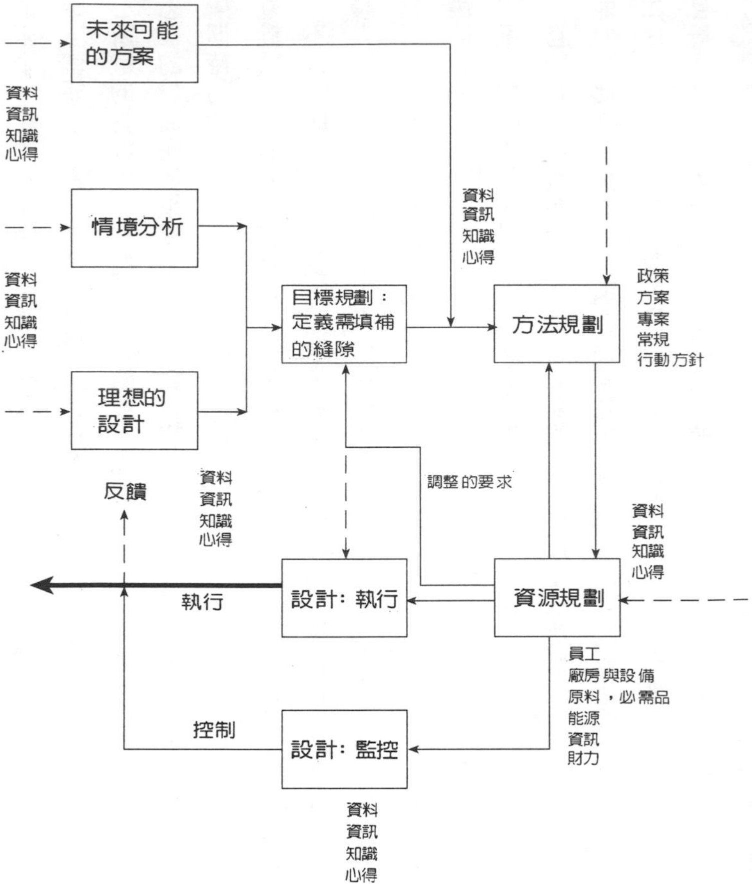
未來可能的方案
資料
資訊
知識
心得
情境分析
資料
資訊
知識
心得
理想的設計
目標規劃：定義需填補的縫隙
資料
資訊
知識
心得
方法規劃
政策
方案
專案
常規
行動方針
調整的要求
反饋
資料
資訊
知識
心得
資料
資訊
知識
心得
執行
設計：執行
資源規劃
員工
廠房與設備
原料，必需品
能源
資訊
財力
控制
設計：監控
資料
資訊
知識
心得

圖3.5 規劃的程序

成。所謂組織的理想化再造，是指設計者在無所限制的情況下所設計出的系統。這樣的設計，只受到幾個無關緊要的條件限制。組織最理想的現狀，與組織未來的目標之間的差異，應該清楚闡述並正視這樣的差距。這些差異是規劃程序其餘的階段所欲解決的差距。

方法規劃：在這個階段選定了縮減差距的方法。這些方法的出現，或許需要經過發明或發掘，因此這個階段中，創造性占有重要的地位。方法涵蓋的範圍很廣，包括從一般性的政策、方案、專案、作法到非常詳盡的行動方針。

資源規劃：這個階段的主旨在於針對各項資源決定：(1)在何時何地需要多少資源；(2)在指定的時間與地點，會有多少資源；(3)如果資源過剩或短缺，該如何處理。需要考慮下列幾項資源：(1)人力；(2)廠房與設備（資本支出）；(3)原物料、必需品與能源（消耗性資源）；(4)財力；(5)資訊。

執行與控管：設計執行方式時，需要決定任務的分派、執行的時間、地點以及完成任務的期限。而在設計控管方式時，必須詳細說明三套程序，分別用來確認並監控計畫所根據的假設、控管方式預期達成的成果、以及當預測與假設出現偏差時，用來偵查並修正錯誤的方法。這三套控管程序所提供的反饋，讓組織得以不斷地學習與調適。

互動式規劃運作上的特徵

互動式規劃與各種傳統的規劃方式，有三項非常重大的差異：首先，互動式規劃以倒推的方式進行，從組織理想的狀態，倒推回組織目前實際的處境；其次，規劃程序是連續不斷的，而非偶一爲之的活動；最後，它讓組織的所有利害關係人，或他們所推派的代表，都能有機會參與規劃的過程。

倒推式的規劃：在進行規劃時，懷舊式與未來導向的經理人，試圖找出從目前狀況達到理想狀況的方式。互動式管理者的規劃方式則正好相反——他們的規劃是倒推式的，從理想的狀態向後推算，找出回到目前處境的途徑。這種方式能減少需要考量的方案，大大地簡化了規劃的程序。當需要處理的問題，涉及尋找從已知原點到已知終點的路徑，最好的解決方式，就是從終點倒推回原點，這是許多試圖解開迷宮的小孩都知道的事情。從出口尋找通往入口的路，要比相反方向容易多了。

曾經有人問我，在六十四位選手參賽的網球錦標賽中，需要進行幾場比賽。我以下列的步驟計算出答案：在第一輪賽事中，共有$\frac{1}{2}\times 64=32$場比賽；接下來幾輪賽事中，分別需進行十六、八、四、二與一場比賽，加總後答案是總共有六十三場比賽。提出這個問題的人又問我，錦標賽中共有幾名輸家——當然是六十三位，這還用說！不必任何運算，如果從錦標賽的結果推想，要比上述從頭推算的方法不知道容易多少！

另一個進行倒推式規劃的理由，是它動搖了我們對可行性的概念——它讓原本不可行之事，如今行得通了。我將在第五章闡述這一點。

持續性的規劃：懷舊式與未來導向的管理人，將規劃視爲「間歇性」的活動。組織編列一段時間進行規劃，規劃期結束之後，就進入執行時期。執行期或許也會結束，接下來的期間，則進行一連串與規劃無關的活動，然後再度進入規劃期。每隔一段時間就會重複一次這樣的週期。相對地，互動式的規劃與執行是持續不斷的過程，通常不會爲了準備「計畫書」而暫時停擺。計畫書彷彿是擷取自電影的停格畫面，不足以作爲評量整部影片的基礎。互動式規劃最重要的成果，就是規劃的過程，而不是稱爲計畫書的文件。在規劃的過程當中，組織萌發出知識、心得與智慧，而這些收穫，正是進行規劃的價值所在。

互動式規劃基於下列兩項因素，必須持續地進行：第一，計畫所需的資源與實際可得的資源幾乎從來不會一致，某些資源必定會過剩或不足。因此，若非稍事修改計畫（提升或降級），就得改變資源的供給（增加或減少）。

在百威啤酒公司（Anheuser-Busch）的企業計畫中，公司決定興建另一座啤酒釀造廠，其規模之浩大，將創下前所未有的紀錄。由於成本過高，這項計畫需要徵求董事會的同意。董事會批准這項計畫，條件是公司必須有能力由內部籌措這筆額外的現金。計畫人重新回到規劃階段，幸運的是，他們找到了一個籌措現金的方法，不僅能滿足計畫所需，還能有餘額。在審視解決方案之後，董事會批准了興建釀酒廠的計畫，但想了解公司打算如何處理多餘的現金。計畫人表示，公司應該利用多餘的金額追求多角化的經營。董事會深表贊同，並指示計畫人提出多角化經營的計畫。於是再一次回到規劃階段。針對多角化經營的方式，計畫人發展出三套獨立的規劃，每一項方案都會耗盡前一次計畫所產生的現金餘額。計畫人請求董事會選擇其中一項方案，但董事會卻認為三項方案都值得推行。由於現金流量不足以同時應付三項方案，董事會指示計畫人尋求籌措所需經費的方式，而開啓了一個永不休止的循環。

其次，計畫的執行，不可能完全落實原來的期望，因為假設可能出現錯誤，不然就是原先的預期不切實際。規劃的最後一個層面——控管，目的就是要盡早揭露這類的偏差，使組織能適度地調整計畫。第八章將詳細探討調整計畫的方式。

參與式的規劃：根據以上的論述應該能清楚地了解，規劃的過程，就是規劃最重要的成果。規劃過程所發展出的知識、心得與智慧，讓組織得以不斷地進步。組織透過規劃過程獲得的體認，是其他學習方式無法比擬的。因此，愈多組織成員獲得參與規劃的機會，組織與個人獲得的體認也愈豐富。由於參與規劃的人，為了保障自身的權益，將確保組織能按照計畫行事。如此一來，便能大幅地增加成功執行計畫的可能性。

此外，組織中的每個單位，都應投注於單位本身的互動式規劃，並且與其他受到此計畫影響的單位協商、整合。因此，組織就能產生一份廣泛、協調而整合的計畫。我將在第九章描述形成與執行這類計畫的方式。

結論

由於互動式規劃最主要的成果，來自投注於規劃過程中的心力，也由於這種規劃方式，主張員工與其他利害關係人應該盡可能地參與，因此，不論計畫人是公司內部的員工或從外界聘請而來，專業規劃師的角色將產生巨幅的變化。他們的功能不再是起草計畫書，然後經過修改、批准，而由其他人採用執行。相對地，他們的功能在於鼓勵相關人士盡可能地參與，並協助促進規劃過程。因此專業規劃師的角色，教育的成分居多，而非提出解答。除了教育規劃過程的參與人之外，當參與人忽略某些方案時，專業規劃師還需要負責提醒他們。因此，專業規劃師必須隨時掌握管理與組織在各方面的發展，這是很重要的一點。

互動式規劃的每一個階段，在第二部中都有獨立的章節詳加探討。除了規劃方式之外，互動式管理的主要特徵將在第三部與第四部中討論。針對規劃程序的應用，在附錄二中有較爲詳細的敍述。

第二樂章

程序

規劃、設計、執行與學習

4

有系統地闡述混局：形勢的理解與領悟

對系統產生廣泛而清晰的綜合概念

預估參考值是一項有力的工具

藉由確認組織環境當前的形勢

推測導致組織滅亡的可能情境

再進而顯現組織目前變革的需要

令我們痛苦的不是悲劇本身，而是悲劇留下的爛攤子。

——帕克（Dorathy Parker）

要拉近組織現狀與理想狀態之間的距離，當然得先了解組織當前的處境、它在不改變方向之下的發展前景，以及阻撓改變的內外部障礙。這就需要對組織的現狀及其運作環境，有著相當完整的知識與心得。這樣的知識與心得，通常零零星星地散落在組織不同成員的身上。因此，要擬定所謂的「組織狀況說明」（state of the organization）或「情境分析」（situational analysis），須要確認情報來源、尋求各成員的協助、懇求並蒐集他們的知識與心得，最後將資料以容易理解的形式彙集起來。

姑且不論它在規劃過程中的用途，如此有系統地闡述組織的情境，幾乎總能爲組織的管理階層帶來許多好處。許多經理人透過這個步驟，首度對他們所管理的系統產生廣泛而清晰的綜合概念。

若要有系統地闡述混局，除了確認組織的情境之外，還得預測組織的未來，也就是在兩大前提之下：(1)組織未來仍執行與目前相同的工作，以及(2)環境的變化都在組織的掌握之中，預測組織將會處於甚麼情境。請注意，這兩項假設皆不合乎邏輯；因爲組織如果不打算起碼稍稍改變它的行爲，就不會進行規劃；此外，每個組織都會預期環境發生意料之外的變化。所以說，這樣的預測是以與事實相反的假設爲前提。雖說如此，這樣的預測卻能幫助組織確認它所陷入的混局；也就是說，它能顯示組織若不進行改變，將會以何種方式自行毀滅，同時它也能顯示組織所需要採取的變革。

沒有特殊的工具或技巧，可以用來幫助描繪組織的形勢。因此，這裡所要探討的重點，不在於進行描述的過程，而在於所描述的內容。另一方面，要預測組織的未來，就不能不了解制定預估參考值（reference projection）的方法。

組織的狀態

無可爭辯地，若要完整地描述組織的狀態，必然得翔實記錄組織進行的活動。流程圖（flow chart）通常是表現組織活動的最佳方式。一份流程圖，必須展現出⑴從收取訂單到交付最終產品或服務的流程；⑵爲了完成⑴所描述的程序，公司不可缺少的資訊與指令的流向；以及⑶財務資源的流向。這三類描述可以分頭準備，但若將它們合併在單一圖表上以觀察彼此之間的互動，通常能產生相當大的幫助。如果無法合併成一張流程圖，將各個流程繪製在透明的投影片上，也可以幫助觀察三者之間的互動關係。

我發現下列幾項準則，對於流程圖的繪製頗有助益：

1. 以帶有明顯標示的方格，顯示組織的活動。
2. 以箭頭銜接各個方格，顯示原料、資訊與指令的流向。每個箭頭都應標示清楚。

如果資訊與指令是以文件的型式傳送，應該同時標明文件有幾份副本。流程圖上應顯示每份副本最終的處置方式。（幾乎毫無例外地，我總能從這個步驟發掘不必要的副本，甚至文件本身都是不必要的。刪除這些文件或副本，不會對組織產生任何影響，反倒是經常能大幅減少在辦公室裡亂竄的紙張數量。）

3. 如果好幾個活動受到單一指令或資訊的影響，應該將這些活動合併起來（這個準則能幫助簡化流程圖，使它更清晰、更容易閱讀）。

4. 應該不遺餘力地避免圖上產生交錯的線條（根據我的經驗，幾乎每份流程圖都能完全避免出現交錯的線條。一旦達成這項目標，流程的本質就能一目了然。圖 4.1 是一家製造鋁片的公司所準備的流程圖，這是一個很好的例子）。

其次，組織狀態的描述也應涵蓋公司的「遊戲規則」——促使個人在組織內獲致成功，或至少能維持生存的行爲與規範。這些遊戲規則造就了組織的文化。公司所鼓吹的規範與習俗，通常與實際發揮作用的遊戲規則南轅北轍。兩者都必須蒐集，以突顯兩者之間的差異以及它們所造成的影響。

我曾待過一家公司，宣稱組織採行「門戶開放政策」（open-door policy），表示願意隨時傾聽員工的建言。但爲了要進入那扇敞開的大門，你必須歷經雙重的安全檢查，爬到僅有高層主管及其直屬幕僚進出的辦公室頂樓。若非具備高度勇氣，並且無視於其他同事的瞪視，是

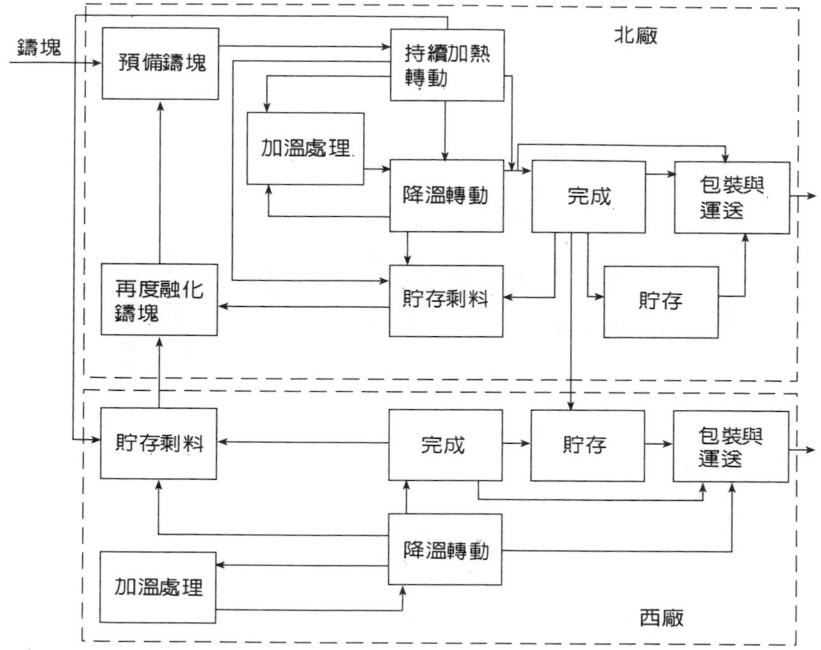

圖4.1　兩座比鄰的鋁片製造廠之原料流向

不可能做得到的。除此之外，公司還鼓吹暢所欲言的溝通，但位於頂樓的主管，除了光顧可以享受免費餐飲的主管用餐室之外，從未蒞臨辦公大樓較低的樓層。順帶一提，在位於底層的員工餐廳內，員工必須掏腰包自費用餐。

在大多數宣稱實行「開放式溝通」政策的組織裡，不論在任何情況之下，批評主管或指陳上司的錯誤，都是一件危險的事情，在公開場合尤其如此。若要了解組織的文化，就必須明白這類表裡不一的地方。我想起高德溫（Samuel Goldwyn）曾說過的一句話：「我希望你能說出你的想法，即使你因此被炒魷魚也不例外。」在規劃的過程中，組織得挖掘並正視本身的眞實面貌，這是很重要的一點。

組織所宣揚的常規與工作方法，通常記載於政策手冊與高階主管的演講稿等文件中。相對而言，要了解實際存在的遊戲規則，最好的方式，還是直接訪問組織各個層級與各個地點的衆多員工。不過，如果受訪者沒有得到匿名的保證，通常很難令他們放聲直言，如果採訪者也是組織的一份子時，情況更爲嚴重。

描述組織狀態的第三個要素，便是揭露組織內部的衝突。這些衝突會阻撓組織的發展，或者影響組織整體、組織元素或組織內個體的表現。同時，組織與外界其他組織或個體之間的衝突，也應該詳加考慮。舉例而言，某一公司的採購員，在購買公司的某項大宗原料時，拒絕與售價最低廉的供應商打交道，就因爲他曾與該供應商的業務員發生口角。

最後，在描述組織狀態時，也應明確地指認能影響組織績效的趨勢，不論此趨勢會造成正面或負面的影響。影響較大的外部趨勢，可能包括原料成本上揚、貸款利率上升與匯率波動等狀況；而較重大的內部趨勢，則可能涵蓋員工離職率上升、新進人員薪資水準、酗酒或吸毒，以及產品退貨率等議題。

由誰準備？

即使公司向外界聘請顧問來輔導闡述組織形勢的過程，主要的工作，仍應由組織內部的人員完成。我發現由公司內資歷不到五年（最好少於三年）的三到五位專業新秀，將一半時間投注於這項工作，會得到最佳的成果。他們比公司的資深成員更勇於表達，同時對於教條與實際常規之間的差異，感應也最敏銳。此外，對他們而言，這也是了解組織的大好機會。

表達方式

組織形勢的描述，通常長篇累牘，無法在此備載。不過從幾個不同型態的組織擷取一些片段，應該會有幫助。

第一個例子，是艾默科（Amrco）鋼鐵公司中美洲部門（ALAD）在一九八七年的狀態。這個部門涵蓋八個國家的營運——包括烏拉圭、阿根廷、智利、祕魯、巴西、哥倫比亞、委內瑞拉與厄瓜多爾。這幾個國家的營運單位，原先是以自主性較高的方式各自爲政，幾年前才合併爲一個部門。它們的產品線範圍廣泛，包含多種鋼鐵產品的裝配與鑄造。

此部門狀態的描述如下：

> 就目前而言，ALAD的組織方式並不構成一個系統；它只是一個聚合體，由

中央控管單位，將許多營運單位拉攏在一起……

傳統上，艾默科仰賴海外的主管扮演營運經理的角色。公司並不期望他們負起總經理的責任；各個營運單位的技術、產品、市場與管理措施，以及人力資源的政策，都由總部預先設定。他們的角色，在於以最有效率的方式管理各地的營運，並且達成總部規定的淨資產報酬率（RONA）與發放股利的目標。

近幾年來，組織在概念上發生劇烈的變化。如今，公司不僅要求主管們達成有效率的營運以及令人滿意的淨資產報酬率，還期望他們能劃定企業應有的業務範疇，並且策劃發展這些業務的策略。很明顯地，主管們的任務，起碼包含定義市場、開發能滿足市場需求的產品、確立一套人力資源政策以吸引、留住並發展這些業務的優秀管理人才，以及制定能確保業務生存與壯大的財務規劃。

在理念上，這樣的轉變深受各個營運國家最高管理階層的歡迎與採納，但在實際執行上，他們的新角色由於三大因素而窒礙難行：訓練與教育、下層支援上層，以及上層所限定的管理系統與程序。

1. 負責艾默科業務的高階主管年齡都出奇地輕，他們非常有才幹、態度積極，並且充滿熱情。但是他們大多沒有受過全面的管理訓練，無法立即擔負總經理的大任，也缺乏相關的管理經驗。

他們需要接受訓練，學習不熟悉的管理領域——特別是市場行銷；上層也需要指導他們採用統一的作法，以擬定營運計畫、評估多角化經營的各種方案，以及進行企業策略的發展與評量；更重要的是，他們需要來自區域總部資深經理的引導。良師益友的指導，是他們發展技能的關鍵要素。

2.各個營運單位之內的中階部門經理，也面臨類似的訓練問題。不過就他們而言，最常見的問題是對新角色的排斥。大體上，這個階層的經理習慣被動地等候來自上層的指令，而他們對自己唯一的要求，就是能夠很有效率地完成指令，這就足以令他們感到心滿意足。在諸如產品管理、財務與人事等關鍵領域上，這樣的心態特別容易影響組織的績效。

3.ALAD現行的管理程序，是根據原本的管理模式所設計的——權、責皆輕的營運單位經理，配上強勢的中央控管。在新的模式下，經理們得負起更多的責任，但他們的職權卻幾乎與過去沒什麼不同。舉例而言，總經理（Country Manager）甚至得先獲得區域總部的批准，才能購買一台個人電腦。這樣的管理程序，只會加深挫折感並導致效能的低落。

ALAD隨後經過重新設計，形成一個和諧的組織，各個元素之間能產生強大的綜效(synergy)。ALAD的獲利能力不斷提升，而它亟需資金的母公司，甚至因而能將ALAD拆開來，分頭賣掉各個子公司。

以下這個例子，擷取自艾勒卡（ALCOA）公司田納西廠（A-T）的狀態描述，此份描述於一九八〇年代早期撰寫完成。目前，艾勒卡田納西廠在技術、管理與勞工關係等各方面，已與當時截然不同。它現在是一座有效率而且多產的工廠，產品具有極高的品質。

A-T管理階層的士氣低落，他們置身於一個毫無希望的處境裡，彷彿他們所採取的任何措施，都會讓那些令人沮喪的預測，成爲必將實現的預言。龐大的固定成本致使A-T的成本結構失衡，在這種情況下，A-T的管理階層實在不明白，工廠如何能在總部強制規定的低產量水準下生存。成本與管銷費用，都以極快的速度上揚，只有直接人工成本在扣除通貨膨脹的因素之後，還顯得較爲穩定。此外，變動成本也急速地膨脹，而變動成本的金額，是固定成本與管銷費用的四倍！這表示縮減A-T的產量，將會讓它的營運陷入赤字。更確切地說，如果縮減產量，讓A-T的營收減少三分之一，那麼總成本只會些微地降低，完全不成比例（還得考慮縮減人事必須支付的遣散費與退休金）。

另一方面，勞工階層也不願意坐以待斃。一九七五到七六年間的裁員動作，讓許多人餘悸猶存。同時，許多遭撤職的人，不斷地提醒那些願意與資方合作的員工，讓他們對公司「搖擺不定」的政策心存警惕。在這種情況下，工作的穩定性是衆人由衷關心的議題，然而對工作安全的要求並不因此而稍減。雖然勞工因公受傷的案件已逐步而緩慢地減少，但在每百萬勞工小時裡，仍有接近三百個人次受傷。勞方對於公司的「缺乏計畫」深惡痛絕，由於缺乏完善的計畫，公司會在旺季要求工人全力趕工，而後在淡季進行裁員。在如此緊張的勞資關係之下，管理階層不明白如何能大幅縮減產量水準，同時維持剩餘員工的向心力。勞方對任何重大縮減方案的不合作態度，將會讓已在結構上失衡的成本更加惡化……總的來說，任何節省成本的方案，皆因這些情況而顯得不切實際；營收可能會短少，但成本則不會等比例地減少。

艾勒卡田納西廠在闡述混局的過程中，將以上情境分析的內容併入考量。我將在後文中介紹。

預估參考值

「預估參考值」是針對組織的未來所進行的預測，它以兩項錯誤的假設為基礎：(1)企業的行為將不會產生變化，以及(2)組織目前對未來的推算，是完整而且正確無誤的。企業具有各種屬性，我們應先探究那些與組織未來狀態相關的屬性——也就是企業的成功關鍵因素。不過，企業的成功關鍵因素有時並非顯而易見，與組織相關的層面，是那些在可預期的將來會導致組織毀滅的因素。有時要找出相關的因素，得和偵探一樣動動腦筋，就好比偵探在搜

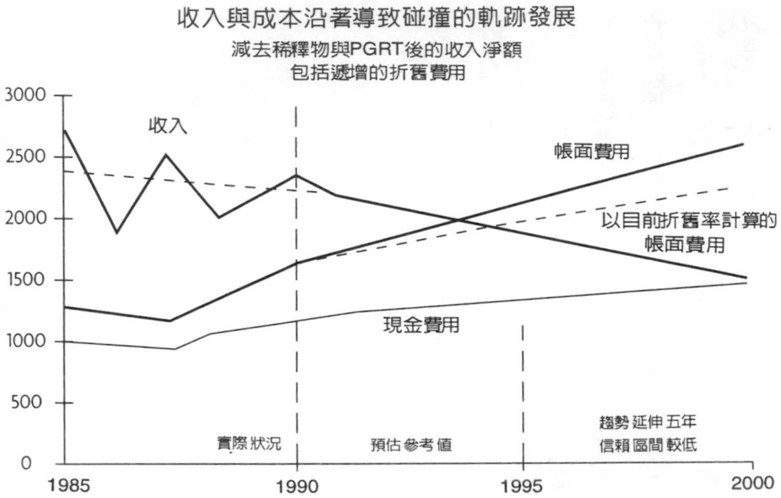

圖4.2　擬定預估參考值時典型的預測狀況

索犯罪的線索一樣。

預測所涵蓋的時間範圍，應足以讓相關的變數發揮作用、對組織造成傷害（圖4.2是最典型的例子）。時間範圍的選擇，有時也需要在嘗試與錯誤中反覆摸索。然而決定預測時間範圍的長短，遠比不上選擇正確變數的困難度。

預估參考值究竟有什麼意義？不論組織今日如何成功，如果它墨守成規，繼續維持目前的作法，必定能找出一個可供參考的預測狀況，顯示組織將在未來停止營運。這是由於預估參考值的前提，是假設組織在變動的環境中仍不改變其行爲；任何不能因應環境的變化而調適的組織，終將導致滅亡。然而不需要進行任何預測，就能讓組織明白這一點，那麼爲什麼還要進行呢？那是因爲預估參考值可以顯示組織毀滅的方法與原因，呈現組織致命的弱點。

汽車產業

以下這個預估參考值的例子，是在一九六〇年爲福特汽車公司所準備的。福特汽車內部的規劃人員，在假設汽車本質沒有重大改變的情況下，準備了一份涵蓋西元兩千年的超長程計畫。二千年剛過，這份超長程預測正可以讓我們對照實際發生的狀況。

我們當中有一些人（爲福特工作的體制外人員）懷疑，這個「沒有重大改變」假設的有效性，並且相信環境的變化，可能迫使汽車的本質或用途產生根本上的改變。然而，除非能找出汽車不得不發生改變的型態與原因，我們的立場就無法確立。因此，我們必須根據下面的預估參考值，有系統地闡明美國汽車業所陷入的混局。

在第一個步驟中，我們假設人口成長的動態不變，預估美國在西元兩千年的總人口數。我們徵詢美國人口普查局，取得了他們的最佳（保守）預估。接著，我們要求普查局在假設現行交通規則不變的情況下，推估西元兩千年達到法定開車年齡的人口數。根據這份預估，以及目前已達法定開車年齡的人口中實際開車的人數比例，我們估算了西元兩千年實際開車的人口數。

緊接著，我們針對每位駕駛人所擁有的汽車數量進行預測。推算出的預測值爲

一．五四，對我們而言，這是相當高的預測值。我們知道在文獻資料中有個論點，大意是每位駕駛人的汽車數量之上限爲一．〇。因此，爲了盡可能地保守預估，我們降低了這項預測值。接著，藉由來自石油產業的資料，我們預測每輛車每年的里程數：這個值由大約一一、八〇〇上升至一三、二〇〇哩。從我們自聯邦政府公路研究局取得的資料，我們可以將里程數進一步區分爲市內交通與都市間的交通。預計在西元兩千年，市內交通將占總里程數的六二%。

現在，將每年每輛車的里程數之六二%，乘上汽車的總數量，我們得到一切情況如預測般地進行、沒有發生改變的情況下，西元兩千年駕駛於城市之內的汽車里程數。目前城市的街道與公路，無法容納如此高的里程數，因此交通的壅塞，將達到令人無法容忍的程度。有鑑於此，我們估算了需要增設多少哩的街道與公路，才能容納這些額外的里程數，並維持一九六〇年的壅塞程度。答案是大約五八、〇〇〇哩車道。我們沒有（也不必要）將額外的停車空間需求納入考量。

接下來，再度使用自公路研究局取得的資料，我們估算了每年爲了增設額外車道所需的成本。比起往年用於鋪設道路的預算，政府每年將需要花費超過十二倍的成本。我們可以合理地假設，在未來四十年內，每年花費如此高的預算是不合常理的。但這不是混局所在。當我們假設政府願意花費所需的金額，在都市內增設車道時，混局才會顯現出來。如此一來，到了西元兩千年，城市面積的一一七%將由街道與公路所覆蓋。

這就是汽車產業的混局。現在可以顯而易見，這樣的情況不可能發生。因此，可以預期目前的汽車概念及其用途，不可能延續下去。那麼，會發生什麼事情來扭轉狀況呢？這個問題仍有待解答，福特與其他汽車公司的作爲，將對答案產生重大的影響。比較明顯（可以同時存在）的可能性包括：

1. 交通壅塞程度大幅惡化。

當然，這個可能性已在美國與其他國家的大城市實現了。

2. 強行限制汽車的使用。

美國與其他國家的衆多城市，至少在某些日子的部分時間裡，限制汽車在街道上通行。有些時候（例如在羅馬），政府會劃定一大塊地區，完全禁止車輛進入。另外一些城市裡，則規定卡車、連結車在每日的限定時間內不准上路。在墨西哥市，政府規定在特定日子裡，民衆不得駕駛車牌末兩位數字爲特定號碼的車子，有時還得將這項禁令延伸爲每週兩日。（上有政策，下有對策：許多人添購了車牌末兩位數字不同的第二輛車，因此這項措施根本無法達到預期的效果）。

3. 擴展公共運輸體系，吸引更多民衆使用。

遺憾的是，以強化公共運輸紓解交通的壅塞程度，通常成效不彰。有能力的人，仍偏好私家汽車所帶來的方便、隱密與自主性。

4. 重新規劃城市，以期能將民衆對於機械性交通工具的依賴降至最低，而城市的成長與發展，將逐漸朝此新設計的實現前進。

墨西哥後來興建的新城市——瓜蒂蘭伊茲卡里市（Guatitlan Izcalli），便呈現這類城市的特性。此地的交通流量與壅塞程度，顯著地低於其他相同規模的城市。然而此城市後續的變化，消除了它的這項優勢。

5. 重新設計汽車，減少載客所需的空間。

由於福特當時對於此項預測毫無信心，因此並沒有追求上述任何一項方案的興趣。不過，汽車業基於其他理由，開始著手發展更合宜的汽車設計，導致雙人都會汽車概念的成型（圖4.3）。從此，汽車業發展出許多不同款式的概念車，並且開始公開銷售。雷諾在歐洲推出雙人的都會汽車，其他歐洲廠商與本田（Honda），也承諾、甚至已發展出類似的汽車（圖4.4）。福特於一九九七年十月，在歐洲推出四人座的車款Ka予以回應，但表示起碼在未來兩年內，沒

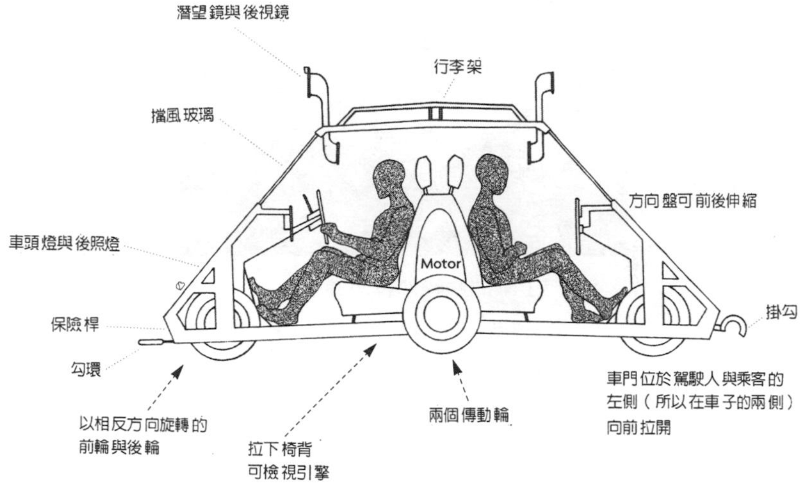

圖4.3　都會汽車的概念

有將此車款引進美國市場的打算（取自一九九七年八月二十日《今日美國報》「Cute as a Bug, but You Can't Get It Here」一文）。

重點是，產業的預估參考值揭露了變化的型態，並且顯示產業勢必至少發生一項變革。當小車在美國汽車市場占據不到一%的銷售量時，預估參考值便透露出小車在日後的重要性。福特直到一九七〇年代，在外國汽車占據一八%的市場之後，才對此日益成長的需求做出回應。然而福特推出的Pinto卻紕漏百出，一直到許久之後，福特製造的Escort才稍微地掌握了訣竅。不

圖4.4 已上市的法國都會汽車

資料來源：時代雜誌，一九九〇年十一月五日

過這距離汽車業最終勢必追求的雙人都會汽車，仍然有好長一段路要走。如果價格低廉，小型的都會汽車將能在開發程度較低的溫帶國家，搶占極大的市場。

在同一份研究報告中，還提議開發極小型的投幣式自助出租汽車。許多歐洲城市（法國的蒙彼利埃與荷蘭的阿姆斯特丹），已開始小規模地經營這類車輛，也激發了PSA寶獅雪鐵龍，爲巴黎設計大規模自助汽車系統（名爲「鬱金香」）的構想（圖4.5）。

聯邦儲備銀行

美國聯邦儲備銀行的第四區分行，在一九七三年進行預估參考值的推估。

爲了解銀行員工利用時間的方式，聯邦儲備銀行進行了「時間與動作」的研究。這項研究發現，員工大部分的時間都用來執行支票過戶的手續。

於是銀行估算了每單位時間內需要過戶的支票數量，發現這個數字呈現持續性地成長。接著，他們針對每位支

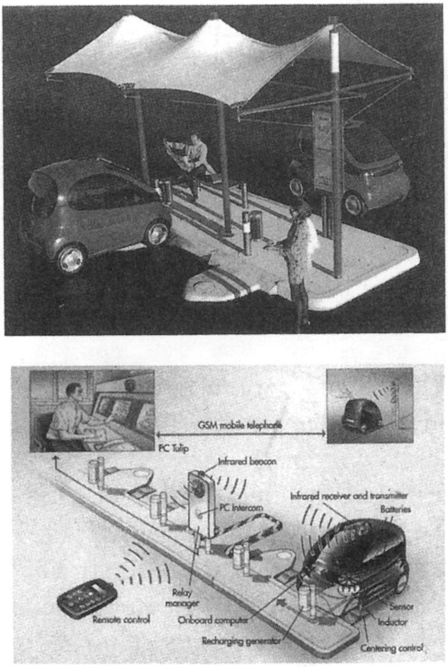

圖4.5　法國運輸系統的一項提案。此名為「鬱金香」（tulip）的系統，由置於城市各點的雙人座電動汽車構成。鬱金香網絡的會員，可以依照自己的路線與時間表，免費駕駛這些車輛到城市各地，因此不必擁有並維護自己的車輛。Tulip這個名稱，是法文Transport Urbain Libre Individuel et Public的縮寫，意指自助式的公共與私人都會運輸。

資料來源：PSA寶獅雪鐵龍公關協理，75 avenue de la Grande-Armee, 75116 Paris, France。

票過戶員，在每單位時間內能結算的支票數量進行研究，發現銀行行員的處理速度幾乎是固定不變的。這樣的研究，讓銀行得以預估所需增聘的行員人數。銀行接著研究每位行員所需要的辦公空間大小，將此數字乘上銀行所需的總員工人數，得到辦公室應有的總面積。此數字超過了在美國可以得到的空間大小。

因此，銀行必須採取措施抑制支票數量的成長速率，或加快行員處理支票的動作。基於這項原因，由地方銀行組成的聯盟，終於發展出現行的電子資金交換制度。這個制度的出現，更刺激了信用卡與簽帳卡的興起。一開始，這個發展減緩了支票的成長速度，演變至今，支票的數量更出現了負成長的現象。

保險公司的案例

在一九八二年時，位於佛蒙特州蒙彼利埃市的國家人壽保險公司（National Life Insurance Company），是一家非常成功的保險公司，專門銷售高額的壽險保單。當它決定有系統地闡述形勢時，並未預期會發現危機，這麼做的原因，主要出於好奇心。

由於在一開始，所有的預測均顯示國家人壽會繼續保持好成績，因此為公司闡述混局的工作就擱置了下來。幸好由於機緣巧合，會計部門的一位年輕女職員，開始留心公司的現金流量。在過去，公司的現金流量仍然持續成長，不過成長的速度已開始減緩。雖然現金流量仍呈正成長，但顯然某些變化已在不知不覺中發生了。公司開始對成長速度趨緩的原因展開調查，結果發現大部分保單都已歷史悠久，在簽訂保單的當時，公司允諾投保人可以藉由保單，以目前來看極低的利率向公司貸款。到了一九八〇年代，國家人壽籌措資金的成本，已高於投保人向公司借款的利率。擅於理財的投保人發現可以向保險公司貸款，然後投資於利率更高的市場，賺取更高的報酬率。由於有愈來愈多人發現這個套利的機會，因此造成保險公司現金流量的下滑。這個趨勢若是持續下去，終將對公司的財務狀況造成嚴重的衝擊。

很明顯地，公司需要與投保人展開談判，重新修訂保單，以緊跟市場基本利率的變動利率，取代固定的質借利率。這項工作在隨後完成。

混局的呈現方式

組織狀態的描述及其對未來的預估參考值應該結合在一起，成爲描述組織未來可能狀況的情節——假設環境的變化都在掌握之中，同時組織的行爲、政策、戰術與策略都將維持不變的情況下，組織將會面對的未來。

大家都知道，若非面臨危機的威脅，許多組織將循著既定的方向前進，不會改變公司的方針。而預估參考值的目的，就是顯示這樣的方向將會帶領組織走入怎樣的危機之中，唯有改變組織的行爲，才能避免危機的發生。因此，盡可能地以眞實、可信，同時又駭人聽聞的方式呈現混局，便成了極爲重要的一點；平平淡淡的報導方式不會達到效果。人們已發現許多方法，能夠激發大衆對混局的關注。

艾勒卡田納西廠呈現混局的方式，是撰寫一篇虛擬的文章，假裝文章撰寫的時間點是在當時的五年之後，然後以倒述的方法記載工廠關閉的歷史，生動地描繪出組織從當時眞正的時點（一九八〇年）到文章虛擬的時點（一九八四年）之間，會發生怎樣的狀況。在當地報社的幫助之下，這篇報導被刊登在造假的瑪莉維爾（Maryville）日報上。這篇文章刊載如下：

布朗特郡即將失去艾勒卡工廠與兩千三百份工作

瑪莉維爾鎮昨天遭受經濟上的重擊。

艾勒卡昨天宣佈，該公司即將在一九八四年十月停止製造廠的營運。布朗特郡人口最密集的經濟中心，將因而失去三千份工作以及稅收來源的一大部分。

雖然要到好幾個月之後，才能完全感受到關廠的效應，但是關廠即將造成的嚴厲衝擊，卻是立即可見的。

艾勒卡所支付的一千三百萬房地產稅，占瑪莉維爾鎮總稅收的六〇%；同時，艾勒卡每年投注於田納西廠的經費，高達四億美元。

如今，這些經濟來源大多即將消失。史密斯鎮長表示：「這的確是一大打擊。」瑪莉維爾地方官員與艾勒卡的當地主管，都對工廠近期的裁員與工作機會的減少感到憂心忡忡。工廠的員工人數，已從一九八二年的四千六百人，降到一九八四年的三千六百人（其中大約一千兩百五十位員工，隸屬於仍將維持營運的精煉廠）。地方官員與當地主管連袂要求與艾勒卡總部展開商談，討論總公司可以提供協助的方式，不過這項要求尚未獲得正面回應。

瑪莉維爾的鎮長史密斯將這項消息稱爲一項「災難」。瑪莉維爾鎮的總人口爲一萬六千人，工廠便坐落在瑪莉維爾鎮的邊緣。史密斯鎮長表示，艾勒卡是當地規模最大的公司，提供了最多的工作機會；同時，它支付員工的薪資，是其他公司薪資水準的兩倍。雖然史密斯鎮長沒有明確地指出，但他預測政府可能「大幅裁減」在瑪莉維爾鎮的公共服務設施，而許多學校也「可能面臨合併或關閉」的命運。

艾勒卡將在美國大舉關閉兩座工廠，其中田納西廠是首遭厄運的營運單位。該公司的發言人否認關廠的決定，與目前造成田納西廠在過去六星期以來無法營運的罷工有關。

公司將造成關廠的主因，歸咎於禁止飲料界使用鋁罐的命令（根據發言人所述，飲料鋁罐占了A-T五〇％的業務量）。

發言人同時指出，能源成本與金屬原料短缺的現象，也是導致關廠的因素之一。「煉鋁所需的能源成本，在過去四年內上漲了二〇〇％，因此，精煉出來的鋁金屬鑄塊，多半用於艾勒卡內部其他獲利能力更高的產品單位。」

艾勒卡的精煉廠與製造廠，大多位於能源成本與人工成本均比美國低廉許多的海外國家。

美國鋼鐵工會分區經理杜拉姆斯說道：「我認爲關廠的消息只是說說而已，他們在一九六七年也做過同樣的威脅，但沒有眞的實現。」他繼續說道：「如果匹茲堡的那些人認爲他們可以關閉廠房六個月，以迫使勞方停止罷工，然後將工廠賣給另一家沒有組織工會的公司，那麼他們最好再考慮考慮。」

昨天在接獲顯然不會改變的關廠消息後，大約一千名罷工群衆，憤怒地湧入艾勒卡工廠，誓言在公司滿足他們的需求，並且撤回關廠的決策之前，他們將不會離開現場。

工廠內發布一份事先準備好的公司文告，指出關廠的決策是基於「軋製容器金屬片市場的衰退，以及美國能源成本的上漲。」最近在一月份的時候，艾勒卡工廠的高層人士曾對《泰晤士報》(Times)表示，除了一九八三年九月到十二月之間裁撤的四百名員工之外，他們沒有進一步裁員的打算。發言人當時說道：「我們期望一旦情況好轉，就能增加工作機會。」

艾勒卡以非常精簡的方式，向員工與社區表達公司的歉意。艾勒卡的營運經理奧斯德，不願意針對這份簡短聲明詳加闡述。這份聲明是這麼說的：「艾勒卡會試圖幫助離職員工尋找另一份工作。」

奧斯德表示，鋁粉工廠的五十名員工，將不受製造廠關閉的影響。

根據奧斯德所述，除了已遭解聘的員工之外，工廠的關閉，將會進一步導致六百名管理階層，與一千七百名製造工人失業。當被詢及公司處置廠房的計畫時，奧斯德不願意發表意見。

不過，他指出公司已向聯邦法院提出強制令的申請，準備驅逐昨天進駐廠房的罷工工人。

艾勒卡田納西廠在這個會計年度的第一季中，蒙受了一千萬美元的虧損。延宕多時的罷工行動，是造成工廠虧損的主要原因。

根據一位與艾勒卡關係親密的不具名消息人士指出，田納西廠的問題由來已久。這位消息人士說道，由於高度的不信任感，管理階層與工會一直無法攜手合作，共同商討解決生產力與競爭力低落的問題。正因如此，公司總部幾乎已停止對田納西廠的資本投資。

根據這位消息人士指出，艾勒卡在過去三年內，主要將資本資金投注於海外的營運單位。不幸的是，艾勒卡在兩個南美洲國家的營運，被當地的政府收歸國有，因此預期在未來幾年內，公司的利潤將大幅下滑。在這種情況之下，公司總部維持田納西廠這類的營運單位，已備感吃力。

這份杜撰的新聞報導，日期標示在四年之後，然而若非經過提醒，幾乎沒有人注意這個不起眼的小細節。不幸的是，這份假報紙的副本，照理應受到嚴密的控管，卻不慎流傳出去。

沒有注意報紙日期的勞工與工會代表，因爲關廠的消息而深感恐慌，揚言將示威抗議。雖然這樣的反應並非文章的本意，但將預測中的危機本質，逼眞地呈現在管理階層與工會的眼前。

我們爲加拿大帝國石油公司（Imperial Oil）所分析闡述的混局，刊登在《商業周刊》（Business Week）上，同樣地，我們也讓這篇文章看來恍若眞實的事件。雖然沒有造成任何恐慌，但是文章的眞實感與可信度，甚至讓最多疑的主管也不得不正視問題所在。這篇文章引發公司後續一連串的變革，雖然變化的程度低於我們所希望見到的，但已超過我們的預期。

在大都會人壽保險公司（Metropolitan Life）裡，一群年輕的專業人士製作了一捲錄影帶，他們模仿電視新聞的播報方式，敍述公司倒閉的「歷史」過程。這捲錄影帶也引起管理階層的高度關心，爲公司的業務範圍與組織結構，帶來一些重大的改革。

結論

組織的混局，是它在現行計畫、政策與方針之下，連同它對環境變化的預期，所必然得面對的未來處境。對任何組織而言——不論它目前多麼成功，這樣的未來，都隱含了組織的毀滅或惡質化；這是因爲在這些假設之下，組織甚至無法因應可預期的內部或外部變化。對未來的預測，不只揭露組織可能陷入的危機，還能顯示避免危機發生的方式，提供組織一個控制或扭轉未來的機會。如果組織無法制定出改變未來的計畫，那麼它的運作勢必將受到外界的干預，如此一來，組織的未來就不再掌握於自身的手中，而是外界影響下的產物。

5

目標規劃：前進的方向

願景是可以迫近但永無法達成的理想

追求理想的過程中最容易自我設限

要找出自我設限並非易事

水平思考、腦力激盪、破除概念障礙等方法

都有助激發創造力、避免自我設限

其中尤以「理想化再造」最爲有效

願景——管理階層由衷希望組織達成的狀況；也就是成爲一個賺錢的機器，拼死命地爲股東提供過得去的報酬，讓管理階層賺取驚人的薪水，同時又不需資助任何全職員工購買健康保險。

——戈登（Jack Gordon）

在討論懷舊式管理的時候（第三章），我提到有效的管理必須以追求理想爲導向，而非以去除缺點爲職志。目標規劃的目的，正是讓組織的理想與目標，能明確而具體地呈現出來。組織希望達成的境地，也就是組織的目標，可以分爲三大範疇：理想（ideals）、目的（objectives）與短程目標（goals）。「**理想**」是一種永遠無法達成的目標，但可以透過無止盡的努力，一步步迫近；所以說，理想就是一個極限。將1不斷地除以2的過程，就是一個類似的例子；我們會得到如下的數列——1、1／2、1／4、1／8、1／16……依此類推，數字愈來愈接近0，但永遠不會達到0。

「**目的**」是唯有透過長期努力才能達成的目標；另一方面，「**短程目標**」就是可以在短期內達成的結局。在英文上，objective 與 goal 所代表的意義常常與此地的用法相反；我之所以讓 objective 代表長期目的、讓 goal 代表短期目標，是因爲在美式足球、足球與曲棍球等球賽中，得分（goal 的另一個意義）是當前的目標，而贏球則是較爲長期的目的。不過只要前後一致，反過來的用法也不會產生大礙。

目標與手段是一種相對的概念，舉例而言，搭蓋書櫃是一種手段，目的是妥善地存放書籍；然而存放書籍也是一個手段，目的是幫助我們閱讀；而閱讀則是獲取必要知識的手段；這個推論可以持續下去，直到達到每個人的終極目標——也就是擁有令一切心想事成的能力，我把它稱爲「無所不能」（omnicompetence）的能力。凡是人類都具有慾念——即使他的慾望是進入一切皆空的涅盤世界，而追求任何事物，都必須具有追求該事物必備的能力，因此無所不能必定是每一個人終極的理想。雖然人們可以不斷地努力，一步步朝著無所不能的境地前進，但毫無疑問地，這必定是不可達成的目標（我們將在第十三章更深入地探討這個概念）。

步驟

目標規劃應該涵蓋下面幾個步驟：

1. 起草一份「使命宣言」（mission statement），陳述組織存在的目的、它的終極目標與理想。

這份聲明連同混局的闡述，共同爲後續的理想化階段設立方向。

2. 清楚地闡述規劃者認定的，組織及其行爲在理想境地中應有的屬性。
3. 規劃組織的理想化設計。

4. 陳述最接近理想狀況、同時又有機會實現的設計。

這個步驟應留下讓組織繼續成長的空間，未來在學習並適應環境的變化之後，組織能更進一步地接近理想狀況。此外，組織的理想與個人的理想相同，可能會隨著年紀與經驗的增長而改變。一旦釐清理想狀況與最接近理想的可行方案，就可以進行最後一個步驟。

5. 確認組織現狀與最接近理想的可行方案之間的差距。

規劃過程剩餘的階段，便是以縮短這些差距爲重心。有鑑於此，我將闡述混局與目標規劃，視爲規劃的理想化（idealization）階段，而將其餘的部分——方法、資源、執行與控管等各層面的規劃，視爲規劃的實現（realization）階段。

組織的理想化設計一旦擬定完成，規劃者將以此理想爲出發點，往前回溯至組織的現狀，進行倒推式的規劃；這麼做的理由，已在第三章討論過了。大部分的規劃，都以相反方向進行。還記得進行倒推式規劃的原因吧！和直覺的觀念恰恰相反，這樣的作法通常更爲簡單。

使命宣言

在敍述使命宣言時，不應偏袒護短、贅字連篇或使用陳腔濫調。所謂陳腔濫調，就是沒有人會持相對立場的一些說法——例如「提供最物美價廉的產品與服務」，或是如另一家公司所陳述的：「以明智與專業的方式，運用組織與管理學上歷經千錘百鍊的原理」。沒有人會主張提供最不具價值的產品與服務，也不會有人以不明智、不專業的方式，運用組織與管理上未經證實的理論。

使命宣言：(1)應涵蓋組織存在的原因，以及它最遠大的抱負與理想；(2)應以非常廣泛的措詞，陳述組織追求理想的方式，也就是企業希望經營的事業；(3)應指出組織幫助各個利害關係人達成目標的方式；(4)應以讓利害關係人感到激勵並深具挑戰性的方式，滿足上述三項條件；以及(5)應能突顯組織的獨特性。

明確的使命宣言應具有振聾發聵的效果，否則，這份宣言就毫無價值可言。許多使命宣言正是如此，由於未能滿足上述的部分或所有條件，所以無法收效。讓我們更深入地探討每一項條件：

1.使命宣言應能抒發組織的理想，並且以能夠衡量進展的方式呈現。

無法用來衡量組織進步的使命宣言是空洞的，充其量只是個宣傳標語，決不具提綱挈領的效用。它不應陳述組織求生存不可少的作爲，而應陳述組織爲了茁壯成長而選擇採取的行動。舉例而言，若說組織尋求「創造足夠的利潤」或「滿足股東的期望」，就彷彿在說人的使命在於吸取足夠的氧氣。

2.使命宣言，應能幫助企業定義它所希望經營的事業，而這份事業，不必然落在目前的事業範疇之內。

在此定義下的事業範疇，大體上指出組織追求理想的方式，同時應能讓組織對本身的概念更形開闊。舉例而言，某家生產含酒精飲料的公司，主要的顧客群爲青年人與中年人；他們的使命宣言指出公司所應當經營的事業，是「提供產品與服務，讓不分男女老幼的消費者，都能以更愉悅的方式享受閒暇時光」。這樣的宗旨爲組織打開了全新的視野，也因而推出一系列能滿足老年人與兒童的產品與服務；而老年人與兒童，正是擁有最多閒暇時間的顧客群。一家生產錄影帶與錄音帶的公司，在指出他們的事業範疇是「提供能讓任意兩件事物附著在一起的黏著事業」之後，各式各樣令人興奮的方案便一一浮現。而當醫院指出他們的業務是「健康的培育與維護」，並且推論「疾病與傷殘的治療是醫院的成本，而非醫院的產出」時，便爲醫療事業的付費方式開創了全新的概念。

3.使命宣言應是獨一無二的，不能套用於其他組織。使命宣言應能突顯組織的獨特性。組織若是缺乏獨特的一面，就失去了必須存在的好理由。此外，組織的利害關係人，也較難對缺乏獨特性的組織產生深厚情感與高度的奉獻心。

4.應藉由陳述組織對各種利害關係人的功能，而讓使命宣言對所有利害關係人都產生意義。

它應陳述組織意圖幫助各級利害關係人——並非只是管理階層與股東——達成目標的方式，讓所有利害關係人都心甘情願地爲組織投注心血。如果無法讓非管理階層的優秀員工產生向心力，組織追求理想的過程將事倍功半。

5.使命宣言的陳述方式應能振奮士氣、提供挑戰並且鼓舞人心。

如果使命宣言無法滿足這項條件，那麼不論它在其他層面多麼傑出，都無法爲組織帶來必要的改變。只要能使組織逐步向前邁進，即使是無法實現的理想也能振奮人心；而看來不可能達到的理想，有時亦有實現的可能。加塞特（José Ortega y Gasset, 1966）以簡潔的方式表示：

> 難以實現的雄心壯志，能讓一個人燃起滿腔的熱情。僅僅爲了一個理念，就能埋首工作，盡所有努力，企圖實現不可能達到的理想，而終究獲致成功。因此毫無疑問地，能從機會微乎其微，而又困難重重的一絲靈感激發滿腔熱忱的能力，是人類極爲重要的權力根源。(1)

艾默科拉丁美洲部門（ALAD）的使命宣言，試圖滿足這些條件：

> 藉由以下的方式，爲拉丁美洲的發展與艾默科企業的生存，提供卓著的貢獻：
>
> 以最具成本效益的方式，生產並行銷產品與服務，以滿足拉丁美洲產業的現行需求，以及突發需要。
>
> 提供所有員工優越的工作環境與工作生活品質，協助他們實現個人的抱負。
>
> 發展特別適合拉丁美洲的社會、經濟與文化環境的技術，並且讓這些技術具有

世界級的競爭能力。

顯示一個在許多拉丁美洲國家扎根的跨國企業，比起以單一國家爲重心的組織，更能對各個國家的發展，提供高度的貢獻。

墨西哥企業艾爾發（Alfa）的一個部門，以如下的方式闡述該部門的使命：

透過土地開發與觀光業，展現墨西哥的私人企業，亦有能力爲國家的發展提供深度的貢獻，同時又能以高效率與效能的方式，追求企業的目標。

結合觀光設施與民宅，創造一個生氣勃勃、多采多姿、多元化與多層級的休閒區域，並且盡可能在當地生產日常所需的物資與服務，以提升當地居民的生活水準與工作生活品質。

規格說明書

建築師爲家庭設計房屋之前，必須先了解客戶希望房子具有甚麼樣的特色：包括各種房間的數量、造型風格、大約的成本等。藉由將這些需求融入房屋的結構，他的設計圖便能幫助實現這些特色。組織或其他系統的理想設計也是同樣的道理，應該由詳列利害關係人希望組織擁有的特質開始。

例如一九五〇年代初期，美國電話系統爲其理想的設計進行籌備工作時，爲電話系統詳列出如下的理想特質——不會撥錯號碼；以按鍵取代轉盤；免持聽筒；在接電話之前，讓收話者明白對方是誰的來電顯示；讓收話者能隨處接聽，不需要遷就電話的固定位置；自動重播上一個電話號碼。隨後的設計，將上述的特質與其他功能納入規劃範圍之內，一九五三年至今，電話系統的任何改變都是以這項設計爲依歸。仍有一小部分有待努力，那是因爲它們在經濟的考量下仍不可行。

克拉克設備公司（Clark Equipment Corporation）在規劃理想化設計之前，準備了一份詳盡的規格書，巨細靡遺地列出所有理想的特質。規格書的架構以下面幾項大標題爲綱領。爲了讓讀者能領略此表的內涵，此處也記載了標題下的第一個項目。括號中的數字，代表標題之下有多少個項目。

1 總項（7）

1.1 組織應透過持續不斷的規劃程序，以及各個功能性部門、員工訓練、產品以及市場所具備的彈性，隨時做好學習與調適的準備。

2 組織（3）

2.1 公司相信最佳的解決方案，將來自較低的層級——也就是知識實際存在的層級。因此，組織應盡量朝扁平與分權的方向設計。

3 管理風格（1）

3.1 應採用互動式的管理風格，並且鼓勵減少具有限定效果的規則與政策；側重策略而非戰術；珍視員工的參與、信任、創造力與雙贏的解決方案；強調建設性的回饋等（10）。

4 員工（7）

4.1 在成就組織目標的同時，應提供員工成長與經驗的機會，幫助他們強化自信心並且達到自我實現。

5 產品（5）

5.1 產品與服務應採用最尖端的技術。

6 行銷（4）

6.1 克拉克應努力不懈，致力於獲取市場霸主地位。

7 設施（2）

7.1 設施的設計、發展、遴選與投資，應以下列的標準爲基礎：以最少的設施滿足預期的產能需求、將設施與市場的距離納入考量、選取成本最低的廠址等（7）。

8 環境（2）

8.1 克拉克的管理階層應與下列的利害關係人，維持良好的工作關係：員工、董事會、股東、退休員工、供應商等（11）。

理想化設計

組織的願景，應該是一幅由文字構成的圖畫，勾勒出利害關係人最希望看到的組織前景。企業的願景鮮少徵求各種利害關係人的意見，而是由高層主管關起門來制定的。然而願景若無法得到各個利害關係人的認同，企業就無法有效地追求願景的實現。

大部分經理人在提到願景時，多半是指他們希望組織在未來特定時間內（通常是五到十年後）希望達成的目標。他們忽略了一個事實，那就是不論個人或群體，都會不斷地修改自己的志向，特別是環境發生了意料之外的變化之後。姑且不提這一點，還有另一個問題需要考慮。**如果那些制定組織願景的人，不清楚他們希望組織「目前」達到什麼成就，又如何知道自己在「未來」將希望組織達到甚麼目標呢？**如果他們一直都很清楚地知道，自己對目前組織的期望（假設規劃者可以隨意地塑造組織），也明白過去的期望與組織目前狀態之間的差距，那麼他們又何須知道對未來的期望呢？我們對組織目前狀態的期望，必然已涵蓋對未來的預期。我們建造房子時，會將未來使用房子的方式納入考量。組織的規劃也是一樣。

一般而言，企業的願景都以籠統而抽象的語句表達，由一連串用來描繪理想屬性的措詞構成，僅此而已；並不明確地指出能夠囊括這些屬性的組織設計。將當前理想具體化的組織設計，可以在不預測未來的情況下，將未來納入考量。由於「預測」多半不可靠，所以在進行組織的設計時，可以採用對未來的「假設」，而不必進行預測。有些人認爲對未來的假設，在本質上就是一種預測，然而這是錯誤的想法。舉例來說，我們在車上存放備胎，並不是因爲預測下一趟出門會需要用到它，而是假設輪胎可能有洩氣的時候。如果我們預測輪胎會洩氣，那麼我們必將採取措施防止情況的發生。預測講求的是機率（probabilities），而假設則是可能性（possibilities）的問題。將可能發生的狀況納入考量的規劃，是一種權宜性的規劃（contingency planning）。

任何組織不可能也不需要將所有的可能性納入考量。如果它隨時做好準備，並且有意願、也有能力因應內外部的各種變化，就不需要考慮所有的可能性。這類組織的經理人，就好比一位優良駕駛，具有快速而有效地應付偶發事件的本領。

組織的理想化設計，最能捕捉組織目前最期望達成的目標。這是假設利害關係人，在只受到後文所述的幾項約束力不強的限制，而可以任意設計組織時，他們最希望組織呈現的模樣。持續地讓組織的現況更接近當前的理想，是組織創造理想未來的最佳方式。

理想化設計的好處，不僅來自執行以此設計爲基礎的計畫，還包括設計過程中所得到的學習與創意。和整體的互動式規劃相同，過程本身，就是理想化設計最重要的成果。

理想化設計有兩種類型：受限（bounded）與不受限（unbounded）的設計。以下依序詳加討論。

受限的理想化設計

爲組織（或任何系統）進行受限的理想化設計，首先得假設這個組織（或系統）在昨天晚上遭到摧毀，不復存在了；不過它的環境仍維持原狀，不受影響。如果規劃中的組織是另一個現行組織的一部分，例如企業的一個部門，那麼必須假設這個更大型組織的其他部分仍維持不變；受到摧毀的，只有這個打算重新設計的單位。因此，這個單位的替代品，必須能夠適應更大型組織的現行運作方式。

理想化設計受到三大限制的約束：

1. 新設計的組織必須在技術上可行，不能採用目前仍不可得的技術。這項規定的旨意，並非爲了阻礙發明與創新，而是爲了防止設計工作流於科幻小說式的撰寫。好比說，規劃者不能將心電感應視爲經理人與組織單位之間的一種溝通方式，但可以採用集體控制的通訊衛星與光纖網路；雖然他們目前沒有這樣的通訊設備，但他們知道這是目前已發展出來的技術。

組織設計在經濟或政治上的可行性（從內部的觀點而論），則不在考慮之列。

2. 雖然在進行理想化設計時，不需考慮新設計能否被實現，但它必須能夠在實際運作狀況中存活；也就是說，如果立即執行這項設計，它必須能在組織的環境中生存。

因此，它必須遵守現行的法律與規範，也需支付稅金，如果是上市公司，還需要準備公司的年報，諸如此類。這項規定確保組織的設計在概念上是可行的，但不保證其實用性。理想化的設計不需要考慮實用問題，這是不言可喻的一點。

3. 新設計的組織，必須能夠持續地從內部與外部進行改善。因此，組織需要擁有快速而有效地學習與調適的能力，並且能隨著利害關係人的作爲而產生變革。

正因爲理想化設計具有持續改善的能力，所以它既不是理想，也非不切實際的烏托邦。所謂理想或烏托邦式的系統，是規劃者聲稱已臻完美的系統，因此它沒有改進的空間。那麼爲什麼將此階段稱爲「理想化」的設計呢？因爲這類設計過程的產物，是規劃者目前所知最能夠幫助追尋理想的系統。

理想化的設計應涵蓋組織的所有層面，不同的組織會有不同的內涵。以下是某家公司列出的內容清單，相當具有代表性。

準備提供的產品與服務
準備進入的市場
配銷系統
組織結構
內部財務結構

- 管理風格
- 內部功能性單位，例如：
  - 採購
  - 製造
  - 維修
  - 工程
  - 行銷與業務
  - 研究與發展
  - 財務
  - 會計
  - 人力資源
  - 建物與辦公場所
  - 內部與外部的溝通
  - 法務
  - 計畫
  - 組織發展
  - 電腦與資料處理

行政部門（例如：收發郵件與複印文件）

設施

產業、政府與公共事務

不受限的理想化設計

由於規劃中的系統，經常隸屬於另一個更大型的系統，因此受限的理想化設計，必定會受到更大型系統的本質所限制。這是顯而易見的一點，舉例而言，一家獨立自主的企業，會受到事業所在地的政府之約束；而一家子公司或一個部門，則會受到母公司的限制。

由於這些束縛的存在，因此準備兩個版本的理想化設計——一份受到更大型系統的限制，另一份則否——將使組織受益良多。受限的設計，假設系統的環境沒有發生變化，組織所隸屬的更大型系統仍維持原狀。然而即使在這樣的假設之下，組織或組織內的部門單位，仍可以進行徹底的重新設計。在不受限的理想化設計過程中，規劃者可以改變組織所隸屬的更大型系統，前提是這些改變要能幫助組織改善績效。

組織應先進行受限的設計。然而出乎規劃者意料之外，不受限的設計與受限的設計之間，多半不會有太大的不同。這顯示介於組織與理想狀態之間的障礙，存在於規劃者的腦海中與組織的內部，而非來自外部的限制。

例如，墨西哥政府機關的一個部門，在組織的理想化設計當中，希望持續地聘請一個外國研究小組，然而這是當地政府所不允許的作法。正當該部門準備將這項計畫從理想化設計中排除之際，一位局外人向他們指出，墨西哥的大專院校，不論公私立學校都可以聘請外國顧問，而政府機關則可以雇用這些學校。因此，此部門得以將外國研究小組的任用，納入理想化的設計當中，並且在隨後透過當地學校的安排，實際地進行。

「打破框框」的能力——也就是反其道而行的能力，是理想化系統規劃者最重要的特質之一。幸運的是，由於理想化設計必須藉由發掘各種變通方法，以去除外界強加於組織的種種限制，所以它能激發規劃者的創造力，進而強化他們打破框框的能力（關於障礙的克服與設計過程中的創造力，將在後文中進行更詳盡的討論）。

大部分組織在不改變環境的情況之下，就能夠產生長足的進步；然而若是稍加改變其環境，幾乎總能進一步地改善組織的績效，有時候改善的程度還相當驚人。以下這個案例，來自伊士曼柯達（Eastman Kodak）的電腦與通訊部門。雖然柯達整體而言不足以成爲其他企業的榜樣，然而該公司內的這兩個部門，卻是非常卓越的典範。

柯達有一個專供企業總部使用的電腦中心，另外還有兩個較大型的電腦中心，爲企業的各個部門提供服務。芬特（Henry Pfendt，已退休）是電腦單位的主管，他邀請部屬與公司內部的幾位客户，共同爲企業總部的電腦中心進行理想化再造。這項設計幾乎全都在隨後獲得執行，使得該電腦中心的營運獲得大幅度的進步。

正當這項受限的設計執行之際，柯達也開始規劃不受限的設計。不出衆人所料，新的設計打算將三個電腦中心合而爲一，也導致了另一波由三個電腦中心共同參與的理想化再造運動。這項運動產生了一個整合式電腦中心的設計，隨後呈交給企業的管理階層。管理階層批准了這項提案，整合式電腦中心於焉形成，更進一步地提升了電腦單位的績效。

在此同時，同樣爲企業總部提供服務，並且與電腦中心同屬一位上司管理的通訊單位，決定效法這項行動，著手進行該單位的理想化設計。通訊單位也因爲這項設計，而在營運上產生大幅度的進步，並且在隨後開始規劃不受限的設計。與電腦中心相同，不受限的設計決定將數個通訊部門合而爲一，引發了相關單位聯手規劃的行動。同樣地，他們提出將通訊部門的活動合併在一起的提案，管理階層在審視提案之後，接受了這項方案。

接下來，集中管理的電腦中心與通訊處，攜手進行理想化的設計，提議將兩個單位合併成一個部門。他們的提案也同樣獲得管理階層的批准，並且在隨後實施。

最後，整合的電腦與通訊服務單位，進行一連串的研究，探討該單位歷經改善的績效，是否敵得過外部供應商所提供的服務。這項研究的成果，如今已不言可喻。柯達與IBM及迪吉多(Digital)聯手成立合資企業，爲柯達提供電腦與通訊的服務。

將這兩項功能外包的結果，使得柯達能夠以更低的成本，享受更好的服務。

雖然在進行了這些設計之後，柯達的整體表現就一直沒有起色，但是他們所創立的合資企業，卻能持續地交出令人激賞的成績單。

創造力與理想化設計

創造性的活動包含三個步驟：

1.找出自我心理上的束縛；

2.去除這些內在的限制；

3.探索上述兩個步驟可能產生的成果。

人們自我設限的方式，是假設自己能做什麼或不能做什麼，其中許多被誤認爲是外界強加諸我們身上的限制，其實，大多是人們自我心理上的束縛。在前文中，我提到墨西哥的一個公家機構，透過雇用當地大學進而得以聘請外國顧問（政府禁止公家機關任用外國顧問）的案例，就是這個道理。以下這個例子，將可以說明人們如何將自行加諸身上的束縛，誤認是外來的限制：

> 許多年前，墨西哥市一位著名的都會規劃大師，向我陳述他爲該城市設計的六大交通替代方案，並且詢問從中挑選最佳方案的方法。我告訴他，衡量這些方案是

在浪費時間，因爲它們都無法大幅改善墨西哥市的壅塞問題；事實上，這些方案還會進一步惡化交通狀況。他不但感到震驚，還覺得受到冒犯，認爲這是一項極爲無禮的指控。他讓自己冷靜下來之後，要求我爲這項說法提出解釋。我向他指出，這六項計畫之基礎，都是其他城市已嘗試過並且已遭失敗的構想，而墨西哥市如今的狀況，甚至比那些城市當時的情況還要糟糕。其他城市的努力之所以沒有收到效果，是因爲增加運輸的供給量，會刺激新的需求，使得需求量超過計畫原本打算滿足的水準。在交通問題上，供給對需求的刺激，遠大於需求對供給產生的效果。

他回答道，如果我的說法屬實，那麼墨西哥市的交通問題，將永遠無法獲得解決。我不同意這項看法，並且指出他只考慮了增加供給量的方案，並未研究降低需求量的方法。他懷疑我能提出一個能讓民主社會接受，並且能達到降低需求量的作法。我建議將墨西哥的聯邦政府大舉遷出墨西哥市，並且讓各政府單位散佈在各個城市。由於墨西哥市的就業機會，大多直接或間接地與政府相關，因此即使只是遷出政府的一小部分，就能讓人口大幅地降低，進而改善壅塞問題，所達到的成效，將比他以增加供給量的任何一項方案都來得顯著。我同時指出，將聯邦政府散佈在各處，將有助於該國各地較爲均衡的發展（該國城鄉發展失衡的例子不勝枚舉，例如墨西哥市的兒童教育經費，就是墨西哥其他城市的好幾倍）。

這位規劃大師回應道：「你說的沒錯，但是我們不能遷移一個國家的首都。」

我向他指出幾個遷移首府的例子，包括美國的兩個案例。他聲稱我所引用的例子，都與墨西哥的情況判若雲泥。我無法苟同。我們不斷地各自陳述理由，彼此交鋒，直到看清楚我們仍在原地打轉才停下來。他最後說道，由於我不是墨西哥人，所以永遠無法了解爲什麼我的提議不可行。就是那麼簡單！

在一陣令人尷尬的沉默之後，他問我是否還有其他的想法，於是我提議改變墨西哥市的辦公時間。墨西哥市民每天中午有二到三小時的午休時間（雖然目前利用這段時間補眠的人不多了，但他們的午休活動仍經常在臥室裡進行），許多人返家，或到離工作地點很遠的地方享用午膳。最多只須將這段時間縮短一個鐘頭，就可以大大降低交通的需求量。

再一次地，這位規劃大師聲稱這樣的改變是不可能達成的。當我問及原因，又導致了另一次的爭論，最後他再度強調墨西哥文化是不可能改變的，並且重申由於我並非墨西哥人，所以無法了解這一點。

這樣的循環又重複了好幾次。這次的會面在彼此深受挫折，且毫不接受另一方的想法之下，終於結束了。然而在這次會面之後不久，波狄優（José Lopez Portillo）繼任墨西哥總統一職，他在就職演說中表示，他將著手分散聯邦政府各個部門的地理位置，並縮短政府員工的午休時間。部分政府機關隨後遷出墨西哥市，但尚不足以顯著改善交通狀況；中午休息時間也遭縮減，但縮減的程度也稍嫌不足。然而，

圖5.1　九圓點問題

這顯示這些改變是可行之計，不過由於對自身文化的錯誤假設，墨西哥的規劃大師完全將這些方案摒除在外。

要找出自我的設限並非易事；令人苦思不解的謎題，就是很明顯的例子。謎題之所以難解，正因爲人們自我設限，這是爲什麼我們在看到自己解不出的謎題竟有很簡單的答案時，經常捶胸頓足，大感驚訝。遺憾的是，光明白去除自我限制，只是創造力與解答謎題的先決條件，並不會讓找出這些限制的工作更容易一些。仔細想想以下這個常見的謎題。

圖5.1有九個圓點，以正方形排列，從任何一點開始，一口氣劃下能涵蓋九個點的四條直線，在劃線的過程中，筆尖不可離開紙面。

圖5.2是最常見的解答。請注意，謎題並未表示線條不可超過正方形之外，但大多數人都會假設應在正方形内完成。這就是自我設限。

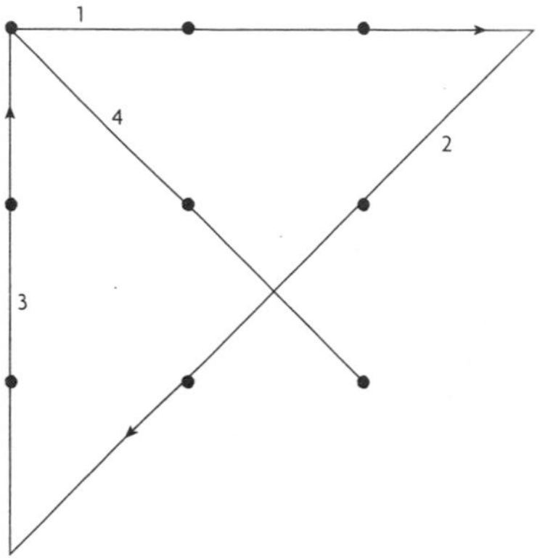

圖5.2　九圓點問題的一個解答

謎題的另一個解答方式，是以摺紙的方式，將第三排的三個圓點向外對半摺起（以三個圓心所連成的直線爲折線），然後再摺一次，讓第三排三個圓點的下半圓，蓋過第一排三個圓點的下半部（圖5.3）。接著以很粗的筆，從兩排圓點交疊的部分劃過，就可以一筆劃過第一排與第三排的圓點，最後打開紙張，剩下的部分就很容易了。如果更進一步地摺疊紙張，你甚至能以一條直線劃過九個圓點。

我的小女兒八歲時，看到我在思索這個謎題，就要求我解釋給她聽。在我說明之後，她問我爲什麼不找一隻巨大無比的鋼筆，然後以一大滴墨水蓋過全部九個圓點？

要找出自我設下的限制並不容易，因爲我們通

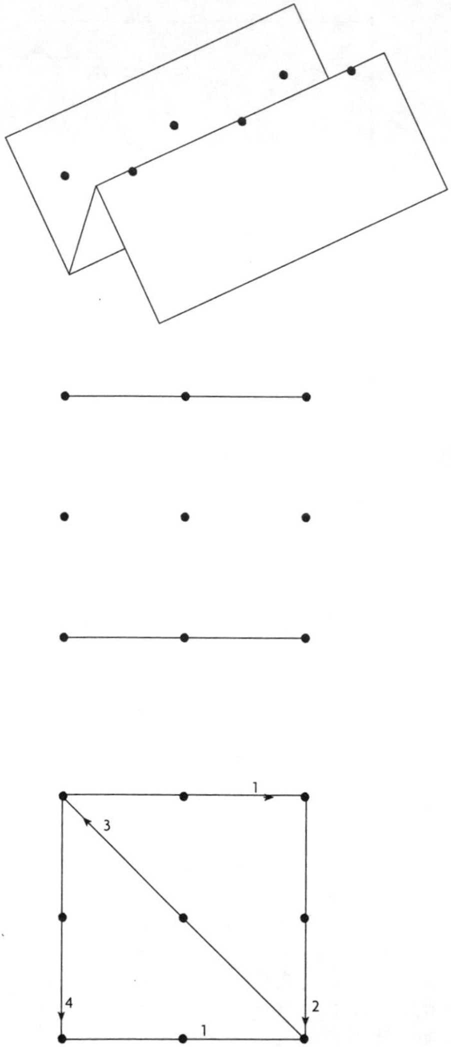

圖5.3 九圓點問題的另一種解答

常對於它們的存在絲毫不覺。然而有一些方法可以用來避免自我設限，或讓人們察覺這些限制的存在。這些用來增進創造力的程序，包含水平思考（lateral thinking）、腦力激盪（brainstorming）、聯想法（synectics，或譯分合法）、TKJ、破除概念障礙（conceptual block busting），以及我認爲最有效的理想化再造（Ackoff and Vergara, 1981）。

由於系統的理想化再造，可以幫助去除許多妨礙創意思考的限制，因此能夠釋放出組織的創造力。許多（甚至是大多數）自我設定的束縛，出自於考慮方案的可執行性，然而在進行理想化設計時，不需擔心執行性的問題。因此，由於一開始便假設系統在昨晚遭到摧毀，並且只受到少量約束範圍不大的限制，理想化的設計便能釋放大量的想像力，同時刺激組織創造與創新的慾望。例如：

> 一九七〇年代初期，聯邦儲備銀行一家分行的高階管理人員與員工，針對這家分行以及它所隸屬的更大型系統，進行不受限的理想化再造。他們的重心在於解決因爲支票數量快速增長所造成的問題，以及處理這些支票所需耗費的成本。所有人一致同意，組織的理想化設計，應涵蓋能夠取代支票的電子資金交換系統。
>
> 小組的一位成員指出，如果規定銀行體系完全以電子系統支付款項，同時規定每個實體都只能開立一個銀行帳戶，那麼銀行就能擁有每個人的所得與收入的完整紀錄。另一個人指出，如果每個人在各個銀行開立的帳號，都能包含此存款人的獨

特識別號碼，例如社會安全號碼，那麼就能將他在各個帳户的紀錄彙集起來。他們發現如此一來，由於銀行擁有個人完整的費用紀錄——如果全部所得都存入銀行，那麼勢必得從銀行提款支付一切費用，那麼銀行將能夠填寫每個民衆的所得税納税申報單。

「等一等，」其中一位成員説道：「如果系統知道我們花多少錢，也知道我們將錢花在什麼地方，那麼政府針對消費課税，不是比課徵所得税更好嗎？」

這個問題讓許多具有創意的構想如泉水般湧出。首先，他們發現若只針對消費課税，那麼民衆會有很強的動機將財富存放在銀行裡；同時由於税率高於銀行目前的存款利率，因此在民衆儲蓄的動機裡，節税比賺取利息更爲重要。如此一來，銀行不再需要支付任何存款利息，因此也不應收取貸款利息，只能酌收服務費。不過借款人在花費這筆款項之後，需要支付消費税。

在以消費爲基礎的税捐制度逐漸成型之際，規劃人堅信，這將比現行的所得税制更加完善。

若以傳統的程序設計制度，將很難出現並發展類似消費税制這種創新的構想。

可行性與理想化設計

在理想化設計的過程中，規劃者對於可行性的概念將更爲開闊。傳統上衡量一份計畫在整體上是否可行，必須分別探究計畫中各個成分的可行性，才能得到結論。當分別考慮計畫的各個成分，便會出現各式各樣阻撓變革的障礙，若以整體的角度考量，這些障礙就會消失。計畫整體所勾勒出的那份鼓舞人心的願景，能夠掃除所有妨礙各個成分進行變革的障礙。

一條鐵鍊的強度，等於它最弱環節的強度。理想化設計以及以此設計爲藍圖的規劃和鐵鍊不同，其整體的強度比最弱的環節還要堅強；它們是系統，是一組彼此互動的決策。這表示在整體上，這份設計與規劃擁有它們的元素所不具備的屬性，而它們的元素，也藉由參與系統整體的運作，而獲得脫離整體時所不具備的屬性。因此，如果分別衡量計畫的各個成分，發現某些成分不可行，這份計畫仍然可能行得通；同樣地，一份不可行的計畫，很可能其所有成分都分別通過了可行性的檢驗。

以下這個案例顯示，企業是如何透過理想化設計的過程，轉變了他們對可行性的概念。

克拉克設備公司獨資擁有的子公司克拉克密西根（Clark Michigan），在一九八〇年代中期陷入嚴重的財務困境。來自日本的小松企業（Komatsu）虎視眈眈地侵入克拉克的市場，以更低廉的價格，銷售性能更優越的推土機器。於是克拉克將售價降到與小松企業相同的水準，希望能在研究改良產品與生產程序，以期能在與小松企業競爭的這段期間裡，不至於完全喪失其市場地位。由於在這段時間內，產品的售價低於成本，因而導致公司的現金流量呈現負成長。克拉克的債權人揚言要迫使公司宣告破產，同時變賣公司的資產以換取現金。克拉克爭取到一小段喘息時間，但不足以改進子公司的產品或生產程序，使得公司轉虧爲盈。因此，克拉克決定將子公司稍加整頓，試圖將它賣給其他公司。

克拉克的董事會，將此狼狽的局面歸咎於該公司執行長的管理不善，並且要求他下臺，因此董事會必須很快地找到新的繼任者。由於時間倉促，董事會做了一件不尋常的事——他們聘請了一位優秀的執行長，也就是當時擔任通用汽車加拿大分公司總經理的萊因哈特（James Rinehart）。在加入公司並了解狀況之後，萊因哈特召集公司的主管共商大計。他向與會者說明理想化設計的本質——這是他早先在沛卡得電子公司（Packard Electric）擔任總裁時學會的概念，要求他們花幾天的時間，爲克拉克密西根規劃一份理想化的設計。主管們持反對的意見，指出從他們先前的研究，可以確定已無法在僅剩的時間裡，進行任何足以挽救公司的方案，而執行長竟然要求他們發揮想像力，規劃一份可以海闊天空的設計！他們希望知道爲什麼要做這樣的工作，萊因哈特回答道，一旦投注於理想化設計的過程，這個問題的解答就會浮現出來。於是他們不甘不願地著手進行。

一星期之後，主管們向萊因哈特報告結果，說道他們如今明白執行長要求他們規劃理想化設計的原因了。主管們的產業知識，頭一次能夠完全派上用場，正因如此，他們相信如果這份設計眞的能夠實現，公司必定會成爲市場上的霸主。不過，他們並不相信能夠找到任何方法，讓公司從目前的狀況，達到他們所設計的理想境界。

萊因哈特說，那不是他們應該煩惱的問題。他希望主管們從理想化的設計，倒推地找出回到公司現狀的路徑，而不是從公司的現況，找出達到理想的方法。他們無法理解，於是萊因哈特解釋道，在此產業中另有幾家公司，面臨與克拉克密西根類似的處境。如何將克拉克密西根與其中幾家公司進行合併，才會產生最接近理想化設計的狀態呢？

主管們再一次持反對意見，指出基於他們的財務困境，克拉克密西根根本無力購併另一家公司。同樣地，其他公司也因爲同樣的理由，不可能興起買下他們的念頭。萊因哈特再一次地強迫他們著手進行規劃。

隔了一星期，在完成任務之後，主管們相當詫異地表示，藉由將克拉克密西根與其他三家公司家合併——一家德國公司、一家瑞典公司與一家日本公司，能夠得到非常接近理想化設計的一個組織。不過他們還是想不出方法，讓這樣的結合得以實現。萊因哈特表示，既然這三家公司尚未見到這項設計，根本不可能正確地預測他們的反應。因此他計畫拜訪這些公司，和他們討論這份理想化設計。

在與D－B集團（Daimler-Benz）的會談中，他們討論了D－B前不久購併的一家美國卡車公司歐幾里得（Euclid），這家公司虧損連連。D－B在看過克拉克密西根的理想化設計之後，明白歐幾里得若成爲此設計中規劃的合資企業之一份子，將大幅提高它存活的機會，因此他們提議將歐幾里得賣給克拉克。萊因哈特解釋道，由於缺乏足夠的現金，他們無力購買這家公司。雙方隨後達成協議，透過股票的交換，克拉克密西根得到了歐幾里得。

在與沃爾沃公司（AB Volvo，又名富豪汽車）的會談中，討論的重點放在該公司生產推土設備的子公司Volvo BM。對於計畫中的合資企業市場潛力，沃爾沃的高階主管感到印象深刻，但他們對於來自不同文化的管理階層能否有效地運作，表示了懷疑的態度。萊因哈特承認這項考慮確實有其道理，但仍提議由沃爾沃、克拉克與歐幾里得的主管們形成一個小組，共同規劃一家最接近克拉克當初設計的合資公司。（雖然另一家日本公司對此構想極感興趣，但基於法務上的因素而無法參與）。

這個跨公司的規劃小組在一九八五年四月形成，在兩位華頓學院（Wharton School）的教授輔導下，開始進行規劃。到了九月，此小組完成了合資企業的詳細規劃，在此期間，文化上的差異完全沒有造成任何問題。創立合資企業的提案，在送交克拉克與沃爾沃的董事會後獲得批准。所有法律程序在一九八六年四月完成，象徵沃爾沃、克拉克密西根與歐幾里得的VME企業於焉誕生。

經過一年多的摸索，VME開始獲利並且運作順暢。隨後，沃爾沃在獲得克拉克高階主管同意的情況下，一步步地掌控了VME的行政主導權，並逐漸削弱克拉克在製造生產上的角色，僅留下一座工廠，讓它成爲以銷售爲主的組織。不久之後，沃爾沃以極爲優渥的價格，買下克拉克在VME的股份。

克拉克密西根由於採取倒推的規劃方式，從公司的理想，找出回到組織現狀的路徑，因此非但避免了破產的命運，還在後來的一段時間裡表現傑出，最後被母公司以極高的價格售出。

巴黎的都市規劃，是另一個道理類似但結局迥異的案例（見Ozbekhan, 1977）。這份規劃制定於一九七〇年代初期，以巴黎的理想化設計爲藍圖。其中包含兩大設計上的特色，如果當初規劃者分別提出這兩項設計，勢必會被斥爲無稽之談而不了了之。第一項設計是將法國的首都遷離巴黎，第二項設計則是將巴黎轉變爲自治的開放城市，不受法國政府的管轄。由於在理想化再造的過程中，規劃者將巴黎的願景——成爲非正式的世界首都——納入考量，這兩項變革不但因而變得可行，同時還被視爲具有絕對的必要性。基於這項原因，當時的巴黎政府決心實現這兩項改革。然而，隨後繼任的政府，爲了突顯自己與前任政府的不同，打斷了計畫的進行。雖然如此，該計畫的幾大層面都已得到貫徹，其中包括逐漸改變巴黎市區內的產業型態，並且將各種產業重新分配到法國的各個地區。

學習與理想化設計

藉由區分來自自我與來自外界的限制，並學會影響外來的障礙，系統設計者可以獲悉如何讓系統以理想的方式運作，並了解現行系統無法運作完善的原因；同時，也能獲知他們對於自己所隸屬的更大型系統，以及其他與組織產生互動卻沒有歸屬關係的系統，能擁有何種程度的控制與影響。

由於理想化設計鼓勵並幫助各種利害關係人參與規劃過程，因此從規劃過程中獲得的心得，能夠廣泛地存在於組織各個層面（我將在第九章描述能鼓勵全員參與規劃的組織設計）。在過去的觀念中，通常認定只有專家才夠資格進行系統的設計與規劃，然而現在盛行一時的全面品質管理（Total Quality Management）運動，清楚地顯示唯有滿足所有利害關係人的期望，組織才能夠達到品質的提升（Flood, 1991; Ackoff, 1994）；而設計與規劃過程若缺乏利害關係人的參與，系統的設計與衍生的計畫，就無法有效地統合他們的期望。

由於傳統的系統設計與規劃過程，一直是以找出並去除現行系統的缺失為重點，因此，專家知識被認定是系統設計與規劃的必備條件；大眾普遍假設必須對進行設計的系統具備深厚的知識（也就是專家知識），才有能力找出並去除系統的缺陷。然而，專家通常無法跳出思路的框框，系統的重大創新，大都來自於專家以外的成員。

每位利害關係人都能找出並去除系統的部分缺失，因此能夠幫助系統不斷地改進與提升，這已是愈來愈淸楚的道理。然而更重要的是，去除了組織的缺陷，並無法保證能獲致理想的特質（這項事實已在前文中討論過了）。比起與系統沒有利害關係的專家，不具專家資格的利害關係人之想法，更爲重要許多。系統的每一位利害關係人——包括那些對系統運作方式一無所知，但很淸楚自己對系統的期望的人——都能在系統的理想化再造過程中，提供重大的貢獻。

正如大部分具有創造性的活動，理想化設計的過程通常饒富趣味，因此多半能夠輕易地徵得並維持組織成員的參與。它爲關心系統的人提供了一個機會，讓他們得以深入地思索系統的發展、與其他關心系統的人分享自己的想法，並且能夠影響系統的未來。這樣的機會鼓勵組織成員發展並探索新的構想，促使個人與組織獲得成長。

當巴黎（Ozbekhan, 1977）、美國科學交流與科技移轉（SCATT）系統（Ackoff et al., 1976）與美國醫療體系（Rovin et al., 1994）等系統進行理想化再造時，規劃者將初步的設計公諸於市，廣泛地向所有關心系統發展的人徵詢意見。三項設計都各自獲得豐富的回饋，後續修改的版本，也採納了其中許多建言。這樣的程序持續進行，直到大衆對於新公佈的版本已沒有太多意見爲止。其中有些時候，參與規劃的人數竟達到數千人之衆！

美國醫療體系的理想化再造，具有特別重要的涵義，因爲這是以正確方式做錯誤之事的最佳範例。現行醫療體系的概念具有重大的謬誤，在規劃過程中成了顯而易見的一點。此系統在根本上的缺失，源自於一項事實，那就是系統內提供服務的機構，以照顧病人與傷患而換取金錢上的報酬。因此，對於現行系統而言，疾病與傷殘的根除將是最糟的狀況。很明顯地，儘管個別醫療業者具有救世濟人的理念，此系統的設計與運作，會確保疾病與傷殘的存在，而非促進民衆的健康。

組織內的各個單位，最終也應擁有自行從事理想化再造的機會。然而，這些個別的規劃應與更高層的設計相容，也不可與其他同階層單位的設計相牴觸。當各單位的設計產生衝突，應盡可能地由受到影響的單位謀求解決之道；如果無法自行解決，應由這些單位共同歸屬的最低主管層級裁決。(同樣地，關於組織方面的細節，將在第九章討論)。

舉例而言，在參與理想化設計的過程中，機器操作員關心的議題，包括工廠的運作、擺設與機械，而不會關心企業整體的作爲；同樣在工廠內的工友，則會考慮洗手間的設計與位置等議題，關心的重點大不相同。當工友與操作員檢視第三者以及彼此的設計時，經常會發現自己遺漏了工廠活動中很重要的一面，或是忽略了活動之間很重要的互動關係。如此一來，他們能夠結合衆人的心血，產生一份比個別的設計，或是缺乏他們參與的計畫，更完整與協調的設計。

當組織內不同單位重複地進行這樣的程序，企業便會逐漸了解元素之間互動的方式，以及這些互動對企業整體績效的影響；參與理想化設計的組織成員，也因而明瞭他們制定的決策與從事的活動，將如何影響企業整體的表現。一旦組織的元素將重心擺在提升企業的表現，而非個別單位的表現時，便會產生立即而豐厚的收益。

共識

由於理想化設計的重點在於組織的終極價值，而不在於追求這些價值的方法，因此參與規劃的成員之間很容易產生共識；這些價值愈接近最高理想，組織成員愈容易獲得一致性。一般而言，人們對於理想的歧異較少，對於短期目標與追求方法的爭議較多，美國與（現已瓦解的）蘇聯在本質上驚人的相似性，正反映出這項事實；兩者之間的衆多差異，源自於對手段的選擇迥異，而非終極目標的不同。當時這項發現令我們困惑不已，因爲我們一向將兩國之間的差異，描述爲意識型態的不同。和許多人所相信的理念相反，意識型態與理想之間的關係，反倒比不上它對追求理想的手段之影響。例如，關於追求富裕的方式，雙方在誰該擁有生產能力這一點上，具有意識型態的不同，然而雙方都認定富裕是一種理想的狀態。

巴黎的理想化設計在呈交法國內閣時，獲得各大政黨的支持；各個政黨的政治理念，從極右派到極左派無所不包，然而對於巴黎理想的狀況，卻能產生一致的看法。這或許是這些政黨首次產生的共識。

美國一家大型企業進行理想化設計時，首先由企業執行委員會的八位成員，分別提出他們的初步設計。由於這些高級主管經常在會議中意見不合，當他們見到分別設計的藍圖竟有相當程度的一致性時，著實感到驚訝不已，這對他們日後的行爲，有著重大的影響；他們彼此之間的敵意降低了許多，大幅提高了合作的意願。

一旦在終極價值的層面上獲得共識，關於手段與短期目標的歧異，通常就能夠輕易地化解。此外，如果無法輕易地解決紛爭，尚有其他程序可以幫助達成共識。同樣地，這些程序也將在第九章討論。

全心投注

理想化設計過程中的參與感，以及此設計幫助達成的共識，能夠讓組織成員在理想化設計的實現階段，產生全心投注的奉獻精神。人們對於自己參與設計的計畫與理想，較能夠產生強烈的奉獻心，這樣的投注精神，大大地減少了設計與計畫在實現階段時遭遇的問題數量與困難度。

結論

一個追求理想的組織，是一個能夠從自身與他人的經驗中學習，並且能快速而有效地因應環境變遷的組織。這並非與生俱來的才能，而是組織透過設計而獲得的能力。這種設計將是第八章的主題。

除此之外我將證明，組織若想在此變化快速並且日益複雜的環境中頭角崢嶸，必須具備其他三項設計上的特徵——它必須民主化、擁有內部市場經濟，並且具備多層面的組織結構。

這三項設計特徵，以及採用它們的理由，將在本書的第三樂章陳述。

從這些設計特徵可以看出，如果組織希望具備高效能，它必須歷經徹底的轉變，簡單的改革將無法收到效果。如果系統只是進行改革，它不會以根本的方式改變自己，只會稍加修正其結構與行為，以期能改善績效。而所謂的轉型，則讓組織的結構與功能進行徹底的變化。我將證明在進入二十一世紀之後，企業若非歷經如此巨幅的轉變，其生存能力將岌岌可危。**大家應該牢牢記住，美國企業的平均壽命大約二十年**，如果它們在快速變遷的環境中，沒有徹底地轉變企業的體質，這就是它們能夠生存的最長年限。

6

方法規劃：抵達目的地的方式

明確指認現實與理想的差距是第一步

方法規劃的目的在於
制定一套能消除或縮減
理想與現實之間差距的方式
然而選擇追求理想目標的方法
需要考慮的不只是效率問題
美學與道德價值的層面亦不可忽視

別做小規模的計畫，因爲它們沒有令人熱血沸騰的魔力。

——伯恩翰（David Burnham）

理想化的設計，爲組織勾勒出一份願景，並闡明組織目前最希望採取的行動。在此過程中，企業能夠認清組織目前的狀態、行爲與理想之間的差距；而這些差距，便構成了方法規劃（means planning）的階段中，必須獨立解決的問題。因此，**明確地指認現實與理想的差距，便是方法規劃的第一步**。

方法規劃的目的，在於制訂一套能消除或縮減差距的方式。這個階段相當於建築業中繪製施工圖的工作；在興建大樓的過程中，一旦完成了令人滿意的設計，就必須繪製施工圖，圖上涵蓋一套操作指南，協助承包商著手建造大樓。方法規劃能幫助組織實現願景，或是實現最接近理想的可行方案；它爲理想化設計繪製一份「施工圖」，說明要消除或縮減差距所必須採取的行動。

差距可分爲三種型態：

1. **需要增添的事物** 例如增設新的工廠、開發新產品、進入新的市場或是購併新的公司。
2. **需要刪除的事物** 例如從既有的事業撤資、停止提供特定商品或服務，或是關閉一座廠房。

3. **需要改變的事物** 例如重整組織結構、修改配銷系統或是重新分配資源。

面對需要增添或刪減的差距，與面對需要改變的差距，所採取的處理方法應該有所不同。

方法的型態

情況複雜的差距，通常需要以複雜的手段處理。因此，既然差距的種類可以從極爲容易處理的狀況，立即躍升到需要曠日費時、採取一連串複雜行動來面對的情形，縮減差距的方法自然也隨之出現各種不同的型態。

1. **行動**（acts）：只進行一次的活動，通常不需要花費太多時間。例如購買書籍或電腦軟體、寫信、參加會議等。然而有些行動可能非常重要，比如開除高階主管，或是簽訂合約。

2. **系列行動**（courses of action）**或步驟**（procedures）：爲了達成特定成果，而連續或同時進行的一組行動。有時爲了達到目標，必須分頭採取行動，有時則必須同時進行，才足以收到效果；所以說，系列行動或步驟是由行動構成的系統。例如要尋找並購置大樓，或是替換一位高階主管，都必須進行一連串的步驟才能完成。

3. **常規**（practices）：常規是重複進行的一項行動或一系列行動，例如開立帳單、信用調查與績效評估等等。

4. **程序**（processes）：程序是針對一項工作，從頭到尾執行的一系列行動或步驟，產品的製造與配銷就是一個例子。

5. **方案**（projects）：方案是一個系統，由爲了達到理想目標，而同時或連續採取的系列行動所構成，例如建造大樓、發展新產品或是安裝一套品管設施。

6. **專案**（programs）：專案是由方案構成的系統，其目的在於產生一組具有互動關係的成果，例如拓展新的海外市場，或是開創一份新的事業。專案需要花費的時間，通常比方案所需的時間長。

7. **政策**（policies）：政策是用來選擇或排除某些方法型態的規則，例如法律與規範。

當然了，一份計畫通常會囊括上述七種方法。而任一方法的重要性，不必然與其複雜度成比例。一項非常簡單的行動，例如晉升一位主管，或許比改善停車場的方案重要許多。

控制與影響未來的方式

未來，在很大的程度上，是可以透過種種方式而塑造的。這些方式包括控制未來的不確定因素、控制這些不確定因素的效力、強化因應變局的能力、善用誘因以及促進利害關係人之間的合作、降低衝突等。

控制造成未來無法預測的根源

如果帶有黃熱病病毒的蚊蟲朝著我們飛過來，我們可以透過消滅牠們，或迫使牠們轉向，而避免蚊蟲侵擾我們居住的地方；農民噴灑殺蟲劑，正是爲了這個目的。在商場上，迫使競爭者倒閉、退出特定市場或放棄某個經銷點，也是極爲類似的行爲。

相對於處於高度競爭市場的企業，獨占與寡占企業的未來通常較容易預測，這是因爲它們的競爭者爲數不多，甚至完全沒有競爭對手。所謂的經濟「戰爭」，是試圖減少不確定性的一種方式；推出顯然比競爭商品更優異的產品，或藉由削價競爭迫使對手產品退出市場，都是降低競爭程度的手段。不用說，以這種方式控制組織的未來，不必然對所有受到影響的人士與組織，都有正面的作用。控制是一種手段，而非目標，因此運用控制的手段，也有善惡之分。藉由生產更優異的產品，使得競爭產品完全喪失或失去部分市場地位，也是消除外部障礙、達成目標的一種方法，這種方法顯然比迫使競爭者完全退出市場，更能受到消費者的歡迎。

垂直整合（vertical integration），或許是組織用來控制重大不確定因素最常見的方式。它將對組織具有重大影響的外部活動，併入組織內部的控制範圍內。例如福特開始自行煉製鋼鐵、百威啤酒開始自行生產鋁罐與種植穀類作物，以及IBM購買蓮花（Lotus）軟體公司，這三項行動，都是垂直整合的範例。當一家公司決定授權或購併它的經銷商與零售商，也是一種垂直整合，大型石油公司擁有部分或全部的加油站，就是一個例子，勝家（Singer）縫紉機公司與麥當勞（McDonald's）速食店，都是同樣的情況。顯而易見地，組織可以透過垂直整合向上游供應商（輸入面）滲透，也可以向下游使用者（產出面）整合。

垂直整合並不保證達到理想的結果，有些時候，若是企業不具備經營該項活動的能力，那麼這樣的垂直整合，便會大幅增加企業的營運成本。正是基於這項原因，垂直整合的相反方向——**外包**，經常能讓成本回到正常的水準。

控制不確定因素的效力

透過施打黃熱病疫苗，我們就能在不直接對付蚊蟲的情況下，消除黃熱病病媒蚊所能產生的不良影響。疾病的免疫，是**水平整合**（horizontal integration）的一個例子。水平整合藉由在系統內併入特定事物，杜絕無法控制的因素所可能造成的負面影響。

在產品線上加入需求週期與既有產品正好相反的產品項，能夠幫助生產單位達到平穩的運作。例如，同時生產嬰兒奶嘴與保險套的製造商，比光生產其中一項產品的公司，較不易受到出生率變化的影響。華納-史威塞（Warner-Swasey）公司的狀況也是如此，他們的產品線除了既有的機械工具之外，又增加了道路修築機器，由於這兩種產品，可以在同一個廠房使用同一套機器生產，因此大幅減低了市場需求波動對生產設備的影響。此外，兩種產品還可以透過同樣的管道銷售。

大宗商品的對沖（hedging）交易，是水平整合常見的例子。人們無法控制商品價格的波動，但買家可以利用對沖交易，消除價格波動造成的衝擊。貿易公司可以利用對沖交易降低匯率變動的風險。當外國貨幣貶值時，貿易公司於該國的收入，在換算本國貨幣之後會隨之減少；但假設我們在當地以利潤換取商品，由於在換算成本國貨幣之後，商品的價格降低了，因此藉由以原定價格將商品銷售於其他國家，我們得以維持或增加利潤。

誘因

企業的經理人必定都深知，誘因對利害關係人的行爲所能造成的影響。然而他們通常無法察覺，自己於不知不覺中造成的誘因，其中許多甚至會產生負面的效果，下面就是一例。

雖然貝爾（Bell）電話公司雇用的維修人員，通常一天只需要使用不到兩打的零件，但他們卻在貨車內載運數量龐大的替換零件，導致公司以可觀的成本，載運數量驚人的在途（in-transit）存貨。公司希望減少在途存貨的數量。經過調查後發現，維修人員的薪資，是以成功完成的工作件數計算，如果由於缺乏重要零件而無法完成工作，維修人員必須折返倉庫取件，如此一來浪費了時間，對薪資的影響頗爲可觀。這個立意良好卻計畫不周的誘因，原本希望能讓維修人員發揮效率，在一天之內完成最大的工作量，卻也正是造成在途存貨過多的原因。

在以下這個例子中，組織所使用的誘因導致員工之間產生激烈的衝突。

歐洲的某大城市，以雙層巴士提供公共運輸的服務。每輛巴士各有一名司機與車掌，司機坐在駕駛艙內，與乘客隔著一面玻璃。司機到站的時間愈準確，所獲得的佣金就愈高。車掌向上車的乘客收取車資，同時，若沒有人打算在下一站下車，車掌應該發出訊號聲通知司機；司機若未收到訊號，就必須在下一站停車。車掌也應該在乘客完成上下車之後，發出訊號通知司機開動車子。

便衣督察員會不定期地搭乘巴士，檢查車掌是否向所有的乘客收取車資。督察發現的錯誤愈少，車掌的薪水就愈高。

通常在尖峰時段，爲了避免耽誤時間，車掌會讓所有旅客先行上車，然後在車子開動之後，再逐一收取車資。由於尖峰時段車內擁擠，車掌常常來不及回到車門，發出訊號通知司機停車或開車。於是即使沒有乘客打算下車，司機也必須停車，然後透過後視鏡，觀察乘客是否已完成上下車的動作。這樣的耽誤會影響司機的收入，卻能幫助車掌完成任務。由於是否準確地發出停車、開車的訊號，並未納入車掌的績效評量基礎，因此車掌會爲了收取車資而放棄這項任務的執行。於是，司機與車掌之間便產生了嫌隙。兩者之間的敵意，由於雙方分屬於不同工會而更加惡化，車掌大多是少數族裔的移民，而司機則是道地的本地人。雙方在隨後發生數次暴力衝突。

一開始，管理階層靜觀其變，期望問題能自行消失或解決。然而問題非但沒有消失，而且還愈演愈烈，管理階層因而決定採取行動。他們試圖取消司機與車掌的佣金，藉由讓薪資制度恢復原狀來解決問題。由於司機與車掌的收入將因而減少，雙方的代表工會均否絕了這項提議；不過，如果以工會成員們目前能夠獲得的最高收入爲固定薪水，則是一項可以接受的方案。資方表示，除非司機與車掌能保證維持目前最高的生產力，否則他們不願意支付這麼高的薪水。工會拒絕提出保證，因爲巴士的生產力，取決於氣候、交通與其他不受司機與車掌控制的狀況。資方又提出另外一份解決方案，提議由司機與車掌平分佣金。這份提案再次受到工會的否決；雙方都不願意加深對彼此的依賴，他們互不信任。

公司於是聘請一位顧問處理這個問題。他讓敵對的雙方派出代表進行會商，希望若無法找出完美的解決方法，起碼能夠試圖化解問題。遺憾的是，每次的會談都在爭吵聲中收場。

顧問無計可施，絕望之下，他轉而向一位朋友求助。他的朋友問道：「系統中有幾輛巴士在尖峰時段裡行駛？」顧問說他並不清楚，但認爲答案與衝突的狀況無關，因爲不論尖峰時間內行駛多少輛巴士，每輛巴士都會發生衝突。然而，在朋友的堅持之下，他還是找到了答案——在尖峰時間裡，大約有一千二百五十輛巴士出勤。朋友又接著發問：「此運輸系統內有幾個停靠站？」對顧問而言，這個問題看來還是無關緊要，然而他還是不情願地翻閱檔案，找到了答案——大約八百五十個停靠站。

基於運輸系統的這兩項特徵，顧問的朋友提出一項建議——在尖峰時段裡，讓車掌在各個停靠站工作，而不必隨車旅行。他們能在等車時候，向乘客收取車資，並且在停靠站檢查下車乘客的票根，同時也能隨時準備好，向司機發出開車的訊號（事後證明，英國火車的車掌，正是採取這種作法）。

尖峰時間內所需的車掌人數因而大幅縮減，使得大多數的車掌可以連續工作八小時，而不必在非尖峰時間內進行換班。在非尖峰時間裡，車掌便回到巴士上工作。

組織內常會出現產生反效果的誘因，例如要求高階主管將重心放在公司的長遠表現，卻以短期績效作爲發放紅利的基礎，這是屢見不鮮的狀況；當組織進行裁員縮編時，以短期效果犧牲長期利益的情況特別嚴重（第十二章有更詳盡的討論）。

如果高速公路、大橋與隧道的通行費，與汽車內的空位成正比，就會增加汽車的乘載人數，降低這些地方與周邊道路的壅塞狀況。如果牌照稅的金額，以車輛的體積與重量爲計算基礎，那麼也能達到類似的效果。

醫生與醫院的收入，來自他們對病人與傷患的照顧，那麼（不論個別醫療業者是否具有高貴的理想）他們會（下意識地，甚至故意）確保足夠的人生病或受傷，以維持他們的高收入。例如，疾病管制與防範中心於一九九八年三月十一日，在喬治亞州亞特蘭大的一場國際會議中指出，每年大約兩百萬人在醫院裡受到感染，其中大約九萬人因而過世。

如果醫療業者在照顧病患的期間，只能得到一筆固定的收入，這筆金額涵蓋病患所需的一切醫療服務——包括特別診療費、檢驗費、住院費以及藥費等，那麼醫療業者的行為便會大不相同。如此一來，可以提升國民的健康、大幅降低醫療成本（尤其是減少醫療詐欺的案例），以及不必要的治療、檢驗與藥品的浪費。當然，政府得採取必要的措施，確保醫院為病人提供足夠的醫療服務〔羅冰（Rovin）等人已在一九九四年的論述中，提出了這一項設計〕。

同樣地，如果教師的薪資，取決於學生們的學習程度，而非教師們傳授的內容多寡，那麼儘管教師教導的量可能變少，學生們卻能吸收更多。**一般而言，報酬應與產出成正比，而非由投入的量來計算**。更概括地說，報酬制度的設計，不僅須與老闆的目標一致，也應與員工個人的目標一致。以下的例子可以說明這一點：

在一家生產滾珠軸承的工廠裡，一群一天工作八小時、專門負責檢驗鋼球的婦女，生產力驟然地滑落。由於她們領的是固定薪資，因此生產力下滑雖會減少公司的收益，卻不影響婦女們的收入。這群婦女的子女，大多仍在就學年齡。由於她們提議修改工作時間，以便在子女放學時下班返家，卻遭到管理階層的拒絕，這群婦女因而心懷怨恨。人力資源顧問建議管理階層修訂制度，提議以婦女們曾達到的最高生產力之工作量爲標準，婦女們只要達到這個工作量，就可以下班回家。公司採納了這項建議，鋼球檢驗的質與量都獲得高度的提升，大多數的婦女也都能及時返家照顧子女。

迅速因應變化

如果我們能針對預料中的可能狀況（儘管其發生機率不得而知）一一進行籌畫與準備，就可以規劃組織的未來；這就是權宜性的規劃。記得前文曾經提過，預測的重點在於機率，而假設則與可能性有關；機率的預測，幾乎總是比不上可能性的確認來得可靠，因此，一份計畫若以明確的假設爲基礎，幾乎總能勝過以預測爲基礎的規劃。組織能夠持續地檢視它所提出的假設，也能在發現偏差時進行修正。

除此之外，我們也能做好心理準備，隨時面對預期之外的事件。組織若能立即察覺重大意外事件的發生，便能迅速而有效地回應，至少能稍微控制此事件所造成的衝擊。嬌生（Johnson and Johnson）公司提供了一個相當極端的案例；當他們發現公司製造的止痛藥，有幾包遭到歹徒注射毒劑，便立即從市面上回收所有產品。

組織面對變化的反應力，與其學習與調適的速度和能力有關。組織的學習與調適，和個人的學習與調適不同；組織性的學習，在組織整體能分享某位成員的心得時發生，即使這位成員離開了組織也無所謂。組織的學習與調適，不會自然而然地發生，需要透過設計，讓組織獲得這份能力；它需要一個支援系統及文化，幫助蒐集、儲存並且分享來自組織內外的資訊、知識、心得與智慧。關於這類系統的描述，將在第八章介紹。

促進合作

很顯然地，許多狀況必須在他人的協助之下，才能夠獲得控制。管理階層若能與組織內、外部的利害關係人以及競爭者建立合作關係，便能在某些層面上掌握組織的未來。企業的合資、購併或策略聯盟，都是組織建立合作關係的方式；此外，採購合作社（例如小型五金行組成的合作社）以及銷售合作社（例如佛羅里達的柳橙果農），也能消除許多不確定因素；產業公會與商會，則是另一種企圖掌控環境的合作關係。

提升員工的工作生活品質（或者更勝一籌），由員工自發性地改善，能夠增強員工的合作意願，降低產品品質與產量的不確定性（我將在第七章探討人力資源規劃時，舉例說明）。

讓消費者參與產品或行銷管道的設計，是增強消費者合作意願的一種非常有效的方式（Ciccantelli and Magidson, 1993）。消費者通常極富創意，他們提出的構想，經常能幫助企業獲得競爭優勢。例如，一群男士共同設計他們理想中的男性服飾店，他們提議店內的產品應依照尺寸分類，而不是以服飾的種類擺設，如此一來，他們便能在店內的一個區域找到所有商品，不再需要四處奔波。他們還建議，公司以女性的銷售員取代男性銷售員，因爲根據他們的說法，男人對男人外表的建議，通常不大可靠。

參與超級市場改造行動的女性顧客指出，目前各大市場擺設包裝產品的部門，看起來都大同小異，比不上生鮮部門的變化。然而包裝產品部門，通常是顧客一進門獲得第一印象的地方。因此，這些顧客提議建立一個以生鮮部門爲主力的連鎖超市，將生鮮產品以吸引人的方式陳列，擺設在超市最顯著的位置。他們同時建議此連鎖超市應以綠色爲主調，因爲綠色象徵新鮮，與超市的店名「超新鮮」(Super Fresh) 相得益彰。A&P公司創立了這個連鎖超市，並且以極爲優異的表現不斷擴張，取代先前多家不具獲利能力的A&P超市。此連鎖超市的衆多特徵，如今廣受其他超市的抄襲。

降低衝突

組織內部與組織之間，經常見不到合作的氣氛；毫不掩飾的衝突與公然的競爭，都是司空見慣的行爲。然而對企業而言，這樣的敵意沒有什麼好處。因此，除非衝突是競爭的一部分，或者目的在於激發另類的方案，組織必須試圖降低或消除不必要的衝突。

衝突通常會妨礙組織對未來的控制，然而衝突若是隱含於競爭之中，則反而會有幫助。遺憾的是，人們通常將「衝突」與「競爭」視爲同義詞，其實這兩個概念雖然相關，但絕不是同一回事。

當一方的利益，必會造成另一方的損失時，雙方便會產生衝突。換句話說，在衝突的狀況中，一方的勝利，必定代表另一方的失敗。相反地，在合作的情況之下，一方獲得利益，另一方也同時獲得利益；一方達到目的，另一方也同時獲致成功。競爭是隱含在合作之內的衝突，和朋友進行的網球賽就是一個例子；一場網球賽只能有一位贏家，球賽雙方非贏即輸，這表示兩邊處於衝突的狀況中。然而，球員具有更重要的共同目標——娛樂；這場衝突很有效率地滿足了球員娛樂的目的，衝突愈激烈，球員獲得的樂趣就愈高，這是球員之間彼此競爭的表徵。

競爭是遵照規則而進行的衝突；規則的目的，在於確保衝突能幫助達成更重要的共同目標，就此層面而言，衝突是具有合作性質的。競爭可以分爲三種型態——**深度**（intensive）、**廣度**（extensive）與**綜合性**（mixed）的競爭。深度競爭發生在衝突雙方並肩追求共同（合作性）目標的時候，例如朋友之間舉辦的網球賽；而當衝突用於滿足第三者的目標時，則是屬於廣度競爭。舉例來說，在職業拳擊賽中處於衝突狀態的拳擊手，其共同目標在於替觀衆提供娛樂。兩家公司之間的經濟競爭，是一種爲了滿足消費者的利益而產生的衝突。當然，競爭也可能既深且廣——也就是混和型的競爭；例如，朋友之間爲了爭奪獎金而進行的網球賽，可以娛樂一群觀衆，球員本身也能自得其樂。

現在，讓我們思索處理組織內、外衝突的方式。瑞普柏（Rapoport, 1960）指出，衝突及其處理方式，可以分爲三大類型——**鬥爭**（fights）、**競賽**（games）與**辯論**（debates），他這麼說道：「在鬥爭中，人們渴望消滅敵對的一方；在競賽中，人們希望以機智勝過對手；而辯論的目標，則是能說服對方。」」。

若以衝突的心理狀態而言，瑞普柏的分類方式堪稱十分詳盡；然而若以這三大種類歸納調解衝突的方法，其完整性則有待商榷。其實，瑞普柏的用意也不在於找出斡旋方式，而是在闡明增強衝突（鬥爭）、穩定狀況（競賽）以及降低或消除衝突（辯論）的方法。若要分析衝突的處理之道，比較完善的分類法，是區分爲對環境的控制，以及對衝突參與者的控制。

環境上的干預：徹底隔離衝突的雙方，完全排除其互動的機會；如果兩名員工產生衝突，可以改變其中一人或同時改變兩人的工作地點（父母經常以這種方式解決孩子們的紛爭）。還記得前面關於巴士的案例吧！公司藉由讓車掌在停靠站工作，而將司機與車掌隔開。

讓敵對的一方完全喪失能力，在本質上，等同於將此人從環境中去除；殺害對手或敵人，就是最極端的例子（請注意，人們化解衝突的方式，不必然值得效法）。

另一方面，人們也可以改變環境，使得一方喪失影響另一方的能力。環境的分割便是一種方式；舉例來說，假設噪音是造成衝突的根源，那麼裝設足以阻擋噪音的隔音牆，就能夠化解紛爭。如果兩家經銷商爭奪同一地區的零售點，那麼透過經銷區域的劃分，規定由一家經銷商獨家經營一個區域，就能夠解決問題。

資源不足的環境，特別容易發生衝突。兩個孩子爭奪同一個玩具，或是兩名員工巴望得到僅剩的一間辦公室，都是資源不足的例子。解決這類衝突的方法，包括提供更多資源，或者至少改變其中一人對資源的渴望。只要存在著貧富不均與資源匱乏的現象，就有發生衝突的可能性。通常唯有透過增加可利用的資源，才能化解這類衝突。

若比起機會匱乏的嚴重性，資源的不足，可說是小巫見大巫。引發革命的主因，通常不是貧窮，而是沒有機會逃脫貧窮的那份絕望。所謂差別待遇，就是指機會的抑制。比起資源分配的不公，企業內的種族與性別歧視，更容易埋下衝突的種子。只要組織以員工能力之外的標準進行差別待遇，勢必會導致衝突的發生。

行爲上的干預：藉由改變一方或雙方的行爲、他們的選擇、做事的效率或是對成果的價值觀，就可以降低或化解衝突。這些改變，可以透過誘因的使用（如上文所述），或透過溝通而達成；第九章所介紹的達成群體共識的方法，就是利用溝通化解衝突的例子。

組織內部的結構性與機能性衝突：組織內部發生的衝突，經常是由於衝突雙方被指派的目標互相牴觸；組織本身的結構與機能，便是這類衝突的根源。例如，當組織內的一個利潤中心，必須以既定的轉讓價格銷售商品給另一個利潤中心，而內部的購買單位，也依規定不得向其他來源進貨；一旦銷售單位能夠以更高的價格向組織外的買家銷售商品，或者購買單位可以找到價格更低廉的外部供應商，雙方便會產生結構性的衝突。解決這類衝突的唯一之道，便是由高層主管以明確或暗示的方式，改變組織對這些單位的目標或限制（第十章將會描述化解這類衝突的方法）。

爲了比較合作性與競爭性的團體，何者具有較優越的問題解決能力，各界已進行了爲數衆多的小組研究。瑞文與安克斯（Raven and Enchus, 1963）在綜覽自己與他人的研究成果之後，得到以下的結論——**如果組織成員的行動，不影響其他成員的績效，競爭就能獲得比合作更爲優異的成果；但若組織成員的行動，具有互相依存的關係，那麼合作可能比較容易達到效果**。這個發現並不令人感到驚訝；如果組織單位或個別成員能夠獨立作業，不受他人的影響，以競爭爲基礎的報酬制度通常能發揮很好的效果；但若成員的行動互相牽連，則另當別論，在此情況之下若以競爭爲報酬的基礎，他們可能會試圖破壞他人的績效，導致組織整體受到傷害。

當組織成員具有互動關係時，報酬制度的設計就應與績效評量的方式一致。個人與群體的行爲，都受到績效評量方式的影響。如果評量方式設計不當，即使組織成員或單位盡全力達成他們的目標，仍可能反而降低組織整體的成效。以下這個案例是很好的示範；我們以簡化的方式，敍述一間大型連鎖百貨公司發生的狀況：

> 每個月月初，採購部門以事先訂定的數量添購存貨，在由業務部門提領之前，這些商品將存放於倉庫之中。業務部門負責訂定商品的售價，品項的售價愈低，銷售的數量通常就愈高；然而前提是必須有足夠的庫存量，積欠訂單的情況並不多見。公司無法正確地預測在特定的售價之下，能夠達到多高的銷售量。
>
> 高層爲採購部門制定的目標，在於盡量壓低庫存成本，同時提供足夠的庫存，

滿足業務部門預估的需求量。業務部門則被要求盡量提高銷貨毛利——也就是產品的銷售量，乘上售價與進貨成本之間的差額。兩個部門的目標相互牴觸。

在業務部門爲產品制定下個月的售價之後，採購部門以非常保守的方式預估需求量，並以此作爲採購數量的基礎，因爲如果購買的數量過高，便會增加庫存成本，影響採購部門的績效（以及主管的獎金）。另一方面，業務部門則以非常樂觀的方式估銷售量，因爲如果庫存量不足，將可能造成銷售上的損失，而降低公司的銷貨毛利。因此，採購與業務部門之間，免不了發生摩擦。在高層介入並禁止兩邊主管進行接觸之後，雙方的衝突方得以降溫。

透過改變績效評量的方式（同時改變其部門目標），也能夠化解這類的衝突。例如，如果將追求最大淨收益訂爲雙方共同的目標，也就是同時將銷貨成本、售價與庫存成本都納入考量，就能促進兩個部門間的合作。如此一來，雙方合作之下的表現，至少能成爲計算主管獎金的部分基礎。

利用構想之間的衝突激發新的方案

邏輯辯證法（dialectics）與**反制法**（countermeasures），是兩種刻意利用構想之間的衝突，來激發新方案的方法。邏輯辯證法，適用於競爭行爲並非主要因素的狀況中；而反制法則適用於以競爭爲主的狀況。

邏輯辯證法：很多時候，人們必須在缺乏客觀基礎的情況下，針對各個方案加以抉擇；在此狀況中，邏輯辯證法可以幫助找出更理想的新方案，或者提供更好的理由，幫助人們從既定的方案中，做出最理想的選擇。辯證學家企圖從對立的論點（命題與反命題）中截長補短，歸納出結論。爲了達成這個目標，可以組織兩個持有不同看法的小組，要求小組分別找出最強烈的理由，支持各自的立場。兩邊必須能分享彼此的資料與資訊；雙方的差異，必須出自對相同資訊的不同看法，而非基於資料與資訊的不同。

接著，雙方將其論點呈報決策者，他們通常以辯論的型式，向決策者進行口頭報告。決策者隨後針對雙方的論點，與小組成員以及其他決策者進行深入的討論，如果沒有接受其中一組的意見，就會結合雙方的論點，發展出一個新的想法（這種情況通常稱爲在「混亂的局面」中尋找立足點）。例如：

百威啤酒公司曾經得到一個購併七喜（Seven-Up）汽水的機會。不論贊成或反對這項購併計畫的人都能提出明確的理由，雙方的論點勢均力敵。於是公司組成兩個小組，分別代表正方與反方的立場，經過思索之後，各提出先前沒有考慮到的論點。管理階層仔細聆聽兩組人員的報告，決定放棄這項購併計畫。歸功於雙方的邏輯辯證，公司對這項決策深具信心。事後證明，百威啤酒做了正確的決定。

在另一個狀況中，百威獲得一個機會，增加它在一家外國啤酒公司的持股，這家外國公司是百威的策略聯盟夥伴。同樣地，公司再度組織兩個小組，分別負責發展正反兩方投資或不投資的論點。這一次，管理階層在聆聽辯證之後，制定了一份對百威更爲有利的新投資計畫。百威的盟友僅提出一點不同意見，稍加修改後，便接受了這份新的計畫。

反制法：在某些狀況中，組織選定了追求目標的方法之後，勢必引發競爭對手的反擊。例如，當市場的龍頭老大以降價促銷某項商品時，生產相同商品的競爭對手，極有可能對此行動採取防衛措施。在此狀況中，組織通常得制定一連串的決策，每個決策都是對競爭者行動的回應。組織應準備制定哪些決策？換一個方式來說，如果組織在採取行動之前，能夠預測競爭者可能進行的反擊，就可以試圖阻撓競爭者採取這項回應，或者設法讓這項反擊失去效力。

反制小組能夠很有效地處理這類競爭狀況。我是從美國軍方接觸到這個概念，當時我任職於凱斯理工學院，我的工作小組獲得爲空軍發展獨家防衛武器的合約。

我被指派擔任反制小組的負責人，此小組的任務，在於扮演假想敵的角色，並且獲得充分的情報，對於空軍發展武器的過程瞭若指掌。在空軍完成了武器的第一版設計之後，反制小組立即著手研究，大約一天的時間，便發展出足以令該項武器失去效力的反制。設計小組將我們的回應納入考量，藉以修正武器的設計，試圖擊潰我們的反擊。這一次，我們雖然花了較長的時間研究，不過仍確實發展出有效的反制。

雙方歷經了四次回合，設計小組終於發展出一項武器，讓我們花費了漫長的時間，才發展出有效的反制。所謂「漫長」的時間，一開始便制定了很明確的定義：即使敵方爾後能發展出有效的反制，在他們具有能力牽制我方的行動之前，我方使用武器的利益，足以抵過發展階段所付出的代價之一段時間。然而，敵人不像我們能獲得充分的情報，因此他們發展反制的速度，不大可能和我們一樣迅速。

武器發展完成後，如預期地展開了戰地試驗。幸好，這項武器至今仍沒有機會派上用場。

我最近參與了一項購買新工廠的計畫，在此狀況中，必須將主要競爭者的反應納入考量。一家公司在結束營業前不久，剛興建完成了一座新工廠。市場上的龍頭老大，在此新工廠坐落的地區附近，正巧沒有任何生產設施，而它的主要競爭者，則在此地擁有一座工廠。這家居於領先地位的公司希望買下這座工廠，一方面因爲它需要額外的產能，另一方面，也因爲這座工廠的地緣關係，它接近一個廣大的市場，因此能爲公司省下大筆的運輸費用。然而，這家公司明白在附近擁有工廠的主要競爭者，必將全力反對這項購併計畫，十之八九，競爭者將訴諸反托拉斯法來阻止計畫的進行。我所工作的機構組成了一個小組，扮演競爭者的角色，該公司則組成另一個小組，籌畫新工廠的購併計畫。公司小組首先提出購併的提議，反制小組接著在紙上談兵，提出一份公認會令公司的提議失去魅力的反擊。

公司小組於是制定第二份更優越的提議。再一次地，我們提出了有效的反制，不過，這回我們需要更多的時間思索。這樣的程序持續進行，經歷數度交手，直到反制小組無法提出能阻擋購併計畫的反擊。這時，該公司將計畫付諸行動，接下來的時間中，競爭者彷彿照著我們的脚本行事，實際發生的狀況，恰與我們的模擬吻合。

這家居於領先地位的公司，終於如願以償地買下了這座工廠。

從效率到效能

「控制」是一把兩面帶刃的劍：它同時講求行正確的事（效能），以及以正確的方式行事（效率）。若比較以錯誤的方式做正確的事，以及以正確的方式做錯誤的事，前者所能造成的傷害顯然較小；不幸的是，若以正確的方式做錯誤的事，方式愈恰當，錯誤就愈深。就某些狀況而言，效率的提升，反而可能導致效能的降低。

前面所探討的加強控制的方法，可以讓系統以更有效率的方式運行，但無法讓錯誤的事轉變爲正確的事；加強控制的方法，只能提升系統執行既有功能的效率，若要改善系統的效能，我們必須了解系統執行這些功能的目的，並且確定系統執行的是正確的事。要將行錯誤之事、或生產錯誤的產品與服務的組織，轉化為一個走正途的組織，通常需要歷經徹底地改造。舉例而言，汽車以一個全新的概念經過重新設計之後，更能符合現代都會的交通環境（見第四章）。

設計是一個「綜合」（synthesizing）的過程。針對系統加以分析，可以洞察系統運作的方式，也就能了解在系統失靈或運作不順暢的時候，應該如何修復；知道系統運行與修復的方法（know-how），就產生了關於此系統的「知識」。知識能幫助我們提升系統的效率，但無法提升效能。要改善人造系統的效能，我們必須理解系統運作的目的；但僅是理解還不夠，必須還能了解系統運行的理由及結果（心得），以及這樣目的是否值得追求（智慧）。心得是理解系統功能的先決條件，但是唯有智慧，才能幫助我們判斷這些功能的是非優劣。因此如果有系統脫離了正途，必須仰賴智慧來指認錯誤並加以修正。智慧是渾然一體而不可分割的，因此不論多麼深入的分析，都不能幫助我們獲得智慧，導惡為正。

方法的選擇

回顧一下，當一個人或一個團體，在面對理想與現實之間的差距時，可能有四種不同的反應方式——赦免、解除、解決與解構（見第一章）。

若要增加一個人的學識與創造力，甚麼也不做（赦免）絕對比不上反覆試驗與摸索（解除）；而反覆摸索比不上進行研究（解決）；進行研究卻不如著手設計（解構）。人們在設計的過程中，得到充分發揮潛能的最佳機會，他們奉獻一己之力，透過各式各樣的設計，塑造出自己生活的世界。因此西方社會裡的人們，透過設計，執行信念中上帝的工作。人們景仰上帝，並不是爲了祂的研究或試驗，而是爲了祂所創造的事物、祂的設計成果。

當人們衡量一項設計時，會以全面的角度評估整體設計，這表示元素之間的互動關係，顯然也在評估的範圍之內。如果隨後有修正某項元素的必要，那麼這項改變對整體（以及對該元素）的影響，通常也會被納入考量。

方法的評估

組織爲了追求理想化設計所選擇的方法是否具有效能，完全取決於人們對於組織、組織的環境以及兩者的行爲，擁有多深的領悟。所謂「心得」，便是解釋現象的能力——解釋事物之所以存在的理由，以及特定方法之所以導致特定成果的原因；而解釋現象的能力，則以通曉事物的因果關係爲基礎。難就難在這裡！人們對於方法的評量，大都以方法與一項或多項成果之間的「關聯性」爲基礎，而並非以因果關係來衡量。管理與管理教育中最常見的缺失，莫過於混淆手段與目的之間的關聯性（相關與回歸）與因果關係。

當兩個變數的值往往同時上升或下降（正相關），或者當一個變數的值上升，往往同時見到另一個變數的值下降（負相關）時，我們就說這兩個變數具有關聯性。相關法（correlation）是用來衡量這類關聯性的一種方式。值得注意的是，具有關聯性的變數，不一定具有因果關係。譬如說，體重與身高是正相關的兩個變數；兩者的值經常同時上升。但這並不表示當人們增加體重，就會同時變得更高，也不表示當人們長高，就一定會增加體重。美國衛生局早期針對抽菸與肺癌之間的關係進行一項研究，他們以二十一個國家爲樣本，企圖找出這些國家平均每人每年的菸草消耗量，與罹患肺癌的人口比例之間的關係。研究發現，這兩者之間具有非常密切的關聯性，因此，衛生局導出抽菸會罹患肺癌的結論。這個結論或許正確無誤，但是衛生局的分析，並不能證明這項理論。我使用相同的資料進行研究，發現這些國家的平均菸草消耗量，同樣與罹患霍亂的人口比例相關。霍亂與抽菸的相關程度甚至更高，只不過它們之間呈現的是負相關。如果使用相同的邏輯，便可斷言抽菸能防止霍亂。遺憾的是，公佈第一份研究的醫學期刊，拒絕發表我的研究，他們認爲我在開玩笑。我承認這的確是個玩笑，但他們所發表的第一份研究也好不到哪裡。他們並未對此提出任何答覆。

彼此相關的變數之間，或許的確存在著因果關係，但兩者之間的關聯性，並無法顯示其因果關係的本質。例如，企業的銷售業績，經常與它的廣告支出呈現高度的正相關，也就是說，業績與廣告量往往朝同一個方向發展。許多人可能會根據這一點，推論出廣告能刺激業績的說法。這個結論或許正確，或許不正確，但是它所根據的資料，完全無法證明這個論點。我們可以試著比較業績與下一年的廣告量之間的關係，結果發現這兩個變數的關係更密切。使用相同的邏輯，我們可以說，業績會影響廣告支出的多寡。這個說法很可能也是正確的（而且正確的機率還更高），但是同樣地，兩個變數之間存在的關聯性，並未提供相關的證據，顯示兩者之間因果關係的本質。

經理人常受到各式「靈丹妙藥」的誘惑，卻經常在事後發現，這些以不可靠的論證爲基礎的萬靈丹，根本無法帶來它們所宣稱的效果。這些萬靈丹之所以宣稱具有這些功效，幾乎都是以觀察它們與效果之間的相關性爲基礎，並沒有研究兩者間的因果關係。許多管理大師——彼得斯（Tom Peters）是個中翹楚——所從事並且刊載於管理期刊（特別是《哈佛商業評論》）的研究，都是以下面這種不正確的方法爲基礎。他們首先假設成功的企業必須具備某些特質，然後選取一組堪稱成功的企業，爲這些能導致成功的特質提出例證。他們也會選取另一組不太成功的企業，然後指出這些企業並不具備作者所假設的成功特質。於是，這些成功企業的成就，得歸功於具備這些特質，而不成功的企業，也應將失敗歸咎於這些特質的匱乏。這種研究方法簡直荒謬！

假使我們挑選二十五位成功和二十五位不成功的生意人，發現成功者所穿的西裝價格都超過美金四百元，而不成功的生意人，則穿著較廉價的西裝。我們可以由此導出一個結論——那些成功的生意人之所以較有成就，是因爲他們穿著昂貴的西裝。這個邏輯與充斥於管理文摘的研究方法異曲同工，但大多數經理人並未洞察其中的因果關係，因此在不知不覺中受騙上當。彼得斯一開始用來展現卓越特質的公司，有許多在後來的進展並不理想。這項事實應該能讓彼得斯放棄他的理論，但恰恰相反，他與其他類似的學者，仍不斷地從特定特質與成功之間的關聯性，持續地發展出不正確的理論。

對於因果關係的一點點認知，足以抵過一牛車關於相關性的知識；附錄二很詳盡地提供了一個恰當的範例。要確認現象的因果關係，少不了進行實驗。沒有幾個經理人了解實驗的邏輯；他們應該試著了解，而要學習這類邏輯，可以參考本人的著作（Ackoff, 1962，第十章）。

方法規劃就整體而言，應該以下面幾個層面進行評估——它是否能縮短組織現狀與理想化設計之間的距離、是否能防範闡述混局時所發現的危機，以及是否能夠掌握契機，創造出理想的未來。組織應以全面性的角度，評估規劃出來的方法與目標這整個組合，是否能滿足使命宣言中所提出的承諾。

結論

手段與目標，就好像是銅板的正反兩面，雖然可以分開來審視與探討，卻是無法分割。此外，所謂的手段與目標，其實是一種相對的概念，可以隨著時間的長短而互相交替。在夠長的時間範圍內，每一個目標都是達成另一個目標的手段；而如果時間範圍夠短，每一種手段其實也是一個目標。

舉例來說，你問一個準備出門的業務員打算往哪裡去（方法），他說他打算去買一台桌上型電腦（目標），你問他為什麼需要電腦，他答道電腦可以幫助他以更完善的方式，保存業務拜訪的紀錄（目的）。如果你問他為什麼希望保持更完善的紀錄（方法），他或許會回答這能提高業務拜訪的效能（目的）。這一連串的問題與答覆（方法與目的）可以持續進行下去，直到其中一方失去耐性。還記得杜拉克曾經說過，甚至連利潤都可視爲一種手段——利潤之於企業，如同氧氣之於身體，是生存的必要條件，卻不是生存的理由。這段話充分地反映在比爾斯（Ambrose Bierce）對「金錢」鞭辟入裡的定義——金錢對我們沒什麼好處，只有當我們與金錢分離時例外。

更進一步地說，任何存有慾念的人，都以擁有心想事成的能力（也就是無所不能）爲終極目標；即使那些希望心中一片清明、不帶任何雜念的人，也都希望自己能夠擁有進入涅盤的能力。然而就這份理想而言，目標與手段其實是沒有界線的；「無所不能」不僅是人類的終極目標，也是達成任何目標最終極的手段。我將在第十三章深入地探討這一點。

目標若非正面的——我們期待的事物，就是負面的——我們不希望發生（因而亟待避免）的，或是已經存在卻除之而後快的事物。要獲得我們所期待的事物，經常得先除去障礙，而障礙就是由我們所不希望見到的事物所構成。例如，在董事會成員尋求共識（目標）的過程中，即使是一小張反對票，都構成了一大障礙。要達成目標，董事會必須試圖說服持反對意見的人，或免除他投票的資格；這樣的手段，就成了董事會的短期目標。另一方面，有時我們期待某些事物，是因爲它們能幫助我們去除某些令人憎惡的事物；裁定競爭者違反壟斷法的法院判決，就是一個例子。純粹的衝突（並非隱含在競爭之內的衝突）經常是追求目標的一大障礙，我在本章提出了化解這類衝突的方法。

我之所以說目標與手段是相對的概念，還有另一個理由。有時候，某些方法本身，至少會爲我們帶來一部分的價值（因此，方法就成了目標），特別是牽涉到審美觀時尤然。例如，不論是紅筆、藍筆、綠筆或黑筆，寫出來的字都一樣清晰可讀，然而大多數的人都有自己的偏好。組織對色彩也有偏好，例如ＩＢＭ偏好藍色，而麥當勞則偏好紅色。每種手段都有某些正面或負面的美學價值，或許這正是人們偏好特定手段的原因。

我們享受聆聽音樂，或觀賞我們所選擇的戲劇與電影，並非因爲它們的工具性價值，而是因爲它們所能帶來的樂趣；這些休閒活動本身，就是一項目標。對事物「本身」的偏好，與人們的風格有關。所謂「風格」，是由個人或組織所有與效率無關（非工具性）的偏好融合在一起的集合。爲了了解組織，並且爲組織進行有效的規劃，人們必須了解它的風格，這和了解組織文化的其他層面一樣重要。組織拒絕執行某一項能達到目標的手段，經常是因爲這個手段不符合組織的風格。

某些企業在總部的辦公大樓陳列平面或雕像藝術；辦公大樓的設計，幾乎不能避免美學上的特徵。這麼做的動機並非工具價值上的考量，而是與美學上的價值有關。當然，一項物品或事件或許能夠同時具備手段與目標上的價值，例如一張經過特殊設計的椅子，不論做爲藝術品或做爲供人休憩的地方，都有它的價值。服飾與食物也是很好的例子，它們通常同時兼具工具性與美學上的價值。

除了美學價值之外，手段的選擇也經常與道德價值有關。例如，殺人或許是去除障礙的有效方法，但對於大多數的組織與個人而言，這是一個不可行的作法。同樣地，操縱物價或竊取競爭者的發明，也經常是違反組織倫理的禁忌。

總歸地說，選擇追求目標的方法，不只是效率的問題；美學與道德價值的層面，也是組織與個人不可避免的考慮因素。

在方法規劃的過程中，爲了選取效率與效能兼備的方法，不光是在既有的方案中進行抉擇，有時也需要創造出前所未見的方案。正如第五章所陳述的，理想化設計能釋放組織的創造力，勾勒出一個振奮人心的企業願景。不過，當針對追求願景的方法進行選擇，創造力也扮演了相當重要的角色（創造好的謎題與解謎，都需要具有創造力）。因此，方法的選擇並非光仰賴研究與常識判斷，它也是一項設計的工作。還記得司機與車掌之間的摩擦導致的問題吧！原先考慮的種種方案都不足以解決問題，但運用創造力，重新設計巴士系統之後——讓車掌在尖峰時間內於停靠站工作，難題便迎刃而解。這類創造性的解決方法，很可能導致組織修正其理想化設計。舉例來說，由於車掌在尖峰時間內，必須在各個停靠站工作，公司很可能因而爲車掌與等車的民衆，設計興建能夠擋風遮雨的棚子。

最後，讀者應該謹記在心，方法規劃的目的，在於縮短現實與理想之間的差距；而構成這些差距的問題，經常是盤根錯節的，很少能獨立存在。因此解決問題的方案，也自然而然地會以系統化的方式交互作用。當選擇縮短差距的方法時，必須將這些交互作用納入考量，特別是它們對組織整體績效的共同影響。

儘管如此，有些問題似乎可以單獨處理；它們的解決方法看來不會造成額外的影響。這些問題，正是作業研究與管理科學主要的研究對象。然而，這些問題與解答的獨立性，經常是虛幻不實的假象。想想下面這個問題：當超級市場內的顧客達到特定人數時，超市應該開啓幾個結帳櫃檯？若將這個題目視爲獨立的問題，那麼它的解答，就是在櫃檯的營運成本，與等候時間過長導致顧客流失而造成的損失之間，所找到的平衡點。然而，流失顧客的機率（以及因而造成的損失），與其他因素有很大的關聯。譬如說，如果超市內同時提供銀行服務、藥局與外食區，那麼走一趟超市就能買齊所有東西，省下來的時間，可能讓顧客心甘情願地在結帳櫃檯前大排長龍。

評估方法規劃的主要標準，在於選定的方法是否足以處理混局——是否能夠化解危機，並且充分掌握混局所揭露的機會。這個層面的規劃，也應以使命宣言爲評估標準，看看它是否能幫助企業完成該宣言中所提出的承諾。

7

資源規劃：追求理想必備的條件

利潤是企業的一種手段而非目標

有一項單一指標

可衡量企業整體或獨立部門之績效

就是，企業或部門能夠出售的最高價格

所以任何資源價值的衡量

都應以此精神爲依歸

人力並非資源，而是資產。

——戈登

執行方法規劃中選定的方法，必須使用種種資源。企業通常需要投注五大類型的資源：

1.資金

2.廠房與設備（資本財）

3.人員

4.消耗品（原料、日常用品、能源與服務）

5.資料、資訊、知識、心得與智慧

而針對每一種資源，組織必須思索下面幾個問題：

1.將在何時、何處需要多少資源？

2.在指定的時間與地點，將會有多少資源？

3.如何處理資源過剩或短缺的問題？

無庸置疑地，計畫所需的資源與實際可得的資源，在數量上幾乎從來不會一致。兩者之間的差異通常相當龐大，經常使得組織必須因此而修改計畫。如果實際可得的資源，超過計畫所需的數量，那麼組織若不願意棄置多餘的資源，就得修正計畫，增加該項資源的使用程度。另一方面，如果計畫所需的資源，超過實際可得的數量，那麼組織也得修改計畫，若非設法取得更多資源，就得減少計畫中該項資源的用量。由於資源的供給與需求，幾乎從未呈現理想的平衡，因此組織的資源規劃，通常是一件持續性的工作。還記得在第三章裡，我提到百威啤酒公司的案例，該公司原本只打算增建啤酒釀造廠，卻因而開啓了一連串籌措資本與利用剩餘資本的規劃工作。

這一類的循環，正是規劃工作必須持續進行的主要原因之一。一份計畫書，好比是擷取自電影的一個停格畫面——以計畫書作爲衡量整體動態規劃過程的基礎，就如同以停格畫面評估一整部電影一樣地無稽。

現在，我將詳述每一種資源的規劃過程。

財務規劃

利潤的創造與追求，曾被視爲企業理所當然的唯一目標。許多人仍然這麼想。不過時代變了，如今在一般人的觀念中，利潤是企業的一種手段，而非目標。

因此，組織應將財務狀況視爲衆多資源中的一項；必須闡明企業生存必要的財務狀況，如同面對執行計畫所需的其他資源一樣。在闡釋企業必要財務的狀況，通常會使用許多經濟衡量指標。例如，企業必須有正的現金流量，否則無法永續經營；如果企業的資本報酬率，無法高於籌措資本的成本，企業的健康與成長將如同癡人說夢；企業的信用等級與其資本報酬率息息相關，但也同時取決於其他財務績效的評估方式。

企業需要進行的工作，是制定能滿足企業生存與計畫執行的最基本財務狀況。而要進行這項工作，必須先建構一套財務模型，幫助組織預估財務指標在一連串的假設狀況與決策之下的表現。圖7.1呈現這類模型的基本架構，模型本身的流程圖，則分別以圖7.2a、7.2b以及7.2c表現。這個模型是歷經長期演變的產物，當初發展這套模型的公司，目前仍使用它來進行財務規劃。

企業在這類模型的輔助之下，能夠預估不同決策在財務上的成果，以及大體經濟環境的改變，對企業財務所產生的衝擊；因此，企業得以制定出比以往更優越的財務決策。事業範圍涵蓋海外市場的企業，顯然必須具備更加複雜的財務模型；一般而言，匯率、相關國家的通貨膨脹率、關稅以及資本外流的限制，都是需要考慮的因素。

企業對於重大議題所欠缺的知識，會在建構財務模型的過程中曝露出來。同時，企業財務研究專案的發展，必須以此爲基礎，設法改進模型預估重大財務指標的能力。模型的改良與所有規劃工作相同，也應該是一個持續的過程。

有一項單一指標，可以用來衡量企業整體，或者企業內部獨立部門的財務績效——那就是企業或企業部門能夠出售的最高價格。我所指的並非企業在股市中的價值，而是企業決定退出市場時，所能賣出的價格。當企業遭到其他公司購併，買方圖的並非企業過去的表現，而是它的潛力——也就是企業未來的潛能。買方預期在購併之後爲企業增加的價值，一部分反映在買方訂出的價格之中。正是因爲這樣的預期，買方才願意溢價收購。估計企業的價值

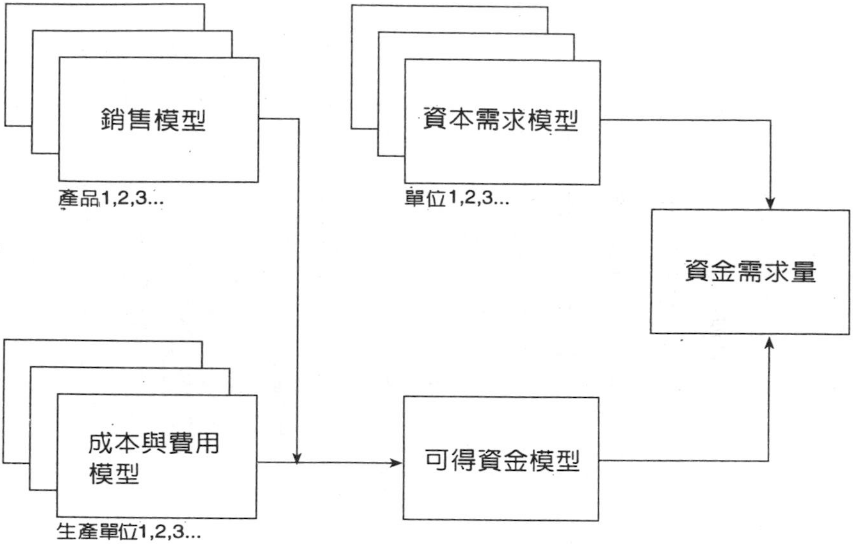

圖7.1　典型企業財務模型的簡圖

（姑且不論買方所能增加的價值），是迪倫理德（Dillon Reed）、所羅門兄弟（Solomon Brothers）與波士頓第一國家銀行（First National Bank of Boston）等公司的專長，也是一般公司聘請這些專家的目的。然而，這些顧問所使用的預估程序，沒有哪一項是公司本身無法做到的。

企業潛在售價在特定時間內的變化，是一項用來衡量企業財務績效的有效指標。值得注意的是，這項指標與獲利能力之間的關係，不必然呈正向的關聯性，至少在短期之內不必然如此。企業可能在增加短期利潤的同時，破壞了公司的潛在身價；削減廠房與機械的維修費用，或放鬆對產品品質的要求，都是這類短視近利的作法。另一方面，公

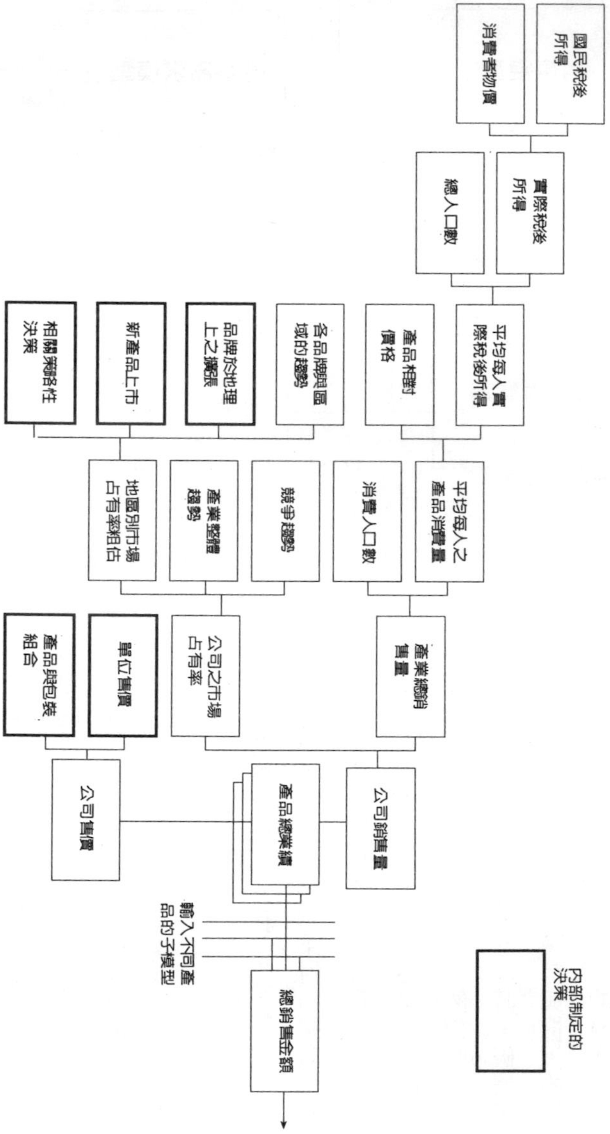

圖7.2a　典型的單一產品銷售模型

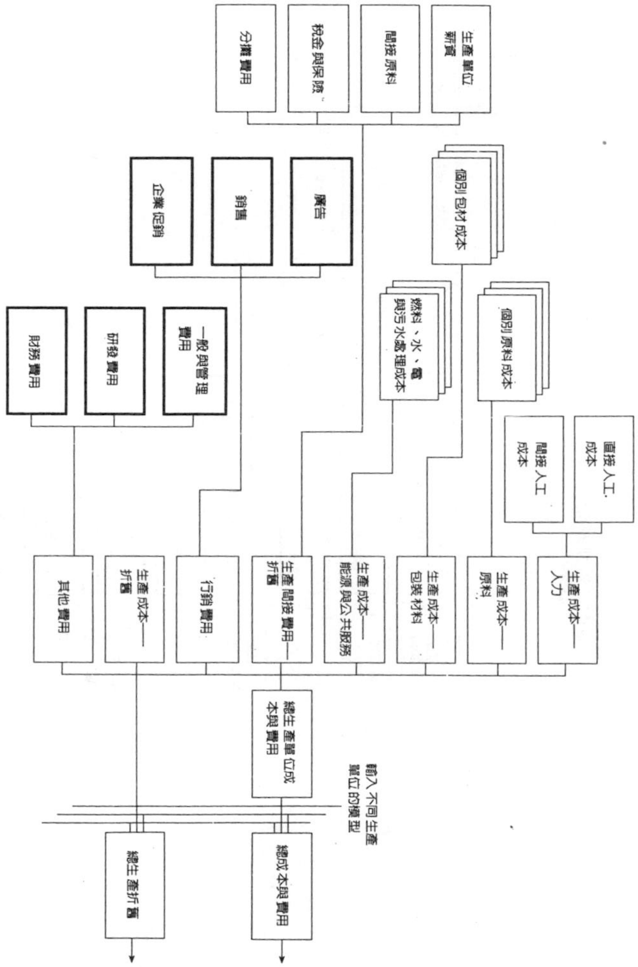

圖7.2b 典型的成本與費用子模型

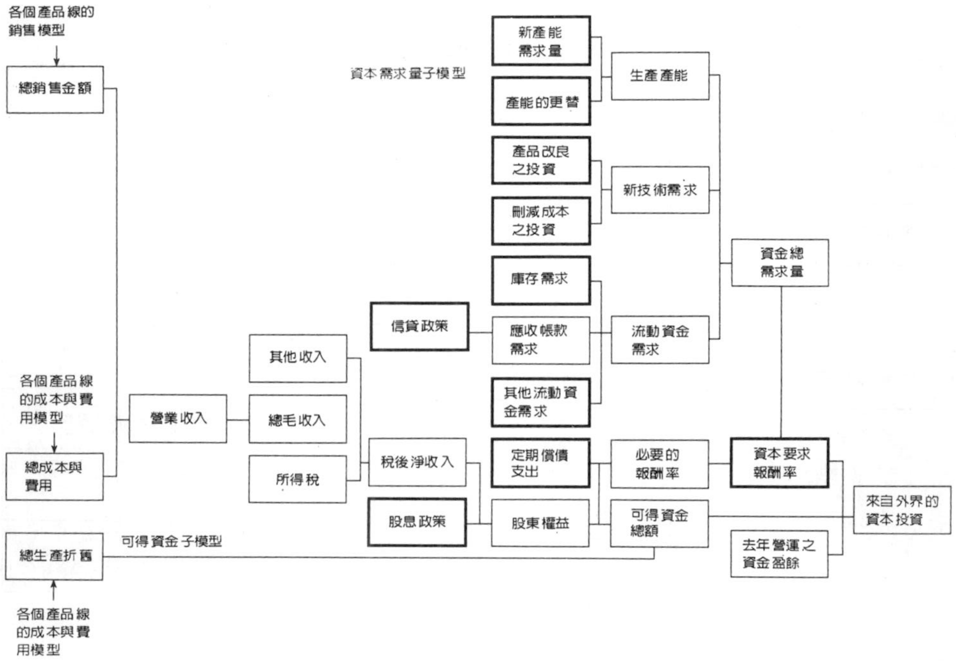

圖7.2c　典型的資本需求與可得資本量子模型

司若為了提升整體能力而耗費大筆資金，或許會造成當年的財務赤字，但它的潛在身價卻非常可能因而上漲。在另一個類似的例子中，某家公司由於積極開拓海外市場而造成短期利潤的下跌，然而，在潛在購併者的眼中，這家公司的價值卻因此而提升。

以潛在售價來衡量企業的績效，也是目前用來評估企業解體價值的方法之一。如果分別脫售企業的各個子單位，所得的價值高於企業整體出售的價格，就表示企業各個單位之間呈現負的綜效，因此就應該讓企業解體。如果整體的價格高於分別銷售各個單位的價格之加總，就表示企業內部具有正的綜效。如果隸屬於大型企業的一個獨立單位，能在脫離企業之後搶占更大的市場，就應認眞地考慮自立門戶；下面這個個案就是很好的例子：

一九八〇年代初期，克拉克設備公司的財務吃緊，情況窘迫。它的一間子公司也因此而蒙受池魚之殃。這家子公司負責信貸業務，專門貸款給克拉克的經銷商，幫助他們購買克拉克的大型貴重機械。子公司的借款利率因爲克拉克的信用等級不良而大受影響，因此克拉克決定放手，讓它成爲獨立的公司。如此一來，新公司獲得比母公司更高的信用等級，能夠以較低的利率籌措資金，因此能提供更低、更具競爭力的貸款利率，幫助刺激克拉克的銷售業績。它同時能夠自由地替其他公司提供信貸業務，獲利能力因而大增。克拉克也因其顧客得到更低的貸款利率，並且因持有這家公司的部分股權而受益。

資本支出

為了追求最接近理想化設計的可行方案，企業需要哪些新的設施與機械？現行的廠房與設備需要進行多大程度的替換？需要多大程度的更新（現代化）？這一類的問題，正是資源規劃在此層面需要探討的議題。針對各項資本支出的需求，企業經常進行個別的分析研究，並以預估的投資報酬率作為決策的基礎。企業通常會預先設定所謂的「要求報酬率」(hurdle rate，或稱障礙率)，這是投資報酬率的最低門檻；一般而言，報酬率低於此門檻的專案，便會遭到駁回。這或許是一項嚴重的錯誤。

某些投資專案，或許在單獨評估時無法產生高於要求報酬率的報酬，但若將它視為一連串具有互動關係的投資之一部分，也許能幫助整體投資決策達到相當優渥的報酬。舉例而言，用於提升工作生活品質的投資，例如新的員工餐廳、更新穎的更衣室、公司內部提供員工優惠價格的商店等，或許投資本身毫無利益可言，然而員工工作生活品質的改善，能夠大幅提升企業產出的質與量，其效益遠遠超過投資的資金。投資的互動效果，重要性遠大於專案的個別成效。因此，即使一項單獨看來頗為有利的投資，也可能在與其他專案互動之後導致不良結果。

目前有一個尚在萌芽階段的趨勢：企業為了滿足消費者需求而需投注的資源種類，將因為它而產生重大的變化。這個趨勢，便是提供根據顧客獨特規格而製造的產品。未來將不再有一模一樣的汽車、家庭視聽產品，或者出現如出一轍的兩幢房屋。這象徵企業對彈性的需求將愈來愈高。在成本上，具有彈性的機器設備甚至員工，一開始可能所費不貲，但就長遠的角度而言，投資於缺乏彈性的設備，可能得付出更高的代價。

例如，由於大多數大專院校的建築，在設計時都假設大樓將維持同樣的面貌與格局，因此每隔幾年，就得耗費鉅資進行改建。如果它們的設計理念與許多新辦公大樓相同，假設經常需要重新裝潢設計，那麼這些無可避免的改變，將能以更節省經費的方式完成。機場是另一個例子；大多數機場都歷經持續不斷的改建，然而每一次的改建設計，都以爲將與金字塔一樣地亙古長存。相反地，劇院舞台的設計，就以方便持續修改爲原則，因此舞台設計的替換工作，既簡單又相對地較爲便宜。會議中心與展覽大廳的設計也是一樣。電腦化控制的生產設備，已努力地縮短轉換產品所需的準備時間，逐漸朝連續生產不同產品的目標邁進。

人力資源

企業一再地強調，員工是公司最有價值的資源；然而，企業使用員工的效率，通常低於其他資源的利用率。由於二十世紀以來，員工的品質與能力得到長足的進步，而企業管理、組織與使用員工的方式卻仍停滯不前，因此員工時間的濫用與才能的埋沒，已達到相當驚人的浪費。大體上，企業仍將員工視爲機器的替代品，在無法取得機器，或者使用機器的成本過於高昂時，員工便是最佳的生財工具。爲人力資源設計更具生產力的管理、組織與利用的方式，是第九章到第十一章的主題。在此，我僅就影響資源需求多寡的範圍內，探討使用人力資源的方式。

表7.1能幫助企業進行人力資源規劃，不過，此表以企業用人的效能並未改善的假設為前提。

人員的供給與需求

在我們估計資源（包括人力資源在內）的需求量時，常會不知不覺地假設，資源的供給量與需求量將呈等比例的成長。許多情況之下，這是一項錯誤的假設。例如，奇異電子為其照明部門進行的一項研究發現，業務員拜訪客戶的次數成長了一倍，然而業績雖然出現成長，但並未加倍；當業務員拜訪客戶的次數再度呈倍數成長，業績成長的幅度就更小了；拜訪次數更進一步的增加，已無法為業績提供任何幫助，反倒造成業績的衰退。顧客對奇異業務員的拜訪不僅達到容忍的極限，甚至還產生反感，開始以負面的態度回應。我與安蕭夫的研究（Ackoff, Emshoff, 1975）指出，廣告量的持續增長，也會產生類似的效果。想想看，對於在每個電視廣告或者廣告看板上出現的商品，你會作何感想？

回想一下墨西哥市的交通問題（第五章）；交通供給量的增加，同時也導致了需求的增加。如同交通問題，在許多案例之中，因增加供給而刺激的新需求量，通常大於原本的需求量；因此，即使原先的需求獲得了滿足，也無濟於事。供給與需求之間的關係，是資源規劃

表7.1　人力需求計畫表

年 ________

員工部門別		P1	P2	. . .	Pn	總人數
年初員工人數 (a)						
該年離職人數	開除					
	辭職					
	退休					
	總人數(b)					
轉出至其他部門的人數	P1					(j)
	P2					(k)
	. . .					(l)
	Pn					(m)
	總人數(c)					
轉入人數 (d)		(j)	(k)	(l)	(m)	
年終可得員工人數 (e)=(a-b-c+d)						
年終員工需求人數 (f)						
需要增加或刪除的人數 (g)=(f-e)						

中的一項重要議題；然而對人們而言，多數資源的供需關係仍然神秘難解。雖說如此，人們卻經常對供需問題大放厥詞，不過這些見解經常互相矛盾。在資源規劃的過程中，組織應進行更多的相關研究，力圖了解供需關係的本質；這類研究是所有研究活動中收益最豐富的一種，特別當研究內容涉及人力資源的問題時，收益更是驚人。

不問成果、只求盡可能地增聘人手的傾向，是許多組織都存在的現象。造成這種現象的原因，在於組織單位若缺乏客觀的績效評量方式，往往就會以單位預算的多寡，判定此單位在組織中的重要性。而該單位的員工人數，正是影響預算多寡的一大因素。如同前文曾經討論過的，一旦冗員過多便會導致官僚文化，還連帶會出現阻礙組織運作的「打發時間的工作」。

在高度競爭的市場，組織爲了生存，勢必得了解供給與需求之間的關係；如果沒有更好的方法，組織也會透過不斷地摸索，試著推敲出供需關係的部分特質。這正是組織與國家都應採行市場經濟的一大因素。市場經濟的設計，將是第十章的主題。

企業經常對於人員供給量與其產出之間的關係一無所知；這樣的無知，正是造成目前裁員風潮盛行的一大元兇。我將在第十二章探討，裁員無法收到效果的原因，並且指陳企業裁員的不負責任心態；此外，我也將顯示裁員無法解決人力過剩的問題，並提出避免或化解這類問題的方式。

工作說明書

工作說明書往往會讓員工綁手綁腳，反而無法發揮他們與工作相關的才能。企業應該停止由當事人之外的第三者，為員工制定他們的工作說明書。相反地，企業應讓員工明白他們在組織中的地位與責任，並讓員工透過徹底的觀察，決定他們應當進行的任務，並以此做為工作說明書的基礎。員工應負責將他們見到尚未獲得滿足、同時員工無法獨立滿足的需求，呈報相關人士。他們也應設定自己的發展計畫，幫助自己獲得實現抱負的能力。這已脫離工作說明書的範圍，而屬於員工的個人計畫。員工應與直屬上司以及同儕討論其個人計畫，並採納意見進行修改。在員工的同意之下，企業應尊重並使用這些計畫。然而，計畫必須能夠隨時調整，以反映工作環境需求的變化，以及員工能力與抱負的改變。

當艾勒卡田納西分公司的員工，對於其工作本質享有更高的自主能力之後，兩名負責製作鋁片的工人，稍微修改滾筒銑床的運作方式，為公司省下大筆的成本。我親自前往工廠，向他們表達道賀之意。我在談話過程中，詢問他們在多久以前發現這個改善營運的方法，他們顯得相當遲疑，但終究回答了我的問題：「十五年前。」我大感驚訝，並詢問他們為什麼現在才決定採取行動，他們回答道：「那些該死的傢伙從來不曾要求我們這麼做。」

人們往往會實現我們對於他們的期望；如果期望較低，他們的表現也會較差。如果我們期望看到惡劣的行爲，通常就會受到惡劣的對待；但假若我們期望、並且試圖促進創造性與建設性的行爲，我們也有同樣的機會見到這些表現。例如，大多數的教授都知道，學生在考試中作弊的機率，與他們表明必將會見到作弊行爲的態度成正比。

組織層級與管理幅度

我發現組織上層與底層的經理或領班，通常需要管理爲數衆多的部屬，而中間管理階層的管理幅度卻很小。我曾有機會爲一家公司進行研究，發現該公司管理階層掌管的部屬人數，平均值只稍微大於三。由於許多中層經理都只有一位或兩位部屬，因而將公司的整體平均值拉了下來。這樣的管理幅度顯然效率不彰，我決定探究此現象的根源。我發現造成此現象的原因，通常是因爲想要替某些員工加薪，然而他們的薪資已達到其職位階級的上限，唯一的辦法，就是讓他們晉升爲管理階級。而爲了讓他們成爲名副其實的經理，就必須替他們分配一兩位部屬。

由這個案例可以了解，薪資不應完全取決於階級、職稱；員工的薪資，應該以他們對公司的價值爲計算基礎，而非以階級而定。**若要評估員工對公司的價值，可以想想若是此員工爲了其他更好的機會而提出辭呈，公司願意付出多少代價挽留他？**公司應以此問題的答案，而非以職稱決定員工的薪水。

組織內的管理幅度愈小，管理階層的層級顯然就愈多。日本企業的管理幅度是美國企業的兩倍以上，由此可知，美國企業內的經理人數往往過多。**如果管理者的部屬人數少於五人，就應該仔細考慮增加他的責任範圍**。組織內的層級愈少，垂直的互動關係就會愈密切。假設組織內平均管理幅度爲八人，那麼只要五個層級，總員工人數就幾乎達到三萬三千人，若有六個層級，總員工人數便會達到二十六萬兩千人。

一個經理人能夠有效管理的部屬人數，取決於部屬活動的相異程度。如果所有部屬的功能完全相同，並且都能夠獨立作業(例如處理訂單的職員)，那麼一個經理人能夠管理的人數，就可能相當地龐大。另一方面，若是部屬的功能差異性很高，同時彼此之間具有很深的互動關係，那麼七、八或九名部屬就差不多了。一位主管能夠有效地協調十位以上從事不同活動的部屬，是非常罕見的。米勒（Miller, 1956）的研究指出，一位主管最多只能同時思考七項具有關聯性的不同活動，異常傑出的經理可能可以同時思考九項活動，至於略遜於一般人的經理，就只能同時思考五項活動了。

消耗品

每個組織都會耗用一些如原料、能源與服務的消耗性資源，這些資源的供應者，可能來自組織的內部或外部。在過去的觀念中，大都認爲最好由公司內部，供應組織所需的消耗性資源；在進行垂直整合時，「控制」的重要性，遠遠超過對成本的考量。然而，就許多消耗性資源而言，企業內部愈來愈不容易取得與保留具有成本效益的供應能力，而消耗性資源成本的上漲，已危害了企業的競爭能力。這是由於在並非以銷售消耗性資源爲主的企業裡，提供此類資源的員工通常沒有晉升的機會。專門供應消耗性資源的企業，通常能夠比一般公司更有效率地生產此類資源，所以它們的成本較低，品質也較爲完善。因此對許多企業而言，「外包」已成爲一個重大的議題。

伊士曼柯達發現公司無法吸引或留住電腦相關人才，爲組織提供必要品質與數量的電腦相關服務。這些電腦人才毫無機會晉升至柯達的最上層，他們必須在一個無形卻無法變通的玻璃天花板下工作。柯達內部電腦服務部門的主管在遭遇這個問題之後，決定與IBM協商，共創一個合資企業，接管柯達所有的電腦相關任務與人員。如此一來，具備電腦才能的員工，便有機會爬升至IBM的上層。這家合資企業以更低廉的成本，提供了更完善的服務。

除了外包之外，還有另一個增加競爭力的方法。如果公司允許供應消耗性資源的內部單位，向外銷售其產品或服務，此單位必將強化其競爭力，以期與外部的競爭者抗衡。此單位若足以在競爭環境中存活，就表示它能夠以具有成本效益的方式，爲組織內部提供資源。火星糖果公司（Mars）的英國分公司，允許其市場研究部門爲外部顧客提供服務，就是一個很好的例子；市場研究部門因此能以更低的成本，提供品質更好的服務，組織內部也隨之受惠。

許多大型製藥公司，允許其業務代表在拜訪醫生客戶時，攜帶其他公司製造的非競爭性商品。由於這種作法減少醫生們不得不會見的業務代表人數，因而得以降低公司的銷售費用，並且提升業務人員的銷售效能。

企業與資源供應商，特別是提供服務的供應商簽訂的合約，通常都會保證讓供應商做出違反企業利益的行爲。例如，當廣告公司的佣金以顧客廣告經費的百分比計算，那麼不論成效如何，廣告公司爲了追求自身的利益，必將力求增加企業的廣告量。廣告的效果愈難以分析，愈能保障廣告公司的利益。由於企業多半不了解廣告與銷售業績之間的關係，廣告公司必須鼓動其如簧之舌，大力向企業推銷其服務，大部分時候廣告公司說服企業的能力，都高過他們幫助企業說服消費者的能力。企業與廣告公司簽訂的合約，大都使得廣告公司在實質上成爲廣告媒體的代理商，而非幫助企業追求利益的代理人。要解決這個問題，廣告公司的佣金，應以廣告量維持不變時，銷售業績增加的幅度，或是在不傷害業績的情況下所節省的廣告經費，做爲計算基礎。

一般而言，以「成本加成」法爲定價原則的契約——所謂「加成」，是指加上成本的某個百分比——都會違反買方的利益；這是由於供應商的利潤，會隨著成本的上漲而增加。合同的內容，應以恰好相反的方式訂定。比方說：

當我爲自己與家人建造房屋時，我將房子的設計與施工藍圖寄給好幾家建築包

> 商，邀請他們競標。在收到標單之後，我要求與標價最低的投標人會面，提議以下面的方式訂定合約。首先，我必須知道他在計算標價時所預估的利潤，我會在簽約當場開出支票，支付這筆金額。接著，我會負責處理所有與工程相關的帳單，如果總成本高於他所預估的造價，他就不會得到額外的報酬；不過，總成本若是低於預估的造價，我將與他平分所有節省下來的金額。他覺得合約的條件極富吸引力，便欣然接受。
>
> 工程實際花費的成本，比他所預估的低了好幾千塊美金，我也依約與他平分這筆金額。

與供應商分享節省成本的利益，對企業總是有好處的，因爲這種作法能夠刺激供應商提供更好的服務，改變他們以犧牲顧客的權益，來換取自身利潤的作法。

壟斷市場的供應商，若非受到政府的管制與約束，便能夠橫行無阻；然而政府機關通常將這些壟斷者的福利，放在人民的福祉之上；公用事業就是最好的例子。此外，如果企業只採用一家供應商，並且傳達出不願意另闢供應來源的態度，就會讓供應商具有實質上的獨占地位。正因如此，對於任何用量龐大的資源，企業最好與至少兩家供應商保持關係。如果市場上確實有其他供應來源，但企業卻因種種原因無法向兩家以上的供應商購買，比較合宜的作法，便是簽訂需要經常重新談判的短期契約。

與重要供應商形成策略聯盟，對買賣雙方都有好處，特別是當供應商能夠深入觀察顧客的營運，藉以尋求改進服務的方式。反過來說，基於同樣的理由，顧客也應能夠獲准深入了解供應商的營運。一般而言，供應商能爲顧客提供的幫助，與顧客能帶給供應商的幫助不相上下。

資訊＋

爲什麼要放上「＋」？我們往往以「資訊」一詞，將人腦的所有內容物混爲一談。這是相當可惜的事，因爲這種籠統的說法，無法傳達人腦內不同的內涵：包括資料、資訊、知識、心得與智慧，它們在本質上與價值上的重大差異。我將在第八章詳細說明這一點，並且敘述能幫助蒐集、保留、使用與重複利用這些資源的「學習與調適支援系統」。

在此，我想要探討一個普遍存在的信念，那就是相信管理資訊系統（ＭＩＳ）的開發與操作，能提供決策者所需的所有資訊，包括計畫的執行狀況。在此信念之下，傳統的企業規劃，通常會包含ＭＩＳ系統的開發（如果公司尚未擁有ＭＩＳ系統），或是ＭＩＳ系統的改良（如果現行系統已存在）。然而，眾多調查研究再三顯示，大多數ＭＩＳ系統都沒有發揮效果，無法實現當初發展的目的。造成這些系統失敗的原因，是一項關係重大的議題，然而大多數經理人對此卻渾然不覺；即使他們知道原因，也往往視若無睹。一般而言，不熟悉電腦與通訊科技的經理人，通常在評估這些設計與操作系統的技術人員時，態度多有保留。這些經理人對於自己的無知感到汗顏，他們也的確該反省反省。

有關資訊的錯誤假設

關於MIS系統的設計，有五種常見的錯誤假設。其中任何一項便足以使系統紕漏百出。然而我所見過的MIS系統，大都同時存在好幾項的錯誤假設。

經理人需要所有可以得到的資訊。企業普遍假設決策者最主要的資訊需求，是獲取更多的相關資訊。這是錯誤的觀念；他們最主要的需求，是減少非相關資訊的氾濫。由於傳播媒體的日新月異以及資料量的暴漲，資訊超載已是司空見慣的現象，資訊不足的問題反倒較不常見。而隨著超載問題愈來愈嚴重，人們實際使用的資訊量往往因而遞減。例如在凱斯理工學院爲美國國家科學基金會所進行的一項研究（Ackoff、Martin, 1963）中發現，如果化學家將所有閱讀時間用來閱讀論文摘要，他們大約只能涉獵所有化學文獻的百分之二。當一個人無法針對他所感興趣的領域，進行鉅細靡遺的探索，他會試著以取樣的方式擷取精華；然而若是他所能涉獵的範圍太小，因爲不具代表性，就可能索性放棄整個領域的研究。專業化於是成了必然的趨勢。正因如此，許多人的知識量愈來愈豐富，然而知識領域的範圍卻愈來愈狹窄。

通才是即將絕跡的族群，不過企業正需要通才來擔任大型複雜系統的經理人。企業在新興的全球經濟中屢嚐敗績的原因，至少有一部分是因爲經理人缺乏在大海（主要由非相關資訊構成的資訊海）裡撈針（尋找相關資訊）的能力。因此，我們的社會系統以及在其中運作的組織負責人，迫切地需要**非相關資訊的過濾以及相關資訊的濃縮**。我曾參與的研究，可以進一步證實這個論點：

許多年前，我在凱斯理工學院的幾位同事，和我一同進行了下面這個實驗。我們找出過去六個月以內，在五大專門探討作業研究的英文期刊中，刊登過的一百多篇論文。我們將這份名單，寄給散居在世界各地、能夠讀寫英文的作業研究學者，這一百多位學者，都是我們相當熟悉的好朋友。我們請他們針對名單上的每一篇文章，指出自己是否曾經讀過；如果曾經讀過，就請他們以優秀、普通與需要改進等三個等級，評估該篇論文的品質。就名單上的每一篇文章，我們大約收到三十五份評估報告，其中只有四篇論文獲得一致的推崇，學者們毫無異議地認爲這四篇文章極爲優秀。我們將這四篇文章，連同學者們一致認爲需要改進的六篇論文中的四篇，選爲進一步研究的材料。

接著，我們聘請專業的科學論文作家，幫助我們縮短這八篇文章的長度，同時盡可能保留內容的完整。他們依規定只能進行刪減，不得添加一字一句。我們並未說明這些文章的來源，也沒有交代實驗的目的。他們首先刪掉三分之一，然後再削去一半，僅剩下文章原來三分之一的長度，然後再將文章精簡爲不超過兩百字的摘要。此階段的工作完成後，我們的八篇文章——其中四篇原被評爲優秀，另外四篇則需要改進——各有四種不同的長度，分別是原文的一〇〇%、六七%、三三%與二%。

正當專業論文作家大力刪改文章之際，我們要求各文的作者，針對該文準備一份能夠客觀地以零到一百評分的試題。同樣地，我們也沒有說明實驗的目的，僅告訴他們這些試題將會用來評估研究所的學生，對文章內容的理解程度。很幸運地，所有作者都同意合作。

接著，我們進行了精心設計的實驗，在大樣本中的每一位研究生，都被要求閱讀四篇他們從未閱讀過的文章，每個人拿到的文章長度也各有不同。隨後我們根據學生們閱讀的文章，分發由作者準備的試題。

就四篇優秀的文章而言，原文、六七%與三三%這三個版本的平均測驗分數大致相同，然而，只閱讀了摘要的學生，平均分數卻大幅滑落。這表示即使是常被視爲相當精簡的科學論文，也能夠在不失去內容的情況下，刪掉至少三分之二。

同樣地，就四篇有待改進的文章而言，除了摘要之外，其他三個版本的平均分數也不分軒輊。然而令我們驚訝的是，僅閱讀摘要的學生，測驗成績明顯地高過閱讀其他版本的學生。**這表示對不良的文章而言，最理想的長度是零。**

從這項研究可以得知，企業與其投注大量人力物力於產生並傳達更多的資訊（正如目前普遍存在的現象），不如將一大部分資源用來發展實際可行的方法，幫助過濾無關緊要的多餘資訊，並且濃縮有用而且相關的資訊。

企業可以藉由電腦的輔助，達成上述這兩項任務；例如，愈來愈多人使用以關鍵字爲基礎的過濾系統，儲存與此系統中的文件，都以關鍵字爲代表；同時，系統的使用者及其需求，亦以一組關鍵字來表示。如此一來，系統用戶便可以定期地獲取符合其關鍵字組合的所有文件。使用者可以藉由分析對他們有助益的文件，來產生屬於自己的關鍵字組合；而企業則可以透過傳送一小部分不含關鍵字，但內容與該關鍵字具有緊密關係的文件，同時觀察使用者對這些文件的反應，持續地偵測關鍵字組合的有效程度。除此之外，使用者針對文件之相關性與有效性的回饋意見，可以幫助修正使用者的關鍵字組合，以及系統描述文件的方式（讀者可以從我及其他人於一九七六年發表的論文，獲知由雪克斯（Wladimir Sachs）發展的關鍵字系統之設計細節）。

以關鍵字爲基礎的文件過濾與擷取系統，規定使用者從事先制定的詞彙表選取關鍵字；如今所有文件都能一字不漏地儲存於電腦中，使用者已可以採用任何一組關鍵字搜尋相關資訊，不再受到詞彙表的限制。

利用電腦濃縮文件的方式有許多種，其中一種先將整份文件輸入電腦中，然後在扣除「和」、「但」、「是」以及「如果」等一般性的常見詞彙之後，統計文件剩餘的字數，接著以此字數爲基礎，找出出現次數最頻繁的詞彙，再挑出所有包含這個詞彙的句子，將這些句子以在文章中出現的先後順序排列；繼續重複此步驟，找出出現頻率位居第二的詞彙，挑出包含這個詞彙的句子，再將這些句子以適當的順序排列；當文章的摘要達到理想長度時，便可以終止這個循環。以這種方式擷取的文章摘要並不容易閱讀，但它們的確能相當清楚地傳達文章的內容。

另一種濃縮文章的程序，可以透過電腦或以人工的方式進行；此種方式擷取每個段落的第一句，以及文中所有數學算式，然後以它們出現的順序排列。人們無法控制以這種方式產生的摘要長度，它們往往也比一般的摘要累贅，但是比起字數統計法，這種方式簡單許多，產生的摘要也較容易閱讀。此外，這種方式尙有另一個重大的優點——它促使作者以更有效率的行文方式，排列段落的文句順序，而作者也因此更容易掌握摘要的品質。

由於文字處理器隨處可得，愈來愈多人以磁碟片將文稿送交出版商；發表文章的成本因而大幅滑落，使得人們得以發展出傳播文件更有效率的系統，以及讀取文件的系統。

對於許多決策者而言，朋友與同事等同儕團體，是獲取相關資訊的主要來源。而比起傳統上以郵件或電話聯絡，現代的通訊與電腦設施，使得人們能夠以更有效率的方式交換資訊，或者傳播關於資訊的訊息。

經理人需要他們想要的資訊。負責規劃ＭＩＳ系統的人，大都以詢問經理人的方式，決定經理人的資訊需求。這種作法，是以假設經理人知道自己的資訊需求爲前提。

唯有在兩項條件之下，經理人才可能明瞭自己的資訊需求：⑴他們必須深知自己應制定的決策種類，⑵他們必須具備各種分析模式，足以涵蓋每一類型的決策；符合這兩項條件，尤其是第二項條件的經理人寥寥無幾。界定優秀經理人才的方式，便是觀察他是否具備有效管理陌生系統的能力。在人們充分了解的系統中，經理人的才幹毫無用武之地，了解此系統的科學家，或依照科學家指示而工作的職員，就具備管理此系統的能力。

我們在試圖解釋某些現象時，對現象的了解程度愈低，所需運用的變數就愈多，這是科學界知之以久的一項定律。同樣的道理，當經理人被詢及他的資訊需求，卻對其負責管理的系統缺乏透徹的了解時，爲求謹慎，他通常會要求盡可能地得到一切資訊；而MIS的規劃人員，對於管理系統的了解甚至比經理人更少，便會一股腦地提供所有資訊。結果造成了資訊的超載，其中大都是文不對題的訊息。超載的程度愈重，經理人從中擷取並使用相關資訊的機會就愈低。

我所說的道理其實很簡單——**除非具有穩固的決策分析模式，否則經理人無法明辨制定決策所需的資訊，也就無法清楚地提出其資訊需求。然而，組織一旦眞的具備穩固的決策分析模式，就不需由經理人制定決策，**此時決策的訂定，就不應該是經理人的工作負荷之一。

經理人一旦獲得所需資訊，決策的品質便能提升。即使我們承認經理人或許不知道制定最佳決策所需的資訊，然而無疑地，資訊必能幫助他們達到更優異的表現。下面這個例子，證明上述的假設並非百分之百正確。這個例子刻意地簡化了製造方面的問題，經理人日常所

表7.2 生產排序問題

產品	所需的機器時間	
	M1	M2
A	7	18
B	3	13
C	12	9
D	14	5
E	20	8
F	4	16
G	2	20
H	9	15
I	19	1
J	6	13

需面對的狀況，比此案例複雜許多。

某家公司需要製造十種產品，每項產品都需要使用兩台機器M1與M2；產品先進入M1生產，再送往M2加工。經理人必須決定十種產品的製造順序，在最短時間內完成所有產品的製造。夠簡單了吧？解題所需的全部資訊，都列在表7.2上。

雖然這個問題比眞實生活所遭遇的大多數生產管理問題都簡單許多，同時也提供了解題所需的所有資料，然而僅有極少數的經理人能夠找到答案。由於有超過三百五十萬種排列組合，經理人不可能透過試誤法摸索出答案。不過若是知道解題的訣竅，就可以在一分鐘之內找出最佳的排序方法。

首先，從表7.2找出單一機器時間最短的產品——也就是產品J；由於數字「1」出現在右邊的欄位，所以將產品J放到生產的最後一個順位，然後劃掉產品J。接下來從剩餘的產品中找出單一機器時間最短的產品——也就是機器時間為「2」的產品G，由於「2」出現在左邊的欄位，所以將產品G放到生產的第一順位，然後劃掉G。接著再從剩餘的產品中找出單一機器時間最短的產品——機器時間為「3」的產品B，由於此最低數字出現在左邊的欄位，所以將產品B放到生產的第二順位，然後將它劃掉。不斷地重複此步驟，如果最低數字出現於左邊欄位，就將此產品放到前面的順位，若是出現於右邊欄位，就放到後面的順位。如果出現數字相同的兩個產品，選擇任意一個都可以。

這個例子的重點是，如果我們擁有解題所需的一切資訊，那麼輸入了程式的電腦，或是學會解題方法的職員就可以解決問題，不需要浪費經理人的時間。如果我們不知道解題的方式，那麼就算具備一切所需的資訊，也不一定會有幫助。

在大多數的管理問題中，即使組織擁有完整的資訊，仍需要運用經理人的判斷力或直覺，從眾多可能的解決方案中進行抉擇。更甚於此，當問題牽涉機率的使用時——正如現實中經常遇到的狀況——缺乏訓練的人，通常很難以正確的方法運算。在許多簡單的機率問題中，直覺式的解答通常錯得離譜；例如，在任意組成的二十五個人當中，至少有兩人的生日在同一「日」的機率有多高？機會高於一半！

重點是：如果經理人不知道如何使用他們所需的資訊，那麼將資訊提供給他們，只會造成過度的負荷。這並不表示這些經理人不需要資訊，我的意思是，經理人所需的資訊，是那些能幫助他們改善決策品質的資訊，有時候需要透過實驗，才能找出這類有益的資訊。因此，若要設計出能持續改進的資訊系統，就必須將它架設在一個能幫助經理人學習、認清自己需求的管理系統內。經理人若是缺乏這類的學習，勢必會要求並獲得超過實際需求的資訊。

增進組織內各單位間的溝通，能夠提升整體的績效。提供經理人更多關於其他主管及其單位的資訊，是許多MIS系統的一大特色。在一般人的觀念中，部門之間良好的溝通管道，是值得組織追求的一個優點，因爲大家都認爲這樣能幫助經理人協調彼此的活動，故而提升組織整體的表現。這種觀念不僅錯誤，而且還與事實大大地不符；兩家彼此競爭的公司，不可能因爲獲得更多更好的敵方情報，而產生合作性的行爲。這個比喻其實並不牽強；組織部門之間的競爭，經常比企業間的競爭更爲激烈，而且正如許多人的觀察，內部的競爭手段通常更爲卑劣。我在第六章提到的一個案例，可以說明加強提供其他部門情報的後果。那是關於百貨公司內採購與銷售兩大部門的個案；如果這兩個部門可以獲知對方的意圖，就可以根據情報來修正自己的決策，然而雙方亦在隨後得知彼此修正後的決策——減少進貨量或提高產品售價，因此必須做進一步的修正。如果組織任由這樣的程序持續下去，公司將無法採購任何商品，因此也無法進行任何銷售。由於高階主管的介入，並且禁止兩個部門主管的接觸，才避免了這種情況的發生。此種作法雖然沒有根除問題的成因——不良的績效評量標準，卻能幫助減緩兩部門間的衝突。

當衡量績效的辦法，讓組織單位之間產生利益衝突（這是屢見不鮮的情況），單位之間的溝通會傷害整體的績效，而非提升組織整體的表現。因此，在打開溝通的大門，允許各單位自由交流訊息之前，必須先具備完善的組織架構與績效評量方法。

經理人不需知道資訊系統運作的方式。MIS系統的規劃人員，大多不願意讓系統顯得鋒芒太露，以免嚇壞了組織內的經理人。他們試圖簡化系統的使用方式，並且向經理人保證，關於組織的MIS系統，經理們唯一需要具備的知識，就是系統的操作方法。MIS人員通常很成功地讓經理人失去挖掘更多系統知識的熱忱，使得他們缺乏評估MIS系統整體績效的能力；由於不願意展現他們在電腦方面的無知，經理人通常在衡量MIS系統時裹足不前。而放棄對於MIS系統的評估，經理人實際上將組織一大半的控制權，交給了資訊系統的規劃人員；然而這些規劃人員，通常不具備管理的才幹。這裡有一個恰當的例子：

某家儀器製造商的總經理，提出下面這個問題向我求助。公司的一個主要部門，大約在一年以前裝設了一套電腦化的生產與庫存控制系統，公司斥資兩百萬美元，爲此系統添購電腦設備。該部門最近向總經理提出要求，希望能汰換原有的器材，採用一套造價更高（也更先進）的新設備。該部門提出的理由顯得既周延又正當，不過總經理無法判斷這個要求是否眞的合理。他說由於欠缺足夠的知識，他無法獨立評估這套系統以及相關設備。我同意爲他進行評估，但他得答應加強自己對電腦的知識與心得。他接受我的條件，隨後報名參加IBM爲高階主管開設的課程。

總經理在該部門總部召開會議，我在會中聽取了廣泛而詳盡的簡報。這套系統規模雖大，卻相當地簡單。系統的中心是一組電腦程式，用來判斷該部門兩萬六千個品項的庫存量上限，以及追加訂貨的時點。電腦追蹤每個品項的庫存量，在適當的時機下單補進存貨，並且產生形形色色的庫存報表。

在會議結束之前，我獲得發問的機會。我問到在裝設系統之後，是否有許多零件的存貨超過許可的庫存量上限。的確如此。我要求他們從這些零件中，提出一份大約涵蓋三十個品項的名單，並且要了幾張方格紙。在系統管理人員與舊報表的協助之下，我開始在紙上繪製第一個品項於過去一段時間內的庫存水準，當庫存第一次達到庫存量上限，讓與會人士大感驚訝地，系統竟然在此下訂單補進存貨；繼續分析下去，發現每當該品項的庫存達到上限，系統便下訂單要求增加存貨。顯然地，電腦混淆了庫存量上限與補進存貨的時點。名單上超過一半的品項，都發生這個現象。

接著，我問他們是否有許多分開紀錄的成對零件，例如螺帽與螺絲釘。他們給我一份涵蓋這類零件的名單，我開始查看這些品項在前一天提取的數量。在許多成對的零件中，兩個零件耗用的數量，竟有相當大的差異。與會人士無法針對這一點提出任何解釋。

這顯然是個失控的系統；我僅提出幾個簡單明瞭的問題，就能發現這個現象。如果經理人面對的是一個人工的系統，狀況可能早就迎刃而解。然而對於披著神秘面紗的電腦化系統，他們竟羞於提出相同的問題。

從這個個案可以得到一個教訓：在裝設MIS系統之前，系統所服務的經理人，必須先具備足以衡量系統績效的知識；經理人應能控制提供服務的系統，而非受到系統的控制。

結論

資源規劃提供一個機會，讓組織人員得以重新思考，並且提升理想化設計與方法規劃中的一些重要層面。資源規劃的決策範圍，包含針對方法規劃所訂定的各項活動，決定需要投注的資源種類與數量；而決定資源分配的方式之前，組織必須比較耗用的資源（輸入）與產出（輸出）的價值。企業通常以非理性的方式制定這些決策，將決策建築在毫無事實根據的理念之上，即使涉及大筆資金（例如廣告與促銷經費）也不例外。理想上，這些決策的制定，應以對輸入資源與產出價值間的因果關係之堅實了解爲基礎。圖 7.2a、7.2b 與 7.2c 的財務模型，便是歷經實驗的錘鍊而發展出的因果模式，因此能夠清楚地指出重重的資金輸入與產出之間的複雜關係。

財務規劃能夠暴露出組織在因果關係的理解，以及財務績效——尤其是長期表現——衡量辦法等方面的不足。組織衡量財務績效的方式，應不同於股市分析師所採用的標準，而將所有利害關係人、特別是員工的利益納入考量。漢迪（Charles Handy, 1997）說得好，以陳腐的觀念描述新的事物，便會遮蔽我們對未來新興趨勢的視線。他繼續解釋道：

> 將企業視爲股東的財產，是一種非常混淆視聽的觀念，這種觀念模糊了企業的權力來源。就其本身而言，這種觀念是對公平正義的公然冒犯，因爲它對企業員工的肯定不足，而員工正是企業內部愈來愈重要的資產。而認爲自己擁有其他人——正如股東經常在字裡行間所影射的——更是一種不道德的說法。尤有甚者，財產與所有權這類的詞彙，是對民主政治的侮辱。

資本支出的規劃，當然需要制定衡量預估報酬率的標準，並且訂定一個可以接受的最低報酬率。在評估企業的購併決策時，很重要的是，不可將購併對象目前的營運方式，作爲計算投資報酬率的基礎；企業如果不能提升購併對象的價值，就應該放棄購併計畫。而在計算購併價格時，應將企業能夠附加的價值納入考量。

人員規劃所涵蓋的決策，包括尋找下列兩個問題的答案：(1)組織如何讓人力資源發揮最大效用，以及(2)組織如何有效地促進員工的發展，並提升員工的工作生活品質。

作業研究與其他管理科學，已發展出許多數學模式，幫助組織選擇最佳的機械設施維修政策，並且制定「修理或汰換」（repair-or-replace）的決策。消耗性資源（日常用品、能源、原料與服務）的規劃，則涉及「自製或外購」（make-or-buy）的決策：應該由內部或外部供應？這類決策不應完全以成本作爲考量的基礎，品質、供應的穩定性以及對於規格重大改變的調適能力，都是決策的考慮因素之一。

最後，爲決策者提供有益的資訊，以及認清錯誤並且從中學習的能力，能夠幫助組織不斷地改進目標規劃與方法規劃。我將在下一章描述一個理想的決策支援系統，它能夠⑴提供相關資訊、知識、心得與智慧，協助經理人制定決策；同時⑵使得經理人能快速而有效地學習與調適，甚至幫助經理人學會快速而有效地學習與調適的方法。

8

執行與控制：實行與學習

錯誤：學習的根源

診斷系統的組成要素

目的便在找出錯誤的根源

並制定修正誤差的方法

以確保組織能同時獲得學習與調適

天底下執行難度最高、成功希望最渺茫，同時也最危險的事情，莫過於新工作的發起了。

——馬基維利（Niccolo Machiavelli）

計畫的執行，包含將方法規劃中所選定的方法，化爲一連串指定誰在何時、何地負責從事哪些工作的明確指令。計畫的控制，則涵蓋針對包括執行的所有決策的監控，以了解組織是否能達到預期成果，並且判定這些期望所根據的假設是否有效。如果無法達成期望，控制的工作還包括分析失敗原因（診斷），同時修正決策，試圖將誤差納入考量（處方）；如果事實證明假設有誤，控制階段也包括進行相關的矯正工作。唯有付出心力，針對計畫加以控制，組織才能以快速而有效的方式吸取經驗。

即便是決定不採取行動的決策，也需要受到監控，因爲這些決策必定事出有因，而決策的假設與期望，都應該受到控制。此類決策通常具有非凡的意義，例如決定放棄購併另一家公司，或者決定不發展、行銷某項產品，可以爲組織提供最佳的學習機會。除此之外，組織也應監測與控制每一項執行決策；許多優秀的決策之所以偏離正途，就是因爲執行階段的疏失。

如果決策的制定與執行並非由同一群人負責，那麼執行者與決策者之間，必須具備直接溝通的管道；這麼做有兩大好處，一方面能夠澄清決策預期的成效，另一方面，執行者也能夠有機會提出改善計畫的方式。

光實施控制的工作，卻沒有從中汲取教訓，雖然仍能夠提升組織績效，卻無法防範組織重複同樣的錯誤。學習、調適，再加上記取經驗，就能避免組織犯下相同的錯誤。雖然一般性的學習，以及特別針對組織性學習的研究，已受到廣泛的討論，然而人們對這些現象，仍沒有透徹的了解。不過已經證實的是，學習——特別是組織性的學習——是無法僥倖獲得的，它需要仰賴能幫助學習與調適的支援系統；唯有透過支援系統，才能徹底控制計畫的執行。

以學習爲主題的文獻不可勝數，不過它們幾乎純粹以學習的社會心理層面爲主，也就是如何從他人身上獲得學習；然而追根究底，人類的學習終究是來自自己或他人的經驗。在組織中，由於人事不斷更迭，從經驗中吸取的教訓，就顯得益發重要。因此在本章的重點，將以組織環境爲背景，探討從經驗獲得學習的方式。學術界對於組織內部所取得與控制的經驗性學習，並沒有太深入的研究，我的用意便是要彌補這方面的不足，但我並無意貶低組織內人與人之間的學習之重要性，只不過不論人類或組織，如果無法以經驗爲借鏡，即使有機會彼此學習，也將一無所獲。

我首先將定義不同型態的學習——包括資料、資訊、知識、心得與智慧；我的目的在於矯正大多數關於組織性學習的文獻，僅探究資訊與知識，而遺漏心得與智慧的偏差。接著，我將區分「學習」與「調適」的不同，我發現許多文獻（例如 Haeckel, 1996），沒有弄清楚這兩者間的差異。其中，我將剖析「錯誤」在學習與調適中所扮演的重要角色，同時，也將陳述如何學會學習的方式——也就是貝特森（Gregory Bateson, 1972）所謂的「二次學習」(deutero-learning)。

最後，我將在本章提出一個能滿足先前制定的各種條件的系統：管理學習與調適系統(Management Learning and Adaptation System)。

學習的型態

描述學習種類的學術文章寥寥無幾；人們學習的內涵，包含資料、資訊、知識、心得或者智慧。遺憾的是，我們往往將這些名詞混爲一談，例如，經常有人將「資料」與「資訊」視爲同義詞，也認爲「知識」等同於「心得」；此外，「知識」經常象徵不同的意義，好比說，代表「察覺」某些事物，例如「我知道你在那裡」；或者代表「能力」，「我知道如何開車」等。很少人試圖解釋「智慧」的意義，智慧通常被視爲神秘難解，並且無法定義。

學習內涵的差異性不僅具有重大意義，還形成一個價值遞增的層級，以下這個諺語足以道盡一切：

一兩資訊值一斤資料；

一兩知識值一斤資訊；

一兩心得值一斤知識；

而一兩智慧值一斤心得。

然而，我們的正規教育以及電腦化的企業系統，大都將心力集中於價值較低的學習型態，致力於資料與資訊的取得、處理與傳播，較不重視知識的傳授，而心得的傳遞則幾乎是零，至於奉獻於智慧薪傳的心血，更是付之闕如。這種現象，充分地反映在報章雜誌以及電視益智節目中，資訊的充斥與追求；也反映在英美廣爲流行的益智遊戲，諸如「打破沙鍋問到底」(Trivial Pursuit) 等等。這個遊戲的名字，可取得眞貼切啊！（註：「Trivial」意指雞毛蒜皮的瑣事）。

資料

資料由象徵物體、事件及其屬性的符號組成，是透過觀察而獲得的產物；人類以及儀器，如溫度計、電阻錶以及測速器等，都能進行這類觀察的活動；汽車與飛機的儀表板上，便充斥著此類儀器。

資料經過處理，轉化爲有用的型態，便構成了資訊。因此，資訊也由象徵物體、事件及其屬性的符號組成；資料與資訊的不同點，便在於它們的實用性。資料之於資訊，就好比鐵砂之於鐵器，礦砂本身的用途不廣，但是一旦鑄造成鐵器，便有無限的可能性。

資訊

資訊存在於敘述句中，存在於答覆詢問「誰」、「什麼」、「哪裡」、「何時」以及「多少」等問句的答案裡，它可以用來決定「做什麼事」，卻無法幫助了解「該怎麼做」。例如，目前在電影院中上映的影片名單，可以幫助我們選擇觀賞哪一部片子，但無法告訴我們抵達電影院的方式；同樣地，電影院的地址告訴我們它的所在位置，但仍然沒有透露抵達電影院的方式。答覆以「如何」開頭的問題，是構成知識的基礎。

知識

知識存在於指令之中，也就是所謂的「know-how」——例如知道（know）如何（how）讓系統運作，或者如何（how）讓系統以理想的方式運轉；這類知識讓人們得以針對物體、系統與事件，進行維護與控制。所謂控制，便是讓事物以高效率的方式運行，朝著特定的目標邁進。通常有三種方式，可以衡量一組行動的效率：⑴衡量在耗用了特定數量的資源之後，產生預期成果的機率；⑵衡量爲了達到特定的成功機率，必須耗用的資源量；或者⑶計算由資源與機率組成的函數，例如「預期成本」。

知識的取得，可以透過經驗，例如透過反覆摸索或透過實驗，也可以向已從自己或他人的經驗中，獲取此項知識的人請益。人們在電腦中輸入程式，或者指示他人從事某項工作，便是在教導他們進行工作必備的知識。知識的傳遞過程稱爲訓練，不可與教育同日而語；教育是心得與智慧的傳承。訓練與教育的混淆，是一項常見的錯誤，正因如此，才會導致學校與教學，將過多的時間用來訓練學生，而忽略了教育的功夫。

以電腦爲基礎的專家系統，是由專家將知識輸入電腦內的系統，用來貯存與管理知識。此外，人類在電腦內輸入獲取知識的程式（至少打從夏農（Shannon）發展在迷宮尋找出路的電子鼠開始），的確是電腦的一種學習型態，但它只是一種範例，甚至還不是最重要的一種。教導電腦獲取知識的程式，至今仍十分有限。

「智能」（intelligence）是取得知識的能力。因此，衡量智能最恰當的方法，就是評估一個人學習知識的速度，而非由知識量的多寡而下定論。無法自行學習的專家系統（大多數專家系統皆如此），就不能稱爲具有智能——不論是人工智能或是其他的說法。那些缺乏學習能力而不具備智能的系統只能夠處理知識，卻無法自行取得知識。

管理者顯然需要同時具備資訊與知識，然而光是這樣還不夠，他也需要心得的輔助。對管理者而言，知識匱乏所造成的傷害，遠大於資訊的不足；而比起心得的欠缺，知識不足又顯得微不足道了。正如我在第七章提到的，大多數經理人深受資訊超載所苦，然而，從未有人抱怨知識與心得的過剩。

心得

心得存在於解釋之中，存在於答覆「爲什麼……」一類問題的答案裡。以正確的方法行事，並不能教導我們做這件事的方法，因爲如果我們能以正確的方法做它，就表示我們已經知道如何處理這件事情了；以正確方式行事能帶給我們的最大好處，就是印證我們已具備的知識。然而，我們卻能從錯誤的做事方法中獲得知識——只要我們能夠找出差錯的根源，並且力圖匡正錯誤。反覆摸索的試誤過程，是匡正錯誤的方法之一，然而這種方式通常十分費時費力；因此，企業迫切地需要一種系統，幫助組織辨認錯誤、確定錯誤根源並且加以修正；換句話說，就是幫助企業學習與調適。能藉由找出問題根源而加以解釋的錯誤，就是能讓我們產生心得的錯誤；心得能促進與加快知識的取得。

心得是判斷資料與資訊的相關性之先決條件，幫助我們了解狀況存在的原因，以及這些狀況與組織目標的因果關聯性。另一方面，觀察通常也能啓發靈感，幫助我們解釋現象。一項理論當然包含種種解釋性的文句；任何現象的解釋，必定以獲得經驗證實或推翻理論爲出發點——不論這些理論是明言的，或是隱含在潛意識中。

我們能夠藉由確認現象發生的根源，解釋物體、事件及其屬性存在的原因；譬如說：「男孩正往店裡走，是他母親要他去的」。不過，對於能夠展現選擇能力的實體，我們也能藉由確認實體的意圖，解釋它的行爲；例如：「男孩正往店裡去，他想買一支冰淇淋甜筒」。唯有具有意志能力的實體，才有所謂的「意圖」(一個具有意志能力的實體，是能夠(1)在相同環境中以不同的方式，以及(2)在不同環境中以相同方式，追求同一個目標的實體)；因此，如果說蘋果從樹上落下是因爲它想掉到地上，根本是無稽之談，不過若說一個人爬到樹上是因爲想摘蘋果，就是一個合情合理的解釋了。

建構電腦化系統解釋某些簡單機械系統失靈的原因，已不是天方夜譚。例如，某些汽車製造商，已發展出與他們的馬達相容的感應裝置。感應裝置蒐集的資料，將送往電腦進行進一步處理，以確定引擎的運作是否順暢，一旦發現缺失，便能判定問題的成因或地點。俄國軍方也已發展出這類系統，用於重型的軍事交通工具。

人類已試圖開發電腦系統，診斷生物機能失常的成因，不過這類的研究，仍屬於萌芽的階段。電腦診斷系統能夠解釋的疾病種類，不包含涉及人類抉擇與意志的疾病；到目前爲止，我們仍無法發展能夠判讀行爲背後意圖的電腦程式。就資料、資訊、知識與心得的提供與儲存而言，電腦界已有相當程度的進展，然而在我的知識範圍之內，還未聽過任何能產生或傳播智慧的電腦系統。

資料、資訊、知識與心得的取得與發展，具有高度的相互依存性，雖然它們在價値上互有高下，然而這四者卻同等重要，缺一不可。

智慧

還記得以正確的方式做事，與做正確的事之間的差別吧！兩者的差異，正如同效率與效能的對比。資訊、知識與心得對組織的貢獻，主要在於效率的提升；組織若想提高效能，就必須賦有智慧。

智慧是體察並衡量行爲的長遠影響的一種能力。智慧通常令人聯想到，以眼前的犧牲換取長期利益的意願；也似乎總與年紀脫不了關係，理由很簡單：長者觀察行爲長期效果的經驗最爲豐富。

一個人的行爲，顯然是運用了自身的資訊、知識與心得之後的產物。資訊、知識與心得的價值是工具性的；唯有當人類運用它們而加速達成目標時，才能凸顯它們的價值。雖然人們必須明確地知道自己的目標，才能判定追求目標的手段是否有效率，然而手段效率的高低，卻與目標的價值無關。因此，並非僅有道德的行爲可以追求效率，不道德的行爲也有效率高下的分別，譬如說，犯法或傷害他人的種種方式，便有不同程度的效率。

另一方面，評量行爲是否具有效能，就必須將行爲後果的價值納入考量。追求目標的過程是否具有效能，必須同時考慮手段的效率，以及目標的價值——也就是期望值（expected value）的計算；因此就效能而言，以低效率的方式追求高價值的目標，或許勝過以高效率的方式追求不具價值、甚至產生負面價值的目標。

智慧的價值兼具規範性與工具性。效率與效能的對比，正可以凸顯智慧與心得、知識和資訊的不同點，也反映出成長（growth）與發展（development）的差異（這是第十三章的主題）。我將在第十三章指出，智慧是發展的必要條件，而成長則不需要智慧的幫助。

追求智慧增長的人，必定關心行爲結果的價值（不論長期或短期），問題是，就誰的價值觀來判定？一個人的行爲通常會影響他人，因此理想上，我們的一切行爲必須滿足所有相關人士——也就是行爲的利害關係人——的正當需求與慾望。這表示高效能的決策，必須是充滿價值，而非不帶有價值色彩。人們通常認爲不帶價值判斷的決策過程，就代表「客觀」；然而這種定義恰好與效能的觀念互爲對立，因此也與智慧產生矛盾。其實，客觀應該是充滿價值的概念，也就是說，客觀的決策應能讓所有受影響的人都能感受決策的價值，不論各方追求的正當價值是什麼。

評量行爲結果的價值，必須運用人類的判斷力。迄今，我們仍無法讓電腦模擬人們進行價值判斷的過程，事實上，這樣的過程似乎毫無公式可言。另一方面，由於行動的效率與行動人的意志、價值觀無關，因此我們通常可以設定電腦程式，判定行動的效率高低；效能就不同了，行爲結果的價值，永遠不可能脫離行動者的價值觀，對不同的人而言，即使在相同的環境下做同樣的事，對於結果的價值，也可能有截然不同的看法；甚至對於同一個人而言，在不同的環境，或相同環境的不同時間點，對於成果的價值，也可能產生不同的感受。相反地，一項行動在特定環境內的效率，將保持恆常不變，時間的變化並不造成影響。

任何行動的價值，取決於個人或組織的價值觀。因此激發智慧的系統，在未來仍可能持續地需要人類或組織的參與。以高效能的方式追求理想不可或缺的條件——智慧，很可能成爲人類及其組織獨具的特色，能夠在基本上區分人類與機器和其他生物之不同點的一項特色。

學習與調適

所謂「學習」，便是獲取資訊、知識、心得或智慧的過程。能促進學習的系統（不論是否電腦化），便稱爲「學習支援系統」（learning support systems）。獲取資訊、知識、心得或智慧等種種不同的學習過程，可以單獨存在，也可以同時並存。

當可供選擇的方案增加時，人們會試圖獲取更多資訊；透露訊息給他人的目的，便是意圖提高對方選擇特定方案的可能性。例如，告訴某人外頭正在下雨，很可能提高此人出門帶傘的機率。

恆常不變的環境，能夠增加學習的成效；在固定條件下持續射擊打靶，就是一個例子。不過，人們也能在變動的環境中學習，例如在逐漸增強的側風，或者在噪音的干擾之下練習打靶。在變動的環境中，人們若要維持（更別提增加）行動的效能與效率，就必須持續進行新的學習。這類的學習，便稱爲調適（adaptation）。

所謂調適，是人們當內部或外部的環境，發生可能導致效率或效能降低的變化時，試圖

改變自己或環境，以維持或增加效率與效能。因此，調適便是在變動環境之下的學習。

錯誤——學習的根源

正如我曾經提過的，人們無法從正確的做事方法中獲得學習，但卻能夠——然而不必然——從錯誤中得到教訓。要從錯誤中學習，首先必須察覺錯誤的存在，但這必須具備足夠的資訊；接下來，人們得確認錯誤的根源，但這必須具備心得；最後，必須採取成功的修正動作，但這需要仰賴知識。因此，一個完整的學習系統，是一個能夠偵測錯誤、診斷問題根源並且建議修正方式的系統；而資訊、知識與心得，是進行偵測、診斷與處方等活動的前提。這一類系統所追求的價值，與系統所服務的人們之價值觀一致；因此，系統的價值標準，充分反映出人們所具備或欠缺的智慧。

值得注意的是，在許多組織中，人們往往隱藏錯誤，有時甚至從犯錯的人一路隱瞞上去；且犯錯者的階級愈高，匿而不報的可能性就愈大，因此職位愈高的人，愈容易自認爲無所不能。這表示組織中的高層人士，是最不可能有學習機會的人。

錯誤的種類　錯誤有兩種型態：作爲的錯誤（errors of commission）——採取某項不該採取的行動；以及不作爲的錯誤（errors of omission）——沒有採取某項應當採取的行動。那些對錯誤直言不諱的組織，通常只能揭發作爲的錯誤，無法察覺不作爲的錯誤。不作爲的錯誤包含機會的浪費；遺憾的是，組織走下坡甚至結束營運的原因，通常是基於不作爲的錯誤；

由於作爲的錯誤而導致徹底失敗的機率，反倒較低。不作爲錯誤的更正十分不易，因爲機會通常就像流水，一去永不回頭。

學習「如何學習」 爲了加快學習的速度，人們制定的決策，以及監控決策的方式，必須能夠持續增進人們的學習能力。還記得吧，學會學習的方式，稱爲「二次學習」。二次學習發生在人們確認錯誤，並且加以修正的過程中。由於環境變遷的速度愈來愈快，社會的複雜度也日益提升，因此，我們的知識將會在愈來愈短的時間內遭到淘汰。有鑑於此，學會學習的方式，已然比學習的本身更爲重要。

捨棄既有知識與心得。成年人或組織的學習，大都涉及以新的想法，取代既有的知識與心得；也就是說，大多數的學習，以捨棄舊觀念爲前提。然而，以組織性學習爲主題的學術論文，對於捨棄既有想法的過程隻字未提，一直到最近彼得斯、哈默爾與普哈拉（Peters, 1994; Hamel、Prahalad, 1994）以及其他學者稍微注意到這項議題，情況才有改善。下文所描述的系統，不僅能夠促進學習與調適，還得以增進二次學習，以及經常不可避免的捨棄過程。

控制、學習與調適的必要條件

唯有能夠展現選擇能力的實體——也就是具有意志的個人或系統——才能夠學習新的想法、捨棄既有觀念；而唯有在制定決策的過程中，個體與系統才能進行學習與捨棄。因此，一個能夠輔助決策的系統，必須能促進決策的控制、激發快速而有效的學習與調適，並且理所當然地，必須能夠幫助資訊、知識以及心得的取得與發展。此外，學習與調適的支援系統，必須能夠在下面幾個層面上，促進決策的進行：

- 問題的確認與闡述
- 制定決策，也就是選定行動方式
- 執行決策
- 控制決策的執行、成效以及假設前提
- 提供執行決策必要的資訊

學習與調適支援系統的設計

以下所述的設計（見圖8.1），只是一個梗概，每個組織都應發展出適合自身結構、業務以及環境的版本。不同組織對此設計的運用方式，決不會一模一樣，譬如說，通用汽車北美部門對此設計的運用，就與杜邦企業某個部門的運用大相逕庭。值得一提的是，此設計有目共睹的複雜度，正是來自於控制、學習與調適等程序所隱含的複雜性。模型中所包含的各項功能，能夠由一人獨立完成，或由不同的組織單位負責執行。

在下文的段落中，我將適時地以內含數字的括號，幫助讀者參照圖8.1；圖上的方塊，代表某一項特定功能，而非負責該項功能的個人或團體，正如讀者將看到的，這些功能不僅可以由個人或團體執行，甚至（在某些情況下）能夠透過電腦與相關科技完成。

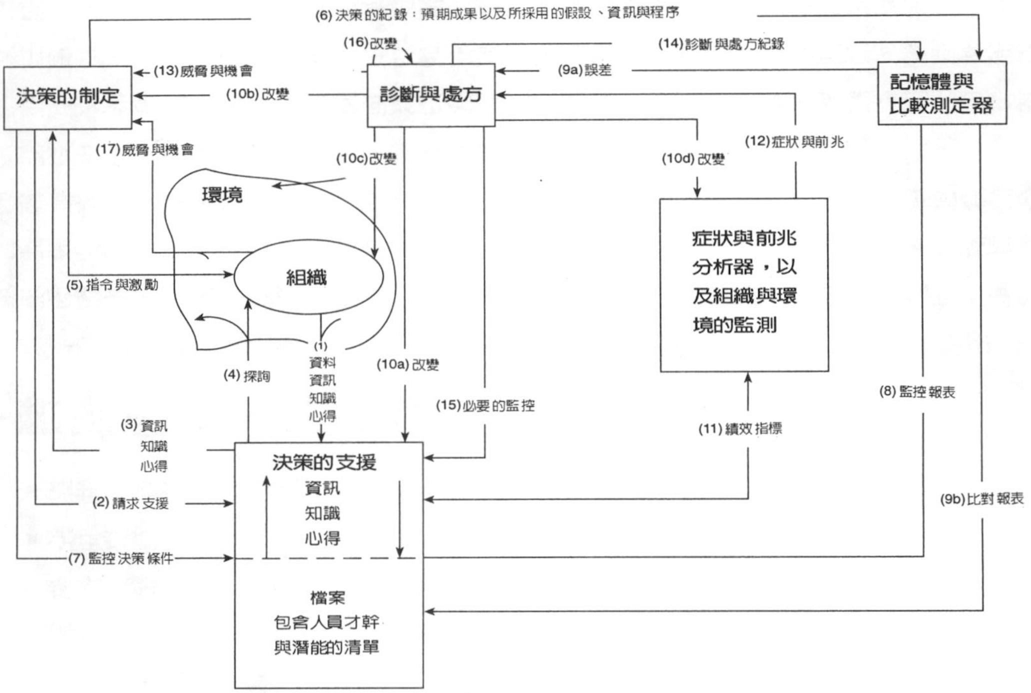

圖8.1 組織的學習調適與管理支援系統

由於學習的支援過程，應當是一個連續不斷的循環，因而此模型的描述，可以從任何一個地方開始。然而最簡單明瞭的方式，還是從與組織行爲及其環境相關的資料、資訊、知識或心得(1)，開始談起。這些資料、資訊、知識與心得，將以各種不同的型式：口述或筆錄、公開的或個人的，輸入決策支援系統中。

我在上一章曾經提到，對於管理階層而言，非相關資訊過剩所造成的困擾，遠勝於相關資訊的不足。因此，我認爲一個能輔助管理的系統，應能過濾非相關資訊，同時將相關資訊加以濃縮，盡可能地縮短管理階層取得相關資訊所需的時間。以資訊的過濾與濃縮爲主題的文獻相當匱乏，在我看來，這是很嚴重的缺失。人們應將資料加以處理，轉化爲資訊、知識或心得。因此，資料處理是決策支援系統中不可或缺的一部分。而轉化後的資訊、知識或心得(3)，應該根據人們對支援的請求(2)，而傳送至制定決策的功能中。

當決策者收到資訊、知識或心得，可能會質疑這些資訊、知識與心得的有用程度、完整性、甚至是正確性；決策者或許認爲它們不知所云、無法理解，或者懷疑它們的有效性與完整性。因此，資訊的獲取，通常會導致更進一步的支援請求(2)。決策支援系統必須具備兩項額外的能力，才能處理這一類的請求；它必須能產生新的資料——也就是經由探詢(4)組織及其環境，而取得決策者所請求的資料、資訊、知識或心得(1)；它也必須具備重複處理先前所取得的資料、資訊、知識或心得的能力，這表示它必須以能夠重新檢取的型式儲存資料。儲存資料的工具稱爲檔案，檔案可能存放於檔案櫃裡，也可能存放於電腦中；檔案是決策支援系統的一部分。

由⑴、⑵、⑶、⑷所形成的循環，目的在於滿足決策者的請求。此循環可能持續地進行，直到決策者取得一切必要的資訊、知識或心得，或者由於時間緊迫，決策者必須立即就手頭上所有的資訊進行決策時爲止。在某些情況中，決策者也可能認爲進一步要求的資訊、知識或心得，在價值上抵不過蒐集過程所耗費的時間與成本。

決策的內容，通常由指令與激勵性的訊息⑸構成，並且傳達給組織中負責執行指令的人，或者決策者企圖激勵的對象。所謂指令，是爲了提升或維持組織效率，而傳遞給他人或自己的訊息；而激勵性訊息的目的，則在於改變組織或組織利害關係人（不論內部或外部）的價值觀，進而增進組織的效能。組織的決策，除了決定採取某項行動之外，也可能決定不採取行動。組織必須紀錄所有重大的決策⑹——不論是採取行動的決策，或是不採取行動的決策。

任何決策的意圖，不脫兩種範疇——某件事情的防範，或者催生。除此之外，組織必定會期望決策在特定時間內發揮效果。比方說，組織若是制定興建新工廠的決策，必定對於完工時間及所需的成本等層面，大致有個譜。因此，爲了有效地控制決策，組織必須明確地記錄決策的預期成效，以及實現成果的預估時間。執行性的決策也不例外，這些決策必須獨立地記錄與追蹤。除了預期的成果與時間之外，組織也必須記錄這些期望所根據的資訊與假設、達成決議的過程、決策的參與人以及決策制定的時間。

包含上述內容的決策紀錄⑹，應存放於靜止的記憶體與比較測定器中（以下將更詳盡地

決策紀錄

日期：______________________

識別號碼：______________________

記錄人：______________________

檢驗人：______________________

關鍵字 ______________________

議題描述 ______________________

此議題主要是___機會，或是___威脅（勾選一項）

結果（勾選一項）:

___未達成決策　　___決定不採取行動

___決定採取行動（請描述）：______________________

支持的論點: ______________________

反對的論點: ______________________

預期的成果、成效及其時間點:

____

期望的假設基礎：______________________

採用的資訊: ______________________

決策參與人: ______________________

制定決策的過程：______________________

決策的執行者（如果已知）? ______________________

執行計畫：______________________

觀察與評論: ______________________

圖8.2　決策紀錄的範例

介紹比較測定器）。圖8.2是決策紀錄的一個範例。由於人腦的記憶，特別是關於預測與預期的記憶，往往隨著時間而產生變化，因此存放決策紀錄的記憶體，必須是絕對靜止的，這是很重要的一點。以靜止的方式儲存預測與預期，或許是電腦的功能中人腦唯一無法達成的一項。

決策條件的監控(7)，是一種變相的決策紀錄(6)，應輸入決策支援系統，由它負責檢驗組織對於決策的期望、假設以及制定決策所採用的資訊是否有效。決策支援系統完成檢驗後，關於預期成效、相關假設以及資訊之有效性的訊息，將以監控報表(8)的型式，送往記憶體與比較測定器。這時，系統能就記憶體中儲存的決策紀錄(6)與監控報表(8)加以比對，看看在成效、假設與相關事件上，實際狀況與組織的預期是否不同。

比較測定器若未發現重大差異，系統除了將比對報表（9b）送往檔案中儲存，以便日後參考之外，不須進行其他工作。比對報表中蘊含了組織的知識與信念，因此應以容易檢取的方式儲存——好比使用關鍵字。然而，若是偵測出重大差異，就應將誤差（9a）的報告，送往診斷與處方系統中。

這樣的誤差，代表系統的某些地方脫離正軌，組織必須詳加診斷。診斷的目的在於找出錯誤根源，並且制定修正誤差的方法。換句話說，診斷系統的組成要素，便是針對錯誤進行的解釋，以及因而萌生的心得。

造成錯誤的根源，僅有下列幾種可能性，而針對不同的因素，應採取不同的修正行動。

1.決策的制定所採用的資訊、知識或心得(3)，一開始就出現謬誤；因此，應該改變（10a）決策支援系統，使它不會重複相同的錯誤。決策所採用的資訊，也可能來自症狀與前兆分析器（下面將有詳細的描述），因此，它也需要有所改變（10d）。

2.制定決策的過程，可能出現瑕疵。在此狀況中，組織必須改變（10b）制定決策的子系統。

3.決策可能正確無誤，惟獨在執行時出現偏差。若是發生這種狀況，就必須改變（10c）在組織當中，負責傳遞指令與激勵性訊息(5)的成員之行爲。

4.環境可能發生了始料未及的變化，若是如此，組織必須以更好的方式來預測環境的變化、降低組織對環境變化的敏感性、或者縮小發生變化的可能性。這類的修正措施，包含了種種改變（10a、10b或10c），可能得修改決策支援系統、制定決策的系統，或者是組織本身。

透過這幾類的修正動作，診斷與處方系統，確保組織能同時獲得學習與調適。

現在，讓我們想想如何確認及闡述組織的威脅與機會。「症狀」是威脅或機會存在的象徵。所謂「症狀」，是指某個變數的值，達到了某一個特定範圍。這種情況的發生，通常是因爲組織出現了異常現象，此現象可能是正面或是負面的，總之，絕非正常情況。例如，發燒是指一個人的體溫達到異常的高度，通常是疾病的一個象徵。

組織行爲及其環境的屬性，經常充做診斷症狀的變數。如果持續地觀察變數的變化，就可以利用這些變數，來偵測象徵未來機會與威脅的「前兆」。「前兆」是一種非隨機的正常行爲（nonrandom normal behavior），也就是一種趨勢、一道（統計上的）軌跡或是一個循環。因此，如果體溫有上升的趨勢，儘管每次上升的幅度都在正常範圍之內，仍表示即將發生發燒的現象。許多統計檢驗能幫助判定非隨機的現象（因此能幫助判定前兆），不過很多時候，肉眼以及常識就能達到很好的判斷。

一個完整的學習與調適支援系統，會定期獲得內部與外部績效指標⑾的反饋。績效指標的值若發生異常，便由症狀與前兆分析器，揭露出組織的症狀與前兆⑿，並進一步送往診斷與處方系統中分析。經由處方而判定的威脅與機會⒀，將呈報於制定決策的系統中。

每當診斷與處方系統，開出指示進行改變的處方，就必須準備一份診斷與處方紀錄⒁。爲了監控⒂診斷與處方系統所制定的決策（處方），這份紀錄將送往記憶體與比較測定器，與決策支援系統提供的論據進行比對。若偵測出誤差（9a），將回報給診斷與處方系統，進行修正的動作。修正措施也許包含改變⒃診斷與處方系統，或者進行前面提到的種種改變。這一類的改變，正是組織獲得二次學習的機會。

最後，關於威脅與機會的資訊，也可能由組織或環境中的某個訊息來源，直接傳送到制定決策的系統。

學習與調適支援系統的執行

如上所述，圖8.1所包含的各項功能，能夠由個人獨立完成，也能由組織各單位共同執行。在小規模的組織中，單獨一人便足以負責整個系統。目前除了診斷與處方系統之外，各項功能都以達到相當程度的自動化。隨著電腦與通訊科技的發展，自動化的程度也將愈來愈深（此系統某些元素的電腦化模型，已由蓮花公司（LOTUS）發展完成）。

組織可以分別開發此系統的各個元素，顯然地，獨立存在的MIS系統，已可以輕易地取得。但我認為組織不應該以架構MIS系統做為第一步驟，因為組織經常得耗費龐大的精力與時間，來處理MIS系統維護過程中的種種難題，因此一旦完成MIS子系統的建構，組織根本沒有力氣與時間，投注於學習與調適支援系統的其餘部分。一般而言，為組織的某一單位，創造一個完整的學習與調適支援系統，是比為組織整體分別建構各個子系統，更優異的作法。將一套完整而協調的系統，推廣至組織其他單位，比起由某個為組織整體服務的子系統，延伸發展出另一個子系統，相對而言更為容易。

唯一能夠獨立發展的系統元素，應該是負責控制的子系統；此控制系統的功能，在於監控決策、修正錯誤，以及偵測組織及環境中值得注意的變化。控制系統應獨立發展的原因有許多；首先，相對於管理資訊系統，控制系統的建構，能快速地得到明顯的收益；其次，某單位的控制系統若是表現優異，經常能鼓勵其他單位群起效尤；第三，控制系統若能成功地運作，便會自然而然地，引發學習與調適支援系統其他功能的發展，不同於管理資訊系統，控制系統不會讓人誤以爲它能夠自給自足；最後，若非這類控制功能的存在，組織不可能捨棄舊觀念，若不能捨棄舊觀念，學習就會遭遇困難，甚至無法達成。

獲取智慧

或許因爲學校的教導、訓練，通常不採用「系統化」的方法，往往無法幫助我們培養智慧，造成我們一般不認爲智慧的取得是一種學習。

由於智慧涵蓋對行爲長期後果的察覺與評量，因此，道德判斷必定是智慧的一部分。這是第十三章的主題。我將在第十三章指出，若要進行道德判斷，則必須維持、甚至增加可供選擇的方案。理由有二：首先，我們對於今日制定的決策，大多無法正確地預測決策的長遠後果，因此必須留下轉圜空間，允許錯誤的發生；其次，我們通常無法正確地預估，哪個方案最能滿足自己與他人在未來的價值觀。變化速度愈來愈快，同時也日益複雜的環境，更加重這兩項缺失的嚴重性。

記載決策的預期長期效果，以及其價值評估的紀錄，可以幫助組織培養智慧。當實際的成果逐漸明朗時，組織就應當針對這些成果，進行道德上的評估。評估的進行方式，與上述的診斷與處方系統雷同。若決策產生不合倫常的後果，應將此教訓記錄在記憶體中，以降低或避免組織重複相同錯誤的機會。

個人的學習與調適

上述的系統，只需要增加少許功能，就能輔助組織內部個人的學習與調適。最主要的額外條件，就是使用關鍵字來描述文件的內容，以及個人所感興趣的領域，如此一來，系統便能提供相關資訊，幫助個人保持或增加他在特定領域的能力。塞克斯（Wladimir Sachs）曾針對這一方面，發展出一套極度精密的系統（Ackoff et al., 1976）。

結論

我試著在本章指出促進學習與調適的方法，所謂「學習與調適」，就是指資訊、知識與心得的取得與保存。這類系統的一大部分，都已發展出電腦化的模型，但組織卻不一定得依賴電腦。整個系統可以存在於一個人的腦海中，也可以由大型組織內的衆多單位協力完成。除此之外，培養與保存智慧的過程，或許與獲取資訊、知識與心得的方式大同小異，都可以透過學習與調適支援系統達成。主要的不同點，在於培養智慧時，組織需要花較長的時間觀察決策的成果並進行評估。正由於智慧得來不易，組織應該把握任何能取得智慧的時間與地點。

最後一點，上述的系統只需略爲修正，就能夠用來輔助個人的學習與調適。

補充說明

正如我在序言中提到的，我扮演設計師的角色，比扮演學者稱職。我的第一份工作是建築師；建築師不會在設計上，提出附註說明他們參考了誰的構想，或者受到誰的啓發。因此，對於在我之前提出相同或類似想法的人，我並沒有全盤的了解，然而疏於引述他們的研究，可能會冒犯了某些人。爲此，我深感抱歉。不過，我十分看重一些朋友的意見，他們曾針對本章的內容詢問：「甲、乙、丙的著作，與你的研究有怎樣的關聯？」我試著在此回答他們的疑問。

野中郁次郎與竹內紘高（Nonaka、Takeuchi, 1995），以及後期的許俊衛（Choo Chun Wei音譯，1998）在組織性學習的研究上，側重於區分隱性知識與顯性知識的不同點。

隱性知識（tacit knowledge）是一種未明言而根深柢固的知識，組織成員根據這些知識執行工作、理解週遭的世界……。由於以行動爲基礎的技能，是表達隱性知識的管道，同時，人們無法將隱性知識轉化爲規則或訣竅，因此，隱性知識是難以用言語形容的（Choo，111）。

顯性知識（explicit knowledge）能夠以正式的方式藉由符號系統表達，因此人們可以輕易地傳達並散播這類知識（Choo，112）。

顯而易見地，顯性知識與本章所描述的學習與調適支援系統並行不悖，由於人們能夠以言語描述決策過程中使用這類知識的方法，因此這類知識能夠記載於決策紀錄中。而能夠留下紀錄的知識，便能夠儲存於知識庫中，並且能夠藉由關鍵字一類的方式，讓人們能夠再度使用這些知識。

隱性知識就不同了。想當然爾，以這類知識爲基礎所達成的決議，是無法以文字記載的。雖說如此，人們仍然可以控制以隱性知識爲基礎的決策，組織能夠偵測決策所導致的錯誤，甚至能夠診斷錯誤根源並加以修正（處方）。決策所導致的錯誤，能讓決策者發現所採用的隱性知識中存在的謬誤。決策者能透過反覆摸索，試著制定出更好的決策，他們也能試著挖掘錯誤的根源，因而讓隱性知識浮出檯面，轉化成組織的顯性知識。野中郁次郎、竹內紘高與許俊衛，的確提到能將隱性知識轉化爲顯性知識，同時，他們也認爲這類的轉化相當可取，因爲比起隱性知識，顯性知識顯然更容易溝通、傳遞。

我的系統無法涵蓋能產生有效決策的隱性知識，然而此類知識雖無法儲存，因而也無法供他人檢索，組織卻能在檔案中指出賦有這類知識的人，如果組織成員有需要的話，便能向這些人請益。

不論野中郁次郎、竹內紘高與許俊衛，都沒有明白指出心得、智慧與知識的不同點。我猜想他們所謂的「知識」，應該涵蓋了心得與智慧。若是果眞如此，那麼他們的研究便有重大缺陷；因爲心得與智慧的取得及使用，與獲得並使用知識的方法迥然不同。如果他們所謂的知識，涵蓋範圍並未如此廣泛，那麼他們便遺漏了對於心得與智慧的探討，這是一項嚴重的疏失。

阿奇利斯（Argyris）與舍恩（Donald Schon）一九七八年聯手的著作、阿奇利斯後期的研究、連同聖吉（Senge）一九九〇年的論述，都是組織性學習理論與實踐的領域中，聲名最卓越的貢獻。阿奇利斯的研究範圍（不論是否與舍恩合作），著重於分析如何將潛在知識提升至意識階層（也就是將隱性知識轉化為顯性知識），並且加以傳遞與分享；他的研究，是以已存在的知識為前提。然而，正如我在前文所闡述的，經驗是一切知識（以及心得與智慧）的基礎。因此，學習與調適支援系統，側重於從經驗中取得的學習；組織獲得的學習，將被保存下來，並能供他人使用。

阿奇利斯與舍恩的研究，同時也涉及錯誤的診斷；學習與調適支援系統中的診斷與處方功能，也能夠採用他們所描述的診斷過程。聖吉的研究重點在於系統誤差的診斷；他主張系統式的思考，是產生知識、心得甚至智慧的必要條件，不過，他並未創造一個能協助產生知識的系統，這正是本章的一大貢獻。

診斷錯誤的程序，是整個學習與調適支援系統中，最複雜也最困難的部分。許多學者都曾探討並發展出這類的程序，其中，喬屈曼一九七一年的著作富有哲學意味並且發人深省，而切克連在一九八一年的研究，則以實用性見長。

第三樂章
設計
民主、經濟與彈性

9

民主化的階級體系：循環式組織

讓每位經理人都得到委員會的輔助

組織內部的互動關係有兩種型態

若非橫向，便是縱向的聯繫

循環式的組織利用重疊的委員會設計

幫助管理階層圓滿達成縱橫向溝通的連結

民主體制是最糟糕的政治型態，不過除此之外，也找不出更好的了。

——邱吉爾（Winston Churchill）

在實施互動式規劃與理想化再造的過程中，許多問題一而再、再而三地重複發生。隨著時間的進展，這些問題激發了許多新的設計，徹底瓦解了問題的存在；民主式的階級體系（democratic hierarchy）就是其中一項設計，這項設計的緣起，是爲了解決許多性質不同，但相互關連的議題。

第一項問題的根源，在於要求管理者擁有系統性的宏觀；他們應該將重心放在元素之間的互動，而非著墨於元素個別採取的活動。組織內部的互動關係有兩種型態——若非橫向，便是縱向。在橫向的關係中，元素之間的協調（coordination）是不可或缺的；而整合（integration）則是縱向關係必備的成功要件。問題是，怎樣的組織型態，才能幫助管理階層擁有圓滿的縱向與橫向互動？組織內充斥著「象牙塔」的現象，反映出內部各單位缺乏橫向互動的能力；而大多數組織單一方向的溝通方式（主要是由上而下），則顯示組織無法有效地處理縱向的互動關係。

第二個重複發生的問題，肇因於員工教育程度的不斷提升。十九世紀時，企業幾乎見不到識字的勞工，而如今大部分的員工，起碼都有高中以上的教育水準。當時由於教育不普及，也由於經理的遴選方式，是由最優秀的人才脫穎而出，因此十九世紀時，員工執行本身工作的技能，大都比不上他們的上司來得純熟。如今，比起他們的主管，大多數員工更懂得如何執行自己的工作；這代表企業的管理階層不再適合扮演「監督人」的角色，他們的主要功能，應該是⑴創造一個能夠鼓勵員工充分發揮能力的環境；⑵促使員工不斷地進步，達成這兩項功能，暫且不論其他條件，管理階層必須提供員工一個充滿挑戰，並且能振奮士氣的高品質工作生活，同時，也必須提供必要的教育訓練，幫助員工持續地成長；而員工在接受教育之後，將會要求得到工作的主控權，擁有自由選擇的權力。如何才能達成上述的功能，同時又與組織目標的追求並行不悖呢？

員工教育程度的提升，還會引發另一個後遺症；這項後遺症，與「威權」(power over)和「領導」(power to) 之間的界線息息相關。所謂「威權」是指，一個人擁有獎賞或懲處部屬的權力，也因此得以指揮與操縱他人；而所謂「領導」，則是一種誘使他人自發性完成任務的能力。部屬的知識素養愈高，管理者就愈難利用威權迫使員工服從命令。換句話說，部屬的教育程度與威權的效用呈現負面的關聯性。這在高級知識份子雲集的大專院校裏特別明顯，難怪有人認為管理一座大學，就彷佛想把一群難馴的野貓兜在一起似的困難；幹勁十足的研發單位也是如此。伊朗國王雖然是世界上最具有權勢的統治者之一，但在他資助屬下負笈海外接受高深的教育之後，竟無法支使他們執行他的政策與計畫；他發現只要這些受過教育的部屬願意，他們可以推翻上司的任何指令。

第三點，組織上上下下的員工（特別是中下階層的成員），愈來愈不能接受生活環境與工作環境之間的矛盾；他們身處矢志追求民主精神的社會，而工作的環境，卻如同法西斯政府一般地獨裁。民主政體有兩大基本特質：第一，除了幼童、罪犯與心智障礙者，每個人都有權利以直接或間接（透過他們幫助選出代表）的方式，參與制定對他們切身相關的決策。其次，民主體制內不存有至高無上的權威；權力凌駕於其他個體之上的個人，必受到群體力量的制衡（尼克森總統的罷免案，就是此一特色最鮮明的例子）。在民主政治中，控制的機制是循環式的，而非呈一直線發展。也正因爲這個原因，民主化的階級體系，又被稱爲循環式的組織（circular organization）。

許多倡導組織民主化的人，都認爲唯有徹底廢除階級制度，才可能達到眞正的民主。這樣的觀念，衍生出諸如「扁平化組織」與「網路組織」等概念。然而這些作法都沒有收到效果，因爲要做到分工合作，就免不了協調的工作；而許多協調者之間，必須進一步的協調、整合。因此，只要牽涉的工作內容夠繁複，組織內部自然就會形成一個個階層。此外，和許多人預設的想法恰恰相反，所謂的階級體系，並不一定代表專制的作風。民主化的階級體系不僅在理論上行得通，甚至已出現了好幾個例證。

循環式組織的設計

請記住，以下所描述的設計只是一個概要，不是不能更改的金科玉律；每個組織都應該因時因地制宜，發展出適合自己的版本。雖說如此，下面這一個設計，是最常見也最成功的一個版本。

此項設計背後的基本構想，是讓每一位經理人都得到一個委員會（board）的輔助。值得一提的是，委員會的價值普遍受到各個組織的肯定，當然，某些人經常質疑特定委員會的價值，但即使在這些情況下，我也不建議撤除這些委員會，而是應該愼選委員會的成員，讓委員會發揮應有的功用。唯有透過委員會的運作，組織各個利害關係人的利益才能獲得充分的討論，從而制定出圓滿的決策。過去二十五年來，利害關係人在企業董事會中占有的席位，已大幅度地增加，所代表的層面也更廣了。委員會不僅對組織的人性化與符合環保貢獻良多，也幫助企業以事半功倍的方法，追求組織的目標與理想。

圖9.1是一個簡單的傳統式三層組織，圖中的圓圈，分別代表配有一個委員會的經理人。我們必須回答三個問題：委員會應有哪些成員？他們擁有哪些責任與權限？委員會的運作方式如何？

委員會的成員

每一位經理人的委員會，至少應包含下列人士：

1.第一種人爲委員會所輔助的經理人；否則經理人與委員會之間的溝通將困難重重。正因如此，企業執行長幾乎都是董事會的一員，且多半身兼董事會主席一職。

2.經理人的直屬上司；若缺乏直屬上司的參與，經理人的委員會便很容易與他的上司產

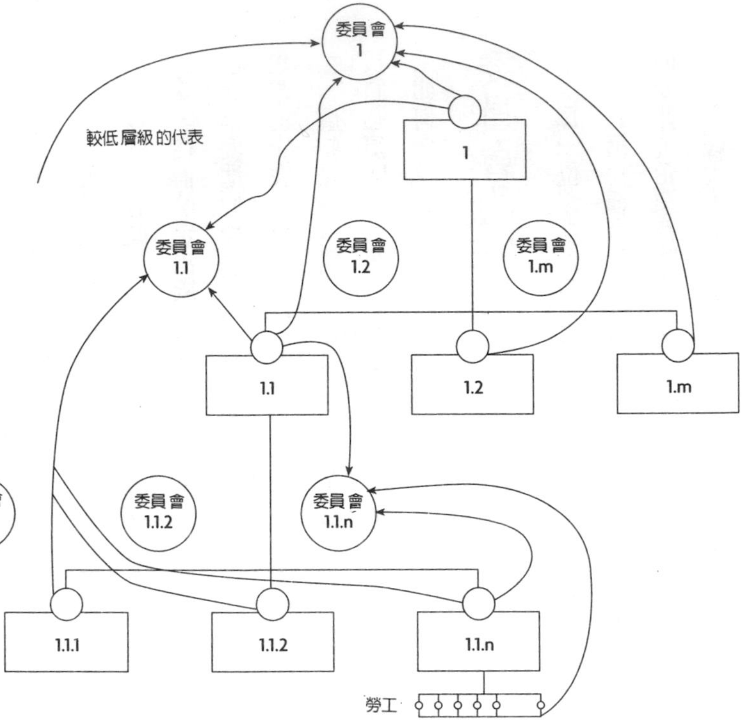

圖9.1　循環式組織——民主化的階級制度

生衝突。

3.經理人的直屬部屬；部屬的參與是民主化的必要條件，不過光是如此尚不足以稱為民主，我將在後文描述組織民主化的充分條件。

委員會也能夠邀請組織內外的其他相關人士參加會議，這些人所扮演的角色，應由委員會事先定義。不過受邀加入委員會的特殊利益團體，不可超過以部屬身分加入委員會的人數；在經理人的委員會中，其部屬應占絕大多數。那些由成員邀請加入委員會的人，可以享有充分的、受限制的或完全沒有投票權；他們可能純粹擔任顧問的角色，而非委員會的固定成員。這些人參與委員會的方式，應由邀請他們參與的委員會明確地說明。

運用此項設計的組織單位，差不多都會邀請內外部的主要利害關係人（例如內外部的客戶或供應商）參與該單位的委員會；此外，在該單位視爲重要議題的領域上，也經常會邀請專家擔任委員會的顧問；這些顧問通常沒有投票權。這些專家所專精的領域，可能是技術層面、管理層面、組織層面或是特定部門的功能。某些組織例如艾勒卡田納西廠，也曾邀請適當的工會代表參與委員會的運作。

請注意，除了最頂層與最低層的主管之外，每一位經理人都必須參與三個層級的委員會，包括其直屬上司的委員會、部屬的委員會，以及自身的委員會。因此，每個人都能與五個階層的經理人產生直接的互動關係——包括往上兩層的高階主管、往下兩層的低階主管，以及與自己同一階層的經理人。與經理人具有互動關係的最高層主管，還能與再往上兩層的更高階主管直接聯繫；同樣地，經理人能直接接觸到的最低層主管，還能與再往下兩層的更低層主管互動。如此既深且廣的互動與聯繫，是難以在傳統式的組織中見到的，它大幅地減低了內部衝突的數量與嚴重性，我會在後文提出例證。

組織最頂層與最低層的委員會，與一般的委員會略有不同，需要特別提出討論。

最高層委員會：在大部分的組織中，最高執行長必須向董事會提出報告，不過，董事會與此處所談的委員會是兩碼子事。董事會很少邀請最高執行長的所有部屬參與會議，同時它的功能也與此處所談的「管理委員會」相距甚遠。董事會的成員，特別是董事會的執行委員，當然也能夠參與最高執行長的管理委員會。最近以來，愈來愈常見到組織外部的主要利益團體，特別是顧客、消費者、少數族裔與公共利益團體，推派代表參加組織最高層的委員會。在某些案例中（例如柯達的電腦中心）也曾邀請基層員工的代表，輪流參與該電腦中心主任的委員會。

最低層委員會：在最低層的委員會中，人數可能會是個令人傷腦筋的問題。

哈佛大學心理學家米勒（George Miller）的研究指出，一般人最多只能同時處理七項不同的事物，以及這七項事物之間的交互作用；異常傑出的人，可能可以同時處理九項事物，至於智能低於平均的人，就只能處理五項事物了。一個高效能的委員會，應該能讓每個成員以適切的方式面對其他成員的個性與特性，因此經理人本身加上七到九位其他成員（總共八到十人），是一個委員會最合適的規模。我並不是說更大型的委員會就會完全癱瘓，只不過超過十人的委員會，通常無法以高效率的方式運作；委員會的規模愈大，每個成員的參與程度就愈不平均。

舉例來說，在可瑞肉品包裝公司（Krey；已由其他公司購併），領班是組織最低層的主管，他必須管理三十五位部屬；然而由三十七個人組成的委員會，根本無法順暢地運作，因此，我們要求最基層的勞工推派六位代表參加委員會，因爲七人到十人是委員會最理想的規模。

然而這種方式遭到徹底的失敗；許多推選出來的勞工代表，在加入委員會之後不久紛紛遞出辭呈。我們隨後找出問題的根源。由於這些勞工代表有機會與上面兩層的主管直接互動，他們開始明瞭主管爲什麼會採取某些彷彿不講道理的行爲。而當他們試圖向自己所代表的同僚解釋主管的決策時，卻被同僚視爲「出賣自己人」的走狗。如此一來，這些代表人在社交圈中遭到排擠，與他們所代表的勞工日益疏離。

另一方面，這些代表經常在委員會中向主管提出勞工的觀點，並捍衛基層的權利，因此主管毫無疑問地將他們視爲勞工的一份子。如此一來，這些推選出來的勞工代表便置身夾縫，兩面不是人，也難怪他們寧可回到原來的角色。

我們的解決之道，是將領班的三十五名部屬，分爲由八到九人組成的四個小組。每一個小組都得選出一位組長，組長的任期自訂，例如，可以由每位組員輪流擔任，或者定期推選新的組長。組長將獲得委員會的協助，委員會由小組成員以及主管（領班）共同組成。這種作法讓公司得以裁減大約一半的第一線主管，因爲每一位第一線主管可以管理八個小組，也就是大約六十五到七十名勞工，管理的幅度比以往大兩倍。經此安排之後，最基層的委員會就一直能夠很順利的運作。這讓我們發現一個很重要的原則：每一位員工都應獲得機會，參與其直屬上司的委員會。

高階幕僚委員會

企業的高級主管，多半擁有一群由副手及助理組成的幕僚。高級主管應成為其幕僚長的委員會之一員，不過，唯有在討論對他具有直接重要性的議題時，高級主管才需要出席委員會議。

有些經理人背後沒有幕僚人員，但仍有秘書或助理的協助。他們發現讓秘書或助理參與經理人本身的委員會，對委員會的運作頗有助益。秘書與助理經常能對重要議題提出很好的意見，此外，這種作法能提高他們的工作尊嚴，鼓勵他們擴大視野，因而成為經理人更得力的助手。

委員會的功能

企業通常賦予委員會七大功能——規劃、政策的討論、協調、整合、工作生活品質的改善、績效的提升以及對主管的認可。某些組織對後面三項功能有所保留，直到企業對委員會的運作產生足夠的信心，才會賦予這三項職責。

規劃

每一個委員會，要負責替該委員會輔佐的單位制定計畫，也必須與其他層級的委員會協調、整合，避免計畫中有相互牴觸之處。只要不影響其他單位以及組織整體，每個單位都有權力執行自訂的決策。假若某項計畫會影響其他單位的表現，只要各單位之間達成協議，就不須尋求上層的批示。萬一彼此無法達成協議，就得由各單位共同歸屬的最低層主管進行仲裁。每一個單位都可要求最高層的規劃人員（例如總公司的規劃員），研究看看其他單位的計畫，是否會影響該單位的規劃。

值得注意的是，這項原則消弭了集權與分權的問題，因爲在這種方式之下，每一項決策都自然而然地交由適當的層級制定。

同樣地，在此方式之下，任何人都沒有權力制定與自身單位無關，但會影響其他單位的決策。

某家企業爲了方便勞工用餐，在工廠內設置了新的員工餐廳，然而員工卻很難得使用這個新餐廳。該公司的高階主管就此問題向我徵詢意見。我們發現該公司的管理階層，不是在另闢的主管餐廳內用餐，就是出外就食，從不使用員工餐廳。該公司幾乎所有勞工都是墨西哥裔，他們不喜歡員工餐廳內所提供的「美式」餐點，因此勞工幾乎都從家裡帶來各式家鄉口味，或者在街上向墨西哥攤販購買食物。在該公司將員工餐廳的菜單交由勞工管理之後，他們才開始大量地使用員工餐廳。

政策

每一個委員會，都必須以直接或間接的方式，爲它所輔佐的單位及其下屬單位制定政策。所謂「政策」，是一種準繩、規範或法則，而不是決策。例如，「員工的薪資不得高於其直屬上司」就是一條規則、一項政策，但是員工實際薪資的制定，則是一項決策。大學裡有一項政策規定「所有教授都必須擁有博士學位」，然而教授的聘任，則是屬於決策的層面。美國的國會基本上是一個制定政策的實體，而不是一個決策單位；相反地，擁有行政權的分支機構，則有制定決策的權力，但無法制定政策。重點是，在民主化的階級體系中，委員會擁有制定政策的權責，它不同於一般觀念中的委員會；一般的委員會（committee）只是擔任顧問的角色，沒有任何的權力與責任。

經理人可以針對某項決策，向委員會徵詢建議，甚至要求委員會以投票的方式，明確地表達意見。然而不論委員會涉入的程度有多深，經理人仍得扛起制定決策的最終責任。委員會的權責僅限於政策的制定，不須爲決策負責；經理人則恰好相反，他們的責任在於制定決策，而非政策的訂定。

協調

每一個委員會，都有責任確保下面一個層級各個委員會所呈交的計畫與政策，能夠彼此共存，不會產生衝突。由於下面一個層級各單位的經理人，同時也是委員會的一員，因此，雖然有上面兩個階層的主管參與，但是協調的工作，大部分可說是在同一個層級中自行完成的。在這種方式之下，組織內根本不可能形成與維持一個個壁壘分明的「象牙塔」；委員會的存在，提供了一個管理橫向互動的機制。

從我的經驗可以發現，在委員會成立之初，參與委員會的部屬，都會不遺餘力地擁護所屬單位的權益，然而隨著時間的推移，他們的心態會歷經徹底的轉變，愈來愈傾向於以委員會所輔佐的單位之角度思考，在實質上成爲該單位的共同主管之一，其所屬單位的色彩愈來愈淡，幾乎瞧不出他們是來自哪些單位了。

整合

每一個委員會，都必須負責確保它所制定的計畫或政策，不會與相關上級單位所制定的計畫與政策牴觸。我們保存了階級制度，但在本質上卻有重大的不同。在傳統的組織中，經理人所遭遇的許多問題，都是因爲上級單位在制定計畫、政策或決策時，沒有注意到它們對下屬單位的影響。好比說：

> 某家財星前五百大企業規模最大的部門，面臨了市場需求停滯的困擾，獲利能力也因而逐年下滑。爲了持續市場的領先地位，該部門增加了廣告與促銷經費，同

時也削價競爭。這種作法使得銷售產品的成本上揚，而收入卻降低了。總公司爲了維持一定的利潤，規定各個部門以特定的百分比削減人事費用，這項命令在實質上就是要求各部門進行裁員。

有一個專門提供服務的部門，規模雖小、卻舉足輕重。這個部門面臨著強勁的需求，獲利能力也日益提高，它所販賣的就是該部門專業人員的時間。因此，人事費用的縮減，代表著該部門收入與利潤的減少，如此一來不僅惡化了公司整體的問題，還爲該部門創造一個新的難題。

企業的規模愈大、層級愈多，上層的決策就愈有可能削弱下層單位的表現，其後果將會反映在企業整體的績效上。這樣的衝突，不大可能發生在此處所談的民主化階級體系中，因爲每一個委員會都有兩個席位屬於下面兩個階層的主管，這兩位主管將能夠監督決策對該層級的影響。同時，由於能夠參與往上兩層主管的委員會，低階主管也因而能夠了解上層所制定的政策與計畫背後的涵義。此外，如果對高層的計畫與政策有意見，低階主管也能夠輕易地向委員會中的高階主管提出上訴。

工作生活品質

每一個委員會，都必須爲其下屬單位的工作生活品質負責。事實上，在委員會的成員中，來自下屬單位的主管占了絕大多數。這是委員會唯一擁有決策權的領域，不過，與它的其他功能相同，只要不影響其他單位，委員會就擁有廣大的空間可以自由發揮。假使委員會的決策可能對其他單位產生影響，只要獲得受影響單位的同意，委員會便可放手去做；否則，就必須由各單位共同歸屬的最低層主管進行糾紛的仲裁。

一位在大型企業負責製造部門的資深副總裁，決定將其部門改造爲循環式的組織。不過他卻在不久之後打了電話給我，聽起來極其心煩意亂。他以誇張的語氣說道：「你知道工廠裡的那些傢伙，上個週末幹了些什麼事嗎？」我一無所知，他說，員工們召集所有以時計薪的勞工開會，決定取消打卡制度。員工在那天早晨向副總裁通知這項決策，並且說道，由於新法規賦予他們制定這項決策的權利，他們只是向副總裁進行告知的義務，並無意徵求他的同意。

這位副總裁告訴我，他不能坐視這項決策的實行。我問他爲什麼，他說，工廠內有幾座重要的機械中心，如果沒有小心地操縱，將帶給整座工廠負面的影響，他無法冒這個風險。我問他員工是否了解這幾座機械中心的重要性，他說他們很清楚狀況，我又接著問道，如果這幾座機械中心的操作產生疏失，員工認爲副總裁將採取怎樣的行動。他沉吟了一會兒之後說道，他猜想員工將認爲他會恢復打卡制度。我認爲他的猜測合情合理，不過我繼續追問：「那麼你認爲他們爲什麼要進行這樣的改變？」他再度停頓了一會兒，然後回答道，他猜想員工不認為會發生這樣的狀況。於是我建議他讓員工放手去做，在一段時間之後，再來評估這項決策對生產品質與數量的影響；他同意了。

好幾個月之後，他又撥了電話給我，先是一陣興高采烈的寒喧問候，接著他告訴我，工廠的生產力與產出的品質都有驚人的提升。我問他這樣的進步從何而來，他回答道：「我不知道，而且，我也不打算去挖掘原因。」

這位副總裁學到了寶貴的一課，體驗了委員會的行為規範之價值。類似的情況也發生在艾勒卡的田納西工廠上；當公司在工廠最前線設置了委員會之後，工廠的生產力與品質也獲得了長足的進步。委員會第一年的活動，大多以提升勞工的工作生活品質為導向，隨後，他們逐漸將重心轉到影響生產力與產出品質的議題上，並且在兩方面都達到非凡的成就。

績效的提升

以部屬身分加入委員會的成員，每年應起碼找一次機會聚集在一起，商討如何向他們共同的直屬上司提出建議，讓主管能幫助他們提升績效。請注意，這並不是部屬大肆抨擊主管的機會，甚至連婉轉的批評也談不上；這只是向上司尋求協助的一種管道。上司在幫助部屬提升績效之餘，自己也能同時受惠。

我曾多次出席這類的會議，在我的經驗中，偶爾有一兩位部屬提出個人問題，希望上司協助處理。其他同僚在聆聽問題之後，認爲這類問題可以自行解決，不需要上司的斡旋。這樣的過程產生了驚人的學習效果，並且幫助部屬大幅提升其自我意識。

決定各項建議之後，部屬們應就各個議題排定優先順序，並且決定由誰負責向主管提出簡報。通常第一次召開這類會議時，部屬會邀請第三者協助會議的進行，有時也會要求此人幫忙向主管轉達意見。一旦有我所輔導的公司員工向我提出這類要求時，我通常不會拒絕，不過我只願意幫忙第一次的簡報，下不爲例；部屬們必須同意在後續的會議中，自行向主管提出報告。有時候，部屬在第一次的簡報就不需要幫忙，他們採輪番上陣的方式，一人報告一項議題。

與直屬上司的簡報會議，是以面對面的方式進行。主管對於下屬的每一項建議，可能有三種不同的反應。第一種反應是表示：「是啊，我可以這麼做，眞是個好主意」；從我與會的經驗中，主管對七五％的建議會採取這樣的態度。主管通常會繼續表示，如果早知道部屬的這些想法，他可能早就採取行動了；接著，他會要求部屬隨時直陳意見，不必等到這類會議時才提出想法。在第二種反應中，主管表示無法應允部屬的建議，並且提出拒絕的理由；這種情況出現的比例大約是一五％。部屬可以不同意主管的理由，但是他們必須能夠理解主管的立場。就我的經驗而言，建議遭到駁回的首要理由，通常與更高層的政策或計畫有關，在這種情況之下，部屬可能視情況要求修改高層的政策或是企業規劃的某個層面。在最後一種反應中，主管可能要求更多考慮的時間，在一個月之內作出決策；不過這種情況並不多見。由於在會議中，與會人士都展現出通情達理的態度，一開始就能體會彼此的誠意，因此這類會議經常讓經理人與部屬化敵爲友，從敵對的角度轉變爲合作的關係。下面就是一個很好的例子：

某家大型企業的十一位副總裁聚在一起，研討要如何向他們的直屬上司執行長提出一些建議，我以外來者的身分與會，協助會議的進行。他們總共擬出十八項建議。由於我與執行長是多年的朋友，與他相識的時間比任何副總裁都長，因此他們要求我向執行長提出簡報。我答應幫忙，不過僅此一次，下不爲例。

我們在會議室裡進行簡報，我向執行長說明了會議程序之後，開始提出第一項建議。我才提到：「休假」，他立刻脫口而出：「有甚麼好抱怨的？我們公司的休假政策，是全美國最優渥的前面幾名。」於是他開始詳述關於休假的政策。我讓他盡情暢談之後，才告訴他我還沒機會把問題說完。他問我還有甚麼要說的，我回問他：「你去年休了幾個星期的假？」他想了一會兒，然後回答由於去年夏天有突發的重要事件需要他坐鎮處理，所以他只休息了幾天。我又詢問前年的狀況，他的答覆仍然不變。接著我將焦點轉向他的部屬，詢問有幾個人充分地利用了他們應得的六星期假期；沒有人舉手。我問有幾個人休了四個星期的假期，還是沒有人舉手。我又問有幾個人休了兩個星期的假期，仍然沒有人舉手。當我問有多少人休了一星期的假，有兩位副總裁舉手承認。執行長盯著他的部屬，然後問道：「你們幹嘛不休假？」

我要求他自己找出答案，他想了一會兒，然後紅著臉慚愧地表示：「他們沒有休假，是因爲我沒有休假。他們以爲我會認爲休假的人工作不夠努力。」我稱讚道：「你的答案切重要點。」部屬們也都頻頻點頭同意。執行長向部屬表達歉意，他原先並不明白自己的作爲會產生如此的影響。他承諾從今年起，每年將至少休息四個星期，也希望部屬能夠抽空休假。在此會議之後，副總裁們都充分地利用了他們應得的假期。

其餘各項建議，也獲得了類似的反應。不難想像爲什麼在結束會議之後，執行長與部屬對彼此的觀點都大爲改善。

加拿大帝國石油公司根據我與同事共同參與的一些研究，決定成立專門負責液態瓦斯的事業單位。帝國石油的總裁在沒有徵詢任何人意見的情況下，逕行指派一位年輕人掌管此事業單位。被指定擔任其部屬的員工大都較爲年長，在液態瓦斯事業上的資歷也較深。他們對這項任命案忿忿不平，產生了極大的不滿。

這位年輕的主管，在事業單位成立之初便採用循環式的組織。他自身的委員會，在運作上並不順暢，事實上，簡直可說完全癱瘓。他花了好幾個月的時間企圖改善

委員會的效能，卻徒勞無功，因此要求我幫他找出問題的癥結。在深入研究之後，

我提議由部屬召開一次會議，討論這位年輕主管應該進行哪些改變，才能幫助部屬在工作上更輕鬆愉快。他接受了這項提議。

我在隨後協助部屬進行此項會議，會中擬定四十二項提案，部屬們決定自行向主管提出他們的意見。他們在會後立刻與主管會面，一口氣提出六大建議。主管在聽完簡報之後，迫不及待地接納了他們的建言，並且爲自己沒有及早聽取部屬的心聲而感到遺憾。簡報會議中年紀最長的部屬，原本滿心期待能擔任此單位的主管，並且相信自己是更適任的人選。這時，這位部屬突然打斷主管的話說道：「比爾，我想向你道歉，和你坐下來溝通之後，才發現你其實是個很講道理的傢伙，我了解這個職位也是上層指派給你的，你並非有意搶走我的位子。我一直試圖扯你的後腿，希望你遭到調職。現在我明白了，我過去的態度實在是說不過去。我很抱歉，我向你保證，再也不會發生這樣的事了。」

這位年輕的主管回答：「吉姆，對於你剛才的一番話，我眞是說不出的感激。當然，我一直很清楚你的所作所爲，所以我也一直希望能將你調到其他單位。我也向你保證，再也不會這麼做了。希望我們從今天起，能夠摒除成見、攜手合作。」

會中其他人士也開始紛紛招認過去種種企圖破壞、不配合的作爲，並且承諾將改變他們的行爲與態度；會議的氣氛彷彿基督徒的「重生」佈道大會。他們繼續提

出其他的建言，在會議結束之後，這群人凝聚成了一個團結而鬥志高昂的團隊。

百威啤酒國際事業部的總裁普尼爾（John Purnell），以我剛才所描述的程序爲基礎，增添了一項很好的作法，我認爲非常值得效法。在他的部屬一一陳述建言，並且獲得善意的回應之後，普尼爾轉而向他的部屬提出建議，希望他們能讓普尼爾的工作更加得心應手，部屬們也以同等的善意回應。會議中充滿溫馨的氣氛，每位與會者包括我在內都深受感動。上司與部屬之間融洽的合作關係，是一項顯而易見的事實。

對主管的認可

在民主制度中，沒有人擁有至高無上的權力，這是民主的一大特色。爲了實現民主制度這項重要的條件，委員會必須有權撤除經理人的職務，不過委員會只能將經理人調到其他職位，無權開除經理人；開除經理人的決策是其上司的權限。這表示每一位經理人，都必須獲得其部屬與上司的認可。

經理人遭其委員會撤換的案例，我只見過一次。主管與部屬之間，一旦建立同心協力的合作關係，就不大可能出現撤換經理人的理由。

某家公司以更進一步的作法，讓員工共同分攤任命經理的責任。每一位經理職位的候選人，首先必須獲得該職位的部屬認可，接著由其同儕審核，最後再交由上司拍板定案。以此方式任命的經理，似乎都能有傑出的表現。這是因爲部屬得爲這位經理的任職負部分的責任，因此他們都亟欲配合，以證明他們做了最佳的選擇；而他們的合作，也成功地使這位經理人看似最佳的人選。換個角度來看，一群帶有敵意的部屬，幾乎總能讓他們的直屬上司顯得不適任。

委員會的運作方式

每當我向企業主管說明循環式組織的設計時，聽衆總是會提出許多好問題。他們並非疑神疑鬼地故意刁難，而是眞心誠意地想了解這項設計、它的成果以及執行時可能遭遇的問題。我在此處詳細地討論最常見的問題。

會議的頻率與長度？

更尖銳的問法是這樣子的：「當一位經理得參加十或十一個以上的委員會議時，他怎麼找得出時間幹正事？」會議的次數與時間長度都是非常好的問題，我將試著在此依次回覆。

委員會議的頻率與長短，端視成員工作地點分散程度而定。一般而言，如果各別委員集中在同一個地點工作，一個月大概召開一次或兩次的會議；經過短暫的試驗摸索期之後，委員會議大約占去每個月四小時的時間。如果各別委員的工作地點相當分散，他們往往會利用其他碰面的機會趁機召開會議。在某個案例中，委員會的成員駐紮在不同的國家，他們每季得召開一次地區會議，輪流在各個地區舉辦，委員們趁此機會碰面，撥出一天或半天的時間舉行委員會議。

企業主管的委員會議，每個月很少超過四十個小時的長度。既然主管們每個星期的工作時數，幾乎都會超過這個數字，所以委員會議最多占用主管們二五%的時間。根據研究顯示，大多數企業主管所從事的活動，八〇%的時間不需要發揮其管理才幹；姑且不論他們所從事的活動重要與否，這項事實表示企業主管至少將一半的時間，花費在不需要經理人參與的事項上。更進一步地推論，我們可以提出一個比較適切的問題：「在參與委員會議與從事管理活動的時間之外，經理人將一半以上的時間用在什麼地方？」

此問題的部分答案是這樣子的：「他們大多把時間浪費在一事無成的會議裡。」委員會的運作能刪除許多不必要的會議，節省下來的時間，比委員會議所耗用的時間更多。因此，大多數主管評估其時間規劃時，發現自己在委員會制度實施之後，大約多出了二五%的自由時間。此外，這些主管也發現委員會議不但不會打擾他們的工作，反而能幫助他們以既快速又有效的方式，完成最重要的工作項目；管理委員會是管理上的一大助力，而不是浪費時間或阻礙管理工作的包袱。最重要的是，管理委員會讓企業主管能夠管理⑴部屬之間、⑵單位與組織內其他單位之間，以及⑶與外界相關組織之間的互動。

委員會議如何達成決議？

委員會的決議應以共識爲基礎，而非以過半數或相對多數的意見爲依歸。一個採取多數決的組織，經常會出現蠻橫霸道的舉止；即使組織能夠避免專橫的行爲，少數族群的權益也往往受到剝奪。但是，如果每項決策都得先取得完全一致的意見，怎麼可能達成任何決議呢？要回答這個問題，首先必須了解共識需要何種型態的一致意見；共識所需的一致是實際上的一致，而非原則上的一致。我用下面這個例子說明。

一家中型企業的執行長，爲公司內的七十五位主管安排了一次長達一星期的訓練營。他將主管們分爲八組，每一組的任務都一樣，都必須提出公司的改造計畫。他們必須在星期五以前完成，然後全部主管再度聚集在一起，向其他各組提出自己的設計。

各組在星期五提出的設計不盡相同，不過許多設計都大同小異。在各組報告完畢之後，執行長詢問有多少人認爲第一項設計是最佳的設計。大約八分之一的人舉手——全都是參與該設計的組員。執行長繼續針對下面兩項設計提出同樣的問題，結果也一樣。於是他停了下來，當時我坐在第一排，就在他的對面，他直直地望著我，問道：「我現在該怎麼做？根本沒有一項設計會得到過半數的票，更別提達成共識了。」

我指出他的問法並不正確，他反過頭來質疑我，要求我提出正確的問題。我從這八項設計中隨意地挑出一項，然後請全體主管投票，看他們願意選擇我任意挑選的設計，還是選擇讓組織維持現狀。全體主管毫無異議地支持我所挑選的新設計。這樣的結果讓他們發現，或許每一項新設計都有可取之處，因此他們再度熱烈地討論起來，歸納出一項比原先的各項新設計更理想的計畫，這就產生了衆人一致認同的最佳設計。

無法就「最佳」事項達成協議的委員會，往往能針對「較佳」的事項取得一致的意見。這就是共識——實際上的一致，而非原則上的一致。

在某些案例中，共識並非透過協商達成，而是藉由其他兩種方式產生：透過實驗或者透過主席的斡旋。不過，這些狀況都並不多見。

透過實驗達成的共識：當會議無法產生共識時，引發歧見的爭議，往往是可由事實論斷的問題。一旦找出問題的核心，就能透過實驗發現事實眞相，藉此平息爭議而達成共識。例如：

某家企業擁有十二座生產相同產品的工廠，負責向不同的地區供應貨品。問題在於工廠內的維修工程師，應該聽命於各廠的廠長，還是由總公司的工程部副總裁統籌管理。雙方各持己見，無法達成協議。這項爭端其實是可以由事實證明的，背後的問題在於哪一種安排能夠產生最佳的維修服務？雙方同意就此問題進行實驗，並且承諾不論結果如何，都願意接受事實。於是公司任意挑選六座工廠，這六座工廠的維修經理向各廠的廠長報告；其餘各工廠的維修經理，則直接隸屬於工程部副總裁的麾下。衡量績效的標準，也在事先得到雙方的同意。結果顯示兩種組織結構互有高下，何種安排的表現較佳，取決於工廠的其他特徵。雙方因此達成協議，同意依據各個工廠的特色而制定決策。

我所見過最極端的案例，出現在墨西哥內華達山區內，一個遺世獨立的小型印地安村落裡。

墨西哥的總統府秘書室（類似美國的行政管理與預算局），提供經費贊助我所參與的一個大學研究小組，讓我們對村落的自我發展進行實驗。我們選擇了一個小型的偏遠村落，預備提出一筆經費供其發展之用，前提是所有決策必須以民主的方式制定；村民們欣然接受了我們的提議。我們花了一點時間，向村民解釋發展的本質以及民主的方式。

村民首先提議，將這筆錢平均分給村裡的每一戶人家，我們解釋這種作法並非有利於發展的投資。所謂投資必須能增進村民的能力，幫助他們在未來獲得福祉（例如建設灌溉系統，將水流引進村子裡）。

這個村落的歷史，可以追溯至西班牙軍隊入侵墨西哥之時，當時一群印地安人撤退到山區，之後便隱居在此。正因爲如此，這群印地安人將墨西哥聯邦政府視爲占領時期的臨時政府，不承認其合法性。因此，村民決定成立一個正式的政府，由它來掌管這筆經費。而政府的運作，首先便須制定憲法章程。他們召開了數次村民大會，商討各項法規的內容。

在這些會議中，村民因死刑的存廢而發生激烈的爭吵。有些人認爲若要遏止重大罪行，死刑的存在有其必要性。其他人則認爲人們在犯下重大罪行時，根本完全喪失理智，早把對懲罰的恐懼拋到九霄雲外。

雙方的目標其實是一致的，都希望將盡可能降低重大案件發生的頻率，至於死刑的存在是否能幫助達成此目標，則是一個可由事實證明的問題。我們向村民們表示，只要以墨西哥其他地區的資料爲基礎，藉由分析下面這四種狀態的犯罪情況，就可以判定問題的答案——一直保有死刑的地區、死刑原先存在但後來遭到廢除的地區、一直都沒有死刑制度的地區，以及原先沒有、但在隨後制定了死刑的地區。

村民們展開了這項分析工作，發現死刑無法降低墨西哥的重大犯罪率。在此事實的支持之下，村民們一致決議不將死刑納入新規章當中。

假使持相反意見的兩方，甚至連爭議背後的事實問題也無法取得一致的意見，下面所描述的程序（這是拉波波特在一九六○年發展出的程序之一種變化），可以幫助發掘爭議的本質：

1. 兩方必須以對方能夠接受的方式，重新陳述對方的觀點。

此一步驟可能需要經過數次來回。假若其中一方的立場是維持現狀，那麼由於維持現狀的理由，要比主張改變的理由容易了解，因此必須先由主張維持現狀的人，正確地闡述另一方的立場。比爾斯在一九六七年曾經這麼寫道：「甚麼事都不幹的方式只有一種，而做事的方式卻有千百種。」

2. 一俟完成第一個步驟，雙方必須就他們的信念，陳述對方立場有效的前提。

以此方式提出的條件，經常是對未來的預測；也就是說，人們對於目前是否該採某項行動所產生的爭議，往往是基於彼此對未來有不同的預測。例如，一家企業的高層管理委員會，最近就如何增進與策略聯盟夥伴的關係這項議題，產生了歧見；爭端的起源，在於委員們就企業夥伴對各項行動的可能反應，具有不同的信念。

在其他的狀況中，爭議也可能基於對過去事件的不同看法。例如，當考慮增加廣告預算時，過去類似的行動，是否眞的能刺激銷售、收到效果？或者如上述的死刑議題，死刑的採用，是否確實遏止了重大罪行的發生？

如果委員會無法就爭端的本質取得一致的意見，可能就必須由委員會主席出面調停，我將在下文描述這種狀況。這種情形的發生，或許是因爲爭端的基礎在於價值觀的歧異，無法由事實論斷。舉例來說，在某家企業的委員會中，有一方堅持公司必須擁有多數股權，才能夠與其他公司合夥；另一方則在某些條件之下，願意接受少數股東的地位。在此議題中，從中作梗的，在於雙方對控制權的不同價值觀。

3. 一旦找出爭論的事實基礎，雙方應共同設計實驗方式，以判定事件的實際情況。如果必要的話，必須不斷修正實驗方式，直到雙方能達成共識爲止。兩方面應同意依據實驗的結果制定決策，不論結果對哪一方較爲有利。

例如，在決定工廠維修工程師之組織地位的案例中，兩方共同設計實驗，要求某些工廠以一方的方式行事，其他的工廠則以另一方的方式行事；雙方並同意遵照實驗的結果。

這個步驟也是一樣，如果雙方無法就實驗的方式取得共識，或許必須委由會議的主席，以下文所描述的方式仲裁。

4. 組織應確實執行雙方同意的實驗，並且依照實驗結果行事。

若是沒有時間或沒有意願進行實驗，那麼藉由分析各種不同觀點的最壞狀況，找出其中傷害最小的，也能夠幫助達成協議。類似表9.1的表格，可以幫助進行此類的分析。

5. 接下來評估雙方立場出錯的嚴重性（也就是各種錯誤中，後果最嚴重的一個）；如果雙方能就各種錯誤的嚴重性達成共識，就可以選擇失誤嚴重性最低的計畫。

所謂「錯誤」，就是讓決策者在事後感到懊悔的結果。決策者可以將各種可能的錯誤依照

表9.1 在死刑議題上可能犯下的錯誤

立場	死刑可以遏止重大罪行	死刑無法遏止重大罪行
	論證成立的前提	
贊成死刑	X	錯誤1
反對死刑	錯誤2	X

其嚴重性排列，或者依照失誤可能造成的損失排列。

再一次強調，如果雙方仍然無法取得協議，可能必須訴諸以下所述的手段。

透過主席的斡旋而達成的共識：假使用盡各種方法，仍然無法產生共識，主席可以要求在場人士理清頭緒，簡短地總結自己的意見。通常完成此一步驟之後，潛藏的議題便昭然若揭。主席接著必須告訴與會人士，如果他們無法取得共識，主席會採取哪一方的立場；不過假使雙方能自行達成協議，主席將遵守會議的決議，不論此決議是否與主席的立場相同。

接下來，主席輪流要求與會人士陳述自己的立場，如果仍有人持不同的意見，將被迫接受主席的裁決。雖然這種程序看似專制，但是大多數委員會皆同意，這是既公平又能確保不耽誤重要議題的方法，同時委員的意見也不會隨意地遭到抹煞。

不論訴諸實驗或主席的斡旋，這些方法的使用，必須在委員會成立之初便達成共識；它們應成爲會議的標準程序之一。在我的經驗中，尚未見過無法以這幾種方式達成共識的案例。

組織轉型民主化階級制度的最佳時機？

這個問題的答覆，通常很難令發問者滿意。我的答案是這樣的：應該即知即行；著手做任何事情的時機，沒有比「現在」更恰當的了。當一個人不斷尋找、等待最佳的起點，事情將很難有個開端。舉例來說：

我在幾年以前，爲某汽車公司從事一項研究。有一天，負責發展高階管理人才的副總裁問我，是否願意爲該公司約兩百名高階主管，設計一套爲期兩天的訓練課程。我說：當然願意。由於他希望採取大約二十名學員的小班制度，因此需要舉辦十次的課程。他繼續說道，前面四期的課程，將由最資淺的主管參加；接下來三期的學員爲中階主管；隨後兩期是資深主管；最後一期的課程，則專爲包括執行長在內的高階行政長官而闢。

在第一期課程結束之前，我與在場主管進行了一場開放性的討論。其中一名主管說道，課程中的所學所聞讓他躍躍欲試，等不及想見到這項制度的施行。不過他說，他不是參與這項課程的正確人選，由於任何決策都必須獲得上司的批准，因此他的上司才應該參加課程。我向他解釋，他的上司終究會接觸到同樣的課程內容。這樣的說法消除了他的疑慮，於是他說，等到上司完成了課程之後，他將以「重砲的火力」與主管討論此設計的推行。

同樣的狀況，在前面四期課程重複地出現；在隨後三期的課程中，中階主管則將皮球往上踢給公司的資深主管；而資深主管則在完成課程之後表示，一切計畫皆須執行長的批示才能行動。

我迫不及待地想聽聽，最後一組學員公司的高階行政長官的說法。執行長告訴我，他對課程內容感到印象深刻，並且熱切地希望推動這項制度。不過他接著表示，如果沒有部屬的支持，他將難以一展長才。因此，他問我是否有機會向其部屬進行教育。

這是一個癱瘓了的組織，沒有一位主管願意擔負創新的責任，爲求明哲保身，每位主管都在等待他人的裁示。不用說，在我的演講之後就不了了之，沒有任何設計付諸實行。

循環式組織的推行，會在組織的不同階層發起——上層、中層、下層或是許多層級的組合。一旦證明此設計能提升績效，因爲它也很少令人失望，組織其他層面將會緊接著效法；沒有什麼事情，會比成功更富傳染性的。

墨西哥公共工程部機械局的局長，在該局第三層的單位，推行循環式組織；這樣的安排，得到了極大的成功。因此新任總統即位後大舉更換內閣閣員，他是唯一獲得留任的局長。其他新上任的閣員，無不對他獲得留任的原因大表好奇，紛紛向他請益，從而學會了循環式組織的概念，其中一些官員隨後也採行了這項制度。

百威啤酒公司的最高層主管，創辦了一個類似委員會的制度，他們將它稱爲政策委員會。會中某些副總裁，將此制度引進他們所屬的部門，其中一位甚至不遺餘力地將制度推行至部門的最底層。至於艾勒卡田納西工廠的委員會，則由最高層與底層的主管同時推行，兩個階層連袂發揮其影響力，直到所有中間階層都採納此一制度爲止。伊士曼柯達的委員會制度，由組織第六層的單位發起，並且推廣至組織整體。白宮通訊處則全面採行委員會制度。

由誰出任委員會主席？

一般說來，委員會所輔佐的主管是會議主席的最佳人選；由部屬輪流擔任主席的方式，也獲得相當大的成功。唯一應極力避免的，是由主管的上司主持會議；這種作法將使得委員們無法暢所欲言地進行討論，因而強化了階級制度中的專制色彩。

由誰設定會議議程？

任何一位委員都有權利參與議程的制定；他們可以將打算討論的項目，交給委員會所輔佐的主管之秘書，或交給其他特定的負責人。討論項目必須在議期的三天前底定，並且交付所有委員傳閱，如此委員們才有足夠的時間思考會議中預備討論的議題。

需要專家在場協助主持嗎？

不需要，不過會有幫助，尤其是初期的幾次會議，如果陣中缺乏經驗豐富的主管，專家主持確實能促進會議的成效。即使委員會邀請專家輔佐，也很少超過兩次或三次的會議。如果專家在後期受邀與會，將是基於他們對會議議題可能的貢獻，而不是請他們主持會議的進行。

由於大都會人壽保險公司同時成立了為數衆多的委員會，內部專家的需求激增，因此必須積極調教內部的人才，增進他們主持會議的能力。訓練課程除了向外部尋求一點協助之外，主要的內容仍是由內部人員設計。公司內許多品管小組的負責人，便獲得推舉接受這項訓練。

成員是否應接受團隊程序的訓練？

一般來說，團隊程序（group process）的訓練的確會有幫助。例如艾勒卡田納西工廠的每位員工，都會接受歷時七天的訓練（包括工會幹事、主管以及以時計薪的員工，沒有人例外）。有些組織向國家訓練中心（National Training Laboratories）尋求協助，其他組織則由公司人力資源部門的員工負責設計訓練課程，企業不愁找不到提供此類訓練的來源。

是否有組織採用循環式組織後又放棄？

是的，曾有一些組織這麼做，而他們全都基於同一個原因而放棄——那就是新主管上位之後，企圖抹滅前任主管的一切痕跡。美國海軍的人事與訓練中心，以及駐歐洲的陸軍單位都是如此；有些企業也曾發生過類似的淨化活動。

循環式組織的首要障礙是什麼？

某些經理從權力的滋味所獲得的滿足感，以及誤以為組織缺少了他們便會「七零八落」的信念。這也是伊朗國王在面對日益升高的反對聲浪時，仍拒絕放棄權力的藉口；他深信若非其統治，伊朗將淪入共產鐵幕之中。（眞是搞不清楚方向！）

對許多經理人而言，權力本身就是一項目標，而非達成目標的手段。這些人在骨子裡根本就是獨裁者。事實上，權威經常會削弱領導力。在法西斯國家裡，擁有絕對權力的領導人，總能頤指氣使，爲所欲爲。不過，如果部屬擁有選擇與言論的自由，他們的命令將難以得到支持貫徹。

如何處置現行其他具有長期任務的小組？

有關如何處置現行像品管小組，或其他具有長期任務的小組，如果可能的話，應由委員會負責公司內部的品質提升活動。大都會人壽保險公司最近才將品管小組的任務，併入委員會的職責。品管小組的負責人在經過簡短的訓練之後，成爲委員會議的最佳催化劑。

工會的存在是否造成任何影響？

此問題的答案，得視管理階層與工會雙方對組織內部民主化的態度而定。美國鋼鐵工會第309地方分會的合作，讓艾勒卡田納西工廠得以順利地轉型；同樣地，在西屋電器（Westinghouse）位於密西根州激流市的設備系統事業單位裡，勞工工會最終也完全地融入了委員會的運作。然而，期間他們也曾出現工會抗爭的案例，他們將委員會制度的推行，視爲管理階層試圖迴避契約談判、藉以削弱工會力量的一種手段。這是錯誤的觀念；因爲在具備工會的組織裡，委員會議是完全不討論有關契約的議題。不過委員會的運作，往往能大幅減少契約談判時勞資雙方所需協商的議題項目；事關工作生活品質時，委員會的成效尤其明顯。

循環式組織能用在任何型態的組織上嗎？

是的，它曾套用在矩陣式組織、網路組織以及扁平化組織等不同型態的組織上，我尚未見過不適用這項設計的組織結構。

循環式組織是否與共產主義的概念不謀而合？

絕非如此。這個答案雖然直接了當，背後的邏輯卻十分重要。提出這個問題的人，顯然不了解共產主義與民主制度之間的差別。共產主義的內涵，是將生產工具公有化，與它相對的概念是資本主義；在資本主義的社會裡，生產工具屬於私人所有。如同我們所見的，民主制度談的是政治上、行政上的過程，與生產工具的管理無關。因此，這世界上存在著不民主的資本主義國家：例如佛朗哥統治下的西班牙，以及墨索里尼的義大利；也存在著講求民主的共產社會：例如一九六〇年代在加拿大不列顛哥倫比亞省聚居的嬉皮。雖說如此，大多數共產國家都採專制的獨裁統治，而資本主義的國家，則多半奉行民主制度。總而言之，民主化的制度，不必然與資本主義或共產主義相提並論。

循環式組織也適用於開發程度較低國家的組織？

的確適用。我曾有機會前往好幾個位於拉丁美洲與近東的國家，幫助企業推行這項設計。所到之處，這份構想都受到熱情的歡迎。若真要推究原因的話，那些在生活中無法獲得充分自由的人民，往往更珍視任何能夠享受自由的機會——即使工作中的一點點自由，也令他們如獲至寶。

結論

對於目前盛行的企業觀與所有權的概念，人們的不滿之情日益升高：企業的民主化，便是順應此一現象的一種作法。愈來愈多的學者，透過文獻表達他們的不滿，例如，漢迪在一九九七年就曾這麼寫道：

> 這個時代最荒唐的矛盾現象之一，便是由集權式、中央控管的組織（其擁有人爲組織外部的第三者），提供了偉大的民主社會賴以生存的必要資源……
>
> 如今，企業主不應將企業視爲一項財產；它應被視爲一個社會。不過構成社會、凝聚人們的力量，不是共同生活地方，而是一個共同的目標。在民主主義的眼光中，所有社會均須具備憲法規章，憲法認可所有社會成員的權利，並且訂出管理的法則。社會的中心份子不再適合稱爲「員工」或「人力資源」，他們將扮演「公民」的角色——除了享有權利，也必須負擔責任與義務的公民。

在《商業周刊》在一九八七年一篇名爲「企業主控權之戰」（The Battle for Corporate Control）的文章中，冠軍國際企業（Champion International）的董事長席格勒（Andrew C. Sigler）說道：「那些手中僅握著股票一小時的股東，憑甚麼決定公司的命運？這是法律賦予他們的權力，而那是錯的」。雅芳（Avon）產品企業的董事長沃德朗（Hicks B. Waldron）也發表了高見：「我們在全球擁有四萬名員工與一百三十萬名業務代表，也有一大群的供應商、機構、顧客與社區。然而這些人不能自由地買賣公司的股票，無法享有股東所擁有的權利。比起股東而言，這群人與公司之間的利害關係更為深遠，也更具有意義。」

這篇刊登在《商業周刊》的文章，以下面的言論總結：「勞方以積極的手段爭取企業所有權的行動，正快速地腐蝕著唯有資方才有權利掌控企業方向的陳腐觀念。」

因此，企業的管理階層顯然得好好地思考：寧可現在主動地推行民主化呢？還是準備將來讓不可抗拒的民主潮流強迫我們轉型？這個問題的答案，取決於管理者對另外兩個問題的答覆：相對於採用威權的態度，透過領導力的運用，是否能增加目前的管理成效？假使領導力比威權更能增進管理的成效，我是否願意捨棄權力以提升組織的績效？

10

內部市場經濟

讓所有單位都變成利潤中心

企業必須賦予內部市場的利潤中心

有對內、同時對外交易的自由

各單位藉由與外部供應商的公平競爭

不但可以建立更健康的成本體質

更可以發展各自的競爭力

人類打從有歷史紀錄以來，從未見過擔心下一頓飯沒有著落的經濟學家。

——杜拉克

這麼多年以來，我見過許許多多有關企業內部財務的問題，在表面上，種種問題看似各有各的爲難之處，然而出人意料的，解決方法卻如出一轍，都是透過以內部市場經濟取代中央計畫與統制的企業經濟模式而解決。在描述內部市場經濟體制之前，先看看幾個讓我引發此結論的企業問題。

在某家大型電子製造商裡，有兩個往來密切的策略性事業單位(strategic business units; SBU)。其中一個事業單位專門生產家電用品所需的小型馬達，雖然客户數量並不算多，但它的銷售量龐大，爲企業帶來不少利潤。另一個事業單位的角色，則是供應電子器材經銷商包括小型馬達的各種替換零件；這也是個賺錢的單位。企業要求後者向前者購買銷售所需的馬達，由於兩個單位均爲利潤中心，企業必須爲兩者之間的交易訂出一套轉讓價格。

問題就出在這兒：轉讓價格會挑起相關單位之間的衝突，眞是屢見不鮮。有些產能利用嚴重不足的製造商，願意以極低的價格出售馬達，因此，第二個事業單位能夠找到比轉讓價格更便宜的貨源。不過在公司的強制規定之下，此事業單位不得由外部進貨；其獲利能力因而受到影響，單位主管的荷包也跟著縮水，因而心中對馬達製造部門充滿了怨懟之情。除了因爲馬達業務不得不然的合作之外，兩單位各行其是，不相往來。

另一方面，馬達製造部門賣給外部客户的價格，通常高於內部的轉讓價格。因此，當工廠產能尚不足以應付市場需求，但仍須撥出產能供應內部單位時，它的利潤就受到了傷害。自然而然地，它對第二個事業單位的憎恨，與後者對它的不滿不分軒輊。

轉讓價格還能造成更嚴重的後果，通用汽車加拿大分公司的前任總裁萊因哈特可以爲證：

> 通用汽車怎會在二十二年間，轉眼就失去其市場地位？值得花個幾分鐘找出罪魁禍首。問題的根源就在於，通用汽車管理階層深思熟慮下的政策；他們訂出高於市場水準的轉讓價格，讓培卡得（Packard）的電子等部門坐享利潤。這些部門於是鬆懈下來，成本隨之日益上揚，進而在一九七五年……完全失去競爭能力（Halal、Geranmayeh and Pourdehnad, 1993）。

萊因哈特繼續找出其他兩項因轉讓價格而產生的問題：「讓企業難以計算內部的獲利能

力」以及「若未獲得總公司的允許，最終產品部門不得向內部供應部門以外的來源採購」。這兩項問題的後果爲：

> 不僅失去產品的整體競爭力，更糟的是，會欠缺對美國本土市場，甚至日本市場——競爭程度的理解。在一九五三年，相對於福特僅有五〇%、克萊斯勒僅有三五%的零件由內部供應，通用汽車向內部採購六五%的零件這項事實，被視爲其一大競爭優勢，因爲人們認爲通用創造的附加價值更高。但是這六五%的「附加價值」，其實是由飛漲的成本構成的。到了一九七五年，這項想像中的優勢，便成了通用汽車無法卸下的重擔。

在中央計畫與統制的經濟體中，轉讓價格取代了市場機制，往往造成激烈的內部衝突與競爭。杜拉克一度評論道，企業內部的競爭，比市場上的競爭更激烈、更加無所不用其極。企業單位通常與外部的供應商，更能產生密切的合作關係。企業內部的市場經濟，能夠消弭轉讓價格所造成的內部衝突，也能解決萊因哈特觀察到的兩項問題。我將在後文中詳述。

美孚石油公司（Mobile Oil）在使用大型主機電腦的時代，出現了一個狀況不同卻相關的問題。

> 這個案例與美孚的電腦中心以及公司新上任的執行長有關。新執行長是財經背

景的出身，因此在上任初期，便針對各項成本提出種種預估。他發現公司當時面對的趨勢如果持續下去，過不了多久，花在電腦上的經費，將超過公司的人事費用。他不確定這種狀況是否合理，但是由於欠缺衡量電腦中心產出價值的方法，他要求同事與我，爲他發展出一套評估方法。

我們發現電腦中心的內部用戶，不需要直接爲他們所享受的服務付費。既然用戶不須花半毛錢，他們便不斷地提出要求，讓電腦中心不勝負荷，用戶也因而對電腦中心排定優先順序的方法以及服務的品質，感到惱怒不已。不用說，電腦中心的主管也以相同的態度回敬用戶單位，他認爲用戶單位的要求並不合理，因此常常對他們相應不理。

我們找出了電腦中心的主要工作型態是，爲煉油廠與油輪擬定排程，不過卻無法衡量其工作的績效。用戶從未完全遵照電腦中心的排程，只不過把它當作決策判斷過程中的一項參考；至於實際的排程以及更動電腦排程的原因，則完全沒有紀錄。因此儘管我們用盡方法，也無法衡量電腦排程本身的成效。

在無計可施之下，我們求助於一項法則——如果找不到問題的解決方法，必定是找錯了問題的方向。因此，我們提出另一個問題：爲甚麼某一方提供給另一方的服務，要交由第三者（也就是我們）來評估呢？顯然地，評估工作應由接受服務的一方完成，但是要做出合理的評估，用戶單位必須有權選擇其他的服務來源。

因此，我們建議將電腦部門改制爲利潤中心，可以自行訂出收費標準，而內部的用戶單位，則得以向外部組織購買服務。此外我們也建議公司，允許電腦部門向外界銷售其服務。

這項建議獲得採納並加以實行。由於內部單位必須付費使用電腦中心的服務，他們不再提出不必要的要求，因而大幅減少電腦中心添購機器的必要。電腦中心的服務也得到顯著的改善，同時招攬了大量的外部業務，成爲一個賺錢的事業。

類似的問題也出現在英國的一個市場研究小組。他們被公司內部的用戶批評得體無完膚，這些用戶依規定不得委由其他公司進行市場研究。研究小組歷經了與美孚相同的改變，所獲致的成功也不相上下。在與外界的競爭之下，研究小組的服務品質大幅地提升。有一段時間，它幾乎失去所有的內部生意，不過當見到外部客戶對其服務的高度評價，內部用戶又逐漸回流。

此處所描述的這些案例，讓我開始思索企業處理內部財務決策與交易的方式。一般而言，它們處理的方式與蘇聯政體的手法相去無幾，皆由中央計畫與統制。無怪乎一些困擾著西方企業的財務難題，與蘇聯的整體經濟問題，有著異曲同工之妙。

中央計畫與統制經濟體系

俄文中的「Perestroika」，指的是「改革」、「重建」的意思，用來形容蘇聯由中央計畫與控制的經濟體制，調整爲市場經濟的過程。沒有任何一個實行中央計畫與統制經濟的國家，能達到市場經濟國家的發展成就；當然，也不是每一個市場經濟體系都能夠繁榮興盛，不過只要是蓬勃發展的社會，必定奉行市場經濟。這表示市場經濟是高效能經濟發展的必要條件，但並非充分條件。

蘇聯政府認淸中央計畫與統制的經濟體制，無法讓該國的經濟有進一步的發展，因此戈巴契夫著手改革，試圖在俄國推行市場經濟，最後在葉爾欽的持續努力下完成。

爲了追求規模經濟，實行中央計畫與統制的經濟實體，不論國家或企業，經常在內部供養專門提供服務的部門。這些具有壟斷地位的單位，往往具有濃厚的官僚氣息。在企業裡，諸如會計、人力資源與研究發展等部門，一般都屬於受到高層補助的獨占單位；所謂「受到補助」，是因爲這些部門的經費來自企業高層，內部用戶不必以直接的方式爲使用其產品與服務而付費，而經費的來源，則是內部單位平日所提列的管理費用（或「稅金」）。

受到高層補助的獨占部門，往往對下游用戶愛理不理，卻對提供經費的上層單位言聽計從。贊助人與用戶之間的關係就更疏遠了，所以無法站在用戶的角度，體察獨占單位的缺失。

這只是中央計畫與統制的經濟體系，在國家、公共機構與包括企業的公、私立組織之內造成問題的開端。其他問題還包括官僚化、冗員過多、多餘的管理層級（連帶造成管理幅度過小），以及因循苟且、缺乏創新的企圖心，也懶得師法他人的創意。爲了確保生存的空間，官僚體系往往盡可能地擴大自身的規模，因爲他們假設規模愈大的單位，就愈重要，也就愈難以去除（這並非不合理的假設）。因此，冗員過多可說是官僚體系與生俱來的缺陷。

在中央集權式的經濟體制裡，由於高層主管很少、甚至從未尋求用戶單位的意見反饋，因此使得組織下層的服務單位很容易自我膨脹。高層的贊助者衡量這些充滿官僚氣息的服務單位時，僅憑據服務單位主管所提供的「資訊」，這些資訊通常出於單位主管之手，用來吹捧該單位的作爲——不論其眞實的效率多麼低落。美國目前盛行的裁員風潮，反映出企業界對於中央經濟體制完全無法控制組織規模的一種覺醒（我將在第十二章針對裁員議題進行深入的探討）。

由於向內部用戶供應產品與服務的單位，不需要與外部的供應商比較成本與價格，因此中央集權式的經濟體系，往往造成內部成本的上揚。尤有甚者，產品與服務的成本愈高，單位獲得的補助經費也愈多。長此以往，企業漸漸搞不清楚內部的成本結構，而造成無法以系統的方法設立標準成本。相反地，若非對競爭者的定價方式有深入了解，並且能夠緊跟市場價格，在競爭環境中營運的企業單位，絕對無法生存。

評估企業內部受到補助的供應單位的經濟價值，幾乎是不可能的事。這些單位在中央的保護下，具有壟斷的地位，例如企業的電腦或通訊中心、總部的研發單位、人力資源部門或組織發展部門。在市場經濟體系中，負責評估供應單位的，不是出錢的贊助人，而是產品與服務的實際使用者；他們以眞正具有意義的方式——購買產品與服務，來表達對供應者的滿意程度。

企業內部事業單位的主管，大都不清楚他們總成本的多寡。更明確地說，他們不知道該部門耗用了多少資本，也不知道企業資本的成本；資本成本通常隱含在上層要求他們分攤的費用裡。如果經理人不清楚——因此也無法掌控——其成本的一大部分，他們如何爲單位的財務績效負責呢？

隨著組織規模愈來愈大、結構愈來愈複雜，大權在握的主管掌握一切資訊以有效管理組織的能力，也愈來愈薄弱；期望他們的腦中要具備足夠精準的模型，分析所有元素之間的互動，實在是強人所難。這就是市場經濟更適合大型組織的原因：它將經濟的控制權，往下分散給必須相互競爭以求生存的組織單位。而想要在競爭的環境中生存，就必須達到或超越顧客的期望。

總體經濟與個體經濟

爲什麼我們國家的經濟體制是一種型態，而組織的經濟體制又是另一種型態呢？有人主張這是因爲國家的經濟問題，在廣度與複雜度上，都與組織的經濟問題截然不同。這種說法不符合事實。根據經濟委員會一九九一年的研究，在世界前一百大的經濟實體中，企業界便囊括了四十七個席次，通用汽車高居第二十名，規模勝過絕大多數的國家，其複雜度更是多數國家所難以望其項背的。

美國的總體經濟層面，涵蓋許多自主性相當高的供應商，他們在競爭的環境中提供各式的產品與服務。不過由於企業缺乏完美的市場資訊，也無法通盤了解彼此之間的影響；此外，他們的行爲並非總是遵循道德標準，或符合利害關係人、環境與社會系統的最大利益，因此政府仍須制定一些法規，在某種程度上約束他們的行爲。然而中央的控制，應僅及於確保市場有效運作的範圍之內。

這讓我想到一些問題：在企業與公共機構內推行市場經濟，會達到何種效果？要如何進行？推動了市場經濟之後，它們的績效會受到怎樣的影響？

內部市場經濟

在企業內部建立市場經濟體制的首要任務，就是讓所有單位（包括總裁辦公室在內），都轉變爲利潤中心或成本中心；成本中心是利潤中心的一部分，後者必須爲前者的績效負責。那些不能或不應爲外界提供產品或服務、同時只有單一內部用戶的單位，必須以成本中心的方式運作。例如只爲總裁提供服務的秘書或企業規劃部門，都必須成爲附屬於總裁辦公室的成本中心，而如同下文的敍述，總裁辦公室應以利潤中心的方式營運。基於競爭因素，必須對產品的成分與製造方式保密，因而無法成爲利潤中心的單位，必須轉變爲成本中心。同樣地，提供企業獨特競爭優勢的部門，也不應該以利潤中心的方式經營；這與政府在冷戰或熱戰期間，禁止企業向敵國銷售產品與知識的道理相同。

企業不必然期望每個利潤中心都是賺錢的，不過它們的獲利能力應列爲衡量績效的標準之一。例如，企業維持某個虧損單位的理由，可能因爲它爲企業帶來崇高的形象——好比說康寧（Corning）的史都本（Steuben）玻璃事業，或者因爲它所生產的產品，是企業寧可虧本出售的商品。此外，企業也可能用它來生產某項產品或提供某種服務，以補足產品線或服務線的空缺；也就是用來刺激其他高利潤產品的銷售。例如，公司可能讓某單位虧本銷售刮鬍刀片，只因爲使用這種獨特刀片的刮鬍刀，能爲公司帶來豐厚的利潤。

在後文所述的條件限制之下，企業必須賦予利潤中心交易的自由，允許利潤中心向任何供應商購買任何商品與服務，並且以利潤中心能夠接受的價格，向任何客戶銷售產品或服務。但是由於某些利潤中心缺乏完整的相關資訊，無法深入了解企業的其他單位及其錯綜複雜的關係，它們的行動或許無法與企業整體的最大利益一致，因此在必要的時候，高層單位必須適時地干預低層的決策。

與企業內部客戶交易的機會，是企業爲事業單位增加價值的方式之一。因此，要求內部用戶單位提供一個公平競爭的機會，讓公司其他部門與外部供應商一較長短，是很合理的請求。然而，即使內部供應單位的價格比競爭者更具吸引力，購買單位仍有權力選擇與外部供應商交易；它們的決策可能基於價格之外的理由：例如，可能是因爲外部供應商能提供更優越的產品品質。此外，若是外部供應商從未取得生意，他們可能認爲公司的詢價只是虛應一招的例行公事，因此可能刻意地哄抬價格，或者乾脆放棄報價的機會。

如果商品或服務能在市場上購得，那麼企業保留生產同一商品或服務的事業單位之唯一正當理由，便是此一單位留在公司內部會比獨立經營更加有利。在此情況之下，企業與事業單位互利共生。如果某個事業單位的存在，會傷害企業整體的價值，那麼不論此單位在獨立運作的情況下有多高的獲利能力，都不應繼續留在企業內部。因此，企業應保留干預組織買賣交易的權力，不過此項權力的運用，必須以增加企業整體的利益爲前提。

高階主管的介入

有時，即使外部供應商的價格較爲低廉，高階主管也可能認爲下屬單位向外界採購的決定，會對企業整體造成傷害；例如，內部的供應單位可能得因而裁員，如此一來，企業的整體損失，將比節省下來的採購成本更爲驚人。此外，企業也希望盡可能地穩定人事狀況，以維持士氣；高昂的士氣能提升企業的生產力與產出的品質。在此情況之下，高階主管可以要求下屬單位向公司內的供應部門採購，不過主管必須負擔內、外部價格之間的差異；這表示採購單位不須支付高於市場水準的價格。此外，由於介入下屬單位決策的主管，也是一個利潤中心(或是利潤中心的一部分)，因此他在介入之前，必須考慮淸楚此項行動的利益與成本。

某家企業在推行內部市場經濟之初，副總裁曾要求某個內部單位，一律向另一個內部單位購買其主要零件。由於市場價格經常低於內部的轉讓價格，因此在第一年結束之後，這位副總裁必須爲其干預付出數百萬美元的代價。他想不出這樣的費用，能爲公司帶來甚麼好處，因此重新評估他的政策，決定放手讓採購單位享有選擇廠商的自由。如此一來，不僅兩個單位的財務績效都獲得改善，雙方也從原先勢同水火的關係，轉變成友善的合作夥伴。副總裁因而鬆了一口氣，不再覺得自己是拳擊賽中兩面不討好的裁判。

當企業主管認爲組織單位向外部客戶銷售的決策，可能違背公司的最大利益，他是可以干預這項決策，但必須賠償該單位因而損失的獲利。這意味著公司的銷售單位，永遠不需要以過低的價格進行銷售。

當主管認爲公司不應該與外界進行某項買賣，他可以行使類似政府的職權，頒布適當的禁令或法規。美國聯邦政府禁止販賣某些產品（如軍事武器）至特定的國家，就是因爲相信這樣的交易違反國家利益。企業的主管也能有類似的舉動。例如對某家食品公司而言，某項產品的配方是其致勝的秘密武器，該公司可能完全排除由外部供應商代工製造此產品的可能性；可口可樂從不打算委由外部的供應商，幫忙製造它們獨家配方的可樂糖漿。

內部市場經濟的主管干預條例，對於互動關係的管理有非常大的助益。除非主管認爲某項交易可能對組織其他單位、甚至企業整體造成傷害，否則不會干預下屬單位的交易對象與內容。主管所關心的是下屬單位之間、以及與企業其他部分的互動關係，而不是下屬單位本身的行動。

總裁辦公室

如前所述，總裁辦公室應該以利潤中心的方式運行。它的成本來自於，干預下屬單位的買賣決策時所需負擔的損失，此外，它也可能產生其他型態的成本，例如向外界購買服務所須支付的費用、爲繳納稅金或股利而借貸所產生的利息等。

總裁辦公室有兩大收入來源：第一項是向下屬單位收取的利息；總裁辦公室提供下屬單位必要的資本，供其營運或投資之用。它所索取的費用，應高於向外界借貸資金的成本。基本上，總裁辦公室應有能力找到成本較低的資金來源，否則下屬單位不如自行向外界借貸。資金的實際成本，與下屬單位自行向外界借貸的成本之間的差異，應由總裁辦公室與下屬單位共同分享；利益分攤的方式，將能反映出各單位資本用途的風險性。

內部市場經濟的此項特質，幫助企業單位掌握它們所使用的資本額度，並且得以計算資本的報酬率。因此，比起中央計畫與統制的經濟體制，企業單位對資金的利用將會更有效、也將更謹慎。

總裁辦公室的第二項收入，來自向各單位課徵的利潤稅金。總裁辦公室身兼企業業主與銀行的角色，因此有權利分享它爲各單位創造的價值。它針對利潤徵收的稅金，應足夠支付總裁辦公室的營運費用，以及它必須向各政府機關繳納的稅金。各單位若要享受總裁辦公室的服務，就應直接針對該項服務付費；例如支付涵蓋水電費、清潔費、電話費等費用在內的辦公室租金。

加拿大帝國石油公司推行這種付費制度之後，部分單位決定遷出總公司，搬到租金較低、同時地點較佳的辦公大樓。最後，連總公司也在審慎考慮之後，大舉遷到費用較低的地點。

總裁辦公室應在課徵稅金之前，便參考下屬單位的意見，將稅率明確地制定出來；所有稅率必須事先獲得下屬單位的認同，而循環式組織的設計，正可以促進員工對此類決策的參與。

累積盈餘

企業應允許每個利潤中心保留一定程度的利潤，至於金額的上限，則由各單位與總裁辦公室協商決定。各個單位的金額上限高低不同，反映出各單位運用資本的獲利能力。在此上限之下所累積的盈餘，可供各單位自行運用，但以不傷害其他單位或組織整體爲前提。假使資金的運用方式對其他單位造成負面的影響，必須先取得相關單位的同意。萬一無法達成協議，就得由各單位共同歸屬的最低層主管進行仲裁。

累積金額超過上限的部分，必須往上呈報，匯集至公司的最高層。總裁辦公室應支付利息給貢獻出利潤餘額的單位，而利率應相當於該單位所上繳的資本利率。在實質上，將利潤餘額呈繳公司總部，等同於償還該單位向總部借貸的資本。如果一個單位所貢獻的利潤超過它對總公司的負債，總裁辦公室所支付的利息利率，應與公司向外界借款的利率相等；利息也屬於各單位自身的資金，可以視狀況自行運用。這樣的設計改變了金牛（cash cow）在組織中的地位；它們將被視爲公司投資資本的主要來源，資助組織其他單位或公司整體的成長，同時，它們也能運用單位自身的資金，爲員工創造令人稱羨的工作生活品質。

公共事業單位的運用

內部市場經濟的運用對象，決非僅限於私立的營利組織，它可以、也曾經有效地運用於公共事業單位與非營利組織。要記住，某些非營利組織的生存，並非仰賴慈善捐款或政府補助，對這些組織而言，利潤的追求可不是枝微末節的問題；不受政府補助的非營利機構，與營利組織之間的最大不同點，在於利潤的使用方式。對兩者而言，利潤都是生存的必要條件，但並非生存的理由。

教育券的提案，是公共事業單位採用市場經濟較著名的例子。此構想最早由任教於哈佛大學的簡克斯（Christopher Jenks, 1970）提出，接著由傅利曼於一九七三年大力提倡，最後由我在一九七四年更詳盡的闡述。提案最後一版的大意是這樣的：公立學校唯一的收入來源，便是將教育券兌現；教育券由政府印製、供應，由學生家長交給學童所申請並准予入學的學校。學童得以依其意願，申請任何一所學校。當地學校必須接受居住於該學區的學生之申請，同時，如果來自學區外的申請人數超過開放的名額，學校必須以抽籤的方式隨機選擇。每一間參與教育券制度的學校，都必須量力而爲，不能接受超過其能力範圍的學生人數。

當學生獲准進入另一個學區的公立學校，學生所就學的學校將獲得其教育券，同時學生居住地的當地學校，必須負責學生通勤至就學學校的交通問題。教育券也可以支付私立學校的全部或部分學費；不過，學生居住學區的公立學校，不需要負擔學生至私立學校的通勤成本。

教育券制度不僅讓公立學校必須彼此競爭，也讓它們面對私立學校的挑戰。唯有提供令學生及其家長滿意的服務，學校才可能存活下來。

值得注意的是，由於學校必須以隨機抽籤的方式選取來自學區外的申請人，學校對學生的挑選，將不會產生種族歧視的問題；這種現象的發生，必定是出於刻意的選擇。

這裡是另一個案例：

墨西哥市中央許可局的行政效率不彰、服務態度惡劣，已達到極爲嚴重的程度。政府將它切割爲許多小型的分局，設置在墨西哥市的各行政區。分局每頒發一張執照，便會獲得市政府給付的一筆費用（費用多寡視執照的種類而定），這是分局唯一的收入來源。需要執照的市民，可以向任何一間分局申請。原本的中央許可局具有獨占地位，因而官僚作風成習。新的分局機構就不同了，它們唯有透過吸引並滿足顧客，才能獲得生存。如此一來，行政時間縮短了，服務品質也獲得提升，而分局內的總成本與賄賂問題更是大幅降低。

從這幾個案例可以了解，若要補助供應商，不如補助使用者，這種作法讓消費者得以自行選擇供應商，因而強迫供應商面對競爭，爲自身的生存而努力求進步；以糧票補助貧民的作法，比補助食品供應商更有效。內部的市場經濟體制，可以運用在許多政府服務機構，在此作法之下，將會大幅地紓解這些機構所面臨的民營化壓力。

可能的不利因素

組織對推動市場經濟的提議，通常會產生四種疑慮。

首先，反對人士認爲，此種制度將會對會計工作產生驚人的額外負擔。這是錯誤的想法；組織對會計資訊的需求，其實反而會減少。目前組織單位的會計工作與報表的製作，主要是爲了幫助高層單位對它們的控制，然而在市場經濟體制裡，高層單位唯一所需的資訊，就是相當於損益表與資產負債表的資料。高層單位若需要額外的資訊，就必須付費。因此，組織內非必要資訊氾濫成災的現象，將會獲得重大的改善。

其次，某些人認爲內部市場經濟將惡化組織單位之間的衝突與競爭。同樣地，這也是錯誤的想法。當組織單位被迫購買其他內部單位的產品或服務，或者必須與其他單位爭奪稀有的資源時，它們與內部單位的關係，大多比不上與外部供應商的關係來得密切。需要與外界競爭的內部供應商，會積極地滿足內部顧客的需求，這是具有獨占地位的內部單位所不能及的。

第三，反對者強調此制度不能光在組織的部分單位推行，組織必須進行全面的轉變，他們聲稱局部的推行不僅難以執行，甚至不可能完成。困難是眞的，但絕非不可能實現，而其困難度，也與組織單位的自主性息息相關。

KAD是柯達公司製造部門的簡稱，它爲柯達生產軟片之外的所有產品。KAD轉變爲市場經濟體制時，柯達公司整體仍維持既有的經濟型態，這是KAD的轉變過程中所遭遇的第一個難題。在此情況之下，KAD必須在一個中央計畫與控制的經濟體中，以市場導向的經濟型態運作。

總公司仍舊要求KAD分攤企業整體的間接費用，不論KAD是否使用這些共同的服務。KAD無法辨認哪些費用歸屬於它所使用的服務，哪些則否，因此必須發展出替代的成本計算法，針對它沒有使用的共同服務，估算出大約的成本，並將之視爲繳納給總公司的稅金。此外，它必須向總公司提供和以往相同的會計報表，因此得使用兩套帳冊，一套交給總公司，另一套則自行使用。KAD持續地評估自身的績效，彷彿置身於市場經濟體制之內。在一個前途黯淡無光的環境中，KAD一直是一顆耀眼的星星。

如同KAD在柯達的狀況，加拿大艾索石油公司（Esso Petroleum）的研發單位，也在企業的中央集權式經濟之下，轉變爲市場經濟體制。但在此案例中，研發單位的轉型獲得公司大力的支持。企業將研發單位視為先鋒部隊，一旦獲得成功，便可以順利地將此制度推廣至其他單位，最後達成企業整體的轉型。

第四個不看好內部市場經濟體制的原因，則是認為某些企業內部的服務單位，不大可能取得外部客戶的生意。會計單位便是經常被引用的例子。然而，某家設立於美國中西部一個小城市的企業，成功地將其會計部門轉變為賺錢的事業單位。當地許多中小企業由於無力聘用高品質的專業會計師，因此迫切地需要尋求此單位的服務。因此，公司的會計部門能夠以極好的價格，向外銷售其服務。這種作法的成果之一，便是大幅地提高了該單位的服務品質；為了保留外部的客戶，品質的改善是不得不然的趨勢。同時，這種作法也幫助企業與許多重要的策略夥伴結盟。

在同一家企業中，負責設計大型會議會場、製作視聽簡報材料以及印製廣告插圖的美工部門，仍屬於企業內部的單位，但轉變為一個利潤豐厚的事業。

內部市場經濟體制的其他優點

我們已經討論了內部市場經濟的許多好處，包括強化內部供應單位的反應效率、提升品質、降低內部產品與服務的成本、消除無意義的工作、去除官僚作風，並且打破內部單位的壟斷地位。此外，大幅裁員的必要性也將因而消失，我將在第十二章詳述。還有一些其他的優點值得一提：

第一，由於在市場經濟體制之下，幾乎每個組織單位都會成爲利潤中心，因此能夠以同一套標準衡量所有單位的績效。如此一來，即使單位之間的差異性很大（例如製造部門與會計部門），也能夠進行績效的比較。

第二，在市場經濟體制內，每個利潤中心的負責人，都必須擔任總經理的角色，掌管一個自主性相當高的事業單位。每個單位的主管，都有機會磨練其整體的管理技能，並且充分展現他的能力。因此比起其他方式，市場經濟體制能夠幫助高階主管，更確實地衡量下屬的管理能力。

第三，當組織單位轉變爲利潤中心，並且獲得適度的自主性之後，單位主管更能名正言順地取得管理所需的一切資訊。他們將更關心是否能取得自己所需的資訊，而不會汲汲營營爲提供上司所需的資訊做無謂的工作。

第四，內部市場經濟的一大優勢，便是自動地解決外包與否的難題。

某家企業擁有幾棟位在大都市郊區地帶的大樓，這家採取市場經濟體制的企業，將其設施暨服務部門（掌管大樓、建築物周圍土地以及水電設施等），轉變爲一個利潤中心。之後，所有的內部用户，都爲了追求更好的服務與更低廉的價格，轉而與外部的供應商交易。設施暨服務部門的規模愈來愈小，最後甚至遭到裁撤的命運，公司因而省下一大筆經費。

我將在第十二章提到，如果企業裁撤一整個部門，將必須負責爲因而失業的員工尋找適當的就業機會。

最後，需要與外部供應商競爭的組織單位，比較可能採納他人創新的構想，也比較可能自行提出突破性的創意，這一點應該不言可喻。企業最有效的競爭方式，莫過於發展出價格誘人，獨特、優越的產品或服務。

結論

轉型爲內部市場經濟的過程，顯然會遭遇許多執行上的問題。因此，這是一項需要絕大勇氣的工作，決斷力較弱的人，將視此項任務爲畏途。此外，對於無法在開放市場中有效競爭、或者不再受到企業內部需要的部門而言，轉型爲內部市場經濟，將帶來極大的風險。在市場經濟機制的運作之下，這些部門極可能遭到淘汰的命運，而這項事實，更令可能受到影響的員工人心惶惶。在此機制之下，不大可能爲非管理職的員工，創造額外的工作機會。不過，負責以裁員方式節省開支的主管，通常會受到留任與調職，並且因爲替公司減少成本而獲得獎勵。

高階主管不願意與部屬共用他們獨享的資訊來源，是推動內部市場經濟的主要障礙。更確切地說，資訊就是力量，許多經理人自然不願意與部屬共享他們的權力。遺憾的是，他們不明白力量有兩種來源——權力與領導力；內部市場經濟或許會削弱經理人的權力，但經理人因而增加的領導力，將遠遠超過他的損失。不過很可惜，熱中於追求權力的主管，很少願意為了提升其領導力而放棄權力。那些珍視權力本身價值的主管，將無法適應民主化的組織。

轉變為內部市場經濟，讓美國企業的效能呈級數的成長。此類改革對美國個體經濟層面的重要性相當高，不輸於它對蘇聯總體經濟層面的貢獻。若非內部市場經濟的推動，美國勢將面臨嚴重的經濟衰退。

關於內部市場經濟的進一步探討與案例，可以參考哈勒爾（Halal）的一九九六年的論著，以及其與吉若梅耶（Geranmayeh）、保德漢（Pourdehand）合著的論文。

11

穩定的多層面組織結構

以資源重分配代替組織重整

組織分工僅有三種型態——

功能性、產品或服務、市場或使用者單位

讓三種單位同時存在組織的每個層級

必要時調整層級中的三種單位

將可完全消除重整的必要

我們嚴格地訓練——但似乎每到團隊正當成形之際，我們便得重新編組。我在年歲漸長之後，才了解人們往往以改革、重組來面對新的情勢。這是多麼神奇的方法啊！它在令人困惑、失去效率並且士氣低落之餘，竟能創造出進步的假象！

——阿比特（Petromius Arbiter，公元前二一〇年）

由於置身於快速變遷並且日益複雜的環境，美國企業重新改組的次數相當頻繁。事實上，某些企業的改組動作似乎從未停歇。在重組的過程中，企業消耗了大量的時間、精力、資金與士氣。

對員工而言，組織重整與裁員之間有著密不可分的關係：因為擔心失去工作而潛藏的那份惶惶不安，經常導致生產力與產品品質的下滑。如果員工相信組織在不久的將來將有另一波的裁員行動，那麼員工將爲了盡量不惹人注意而低調行事，組織的一切創新行爲也將告終。這對企業來說，風險實在太大了。

大多數機構與企業，都在追求舍恩於一九七一年提出的「穩定狀態」（stable state）。和彈簧一樣，組織對改變的反彈力量，往往與要求它們改變的壓力成正比：環境愈混亂，它們追求穩定的心意就愈堅定。但在動盪不安的環境之中，動態的平衡是組織唯一可以獲得的平衡點，就像飛機在穿越暴風雨時所能達成的均衡狀態一樣。

然而，組織重整只是因應環境變遷的方式之一。如果組織的設計，使得企業不需要在面對環境變化時進行改組，而是以破壞性較低的方式進行調適，那麼組織對改變的抗拒心理，很可能得到大幅度的改善。這樣的組織設計不是神話，事實上，它已獲得實際的採行；它就叫做多層面設計（multidimensional design，簡稱MD）。

多層面設計

多層面設計的概念，最早由道康寧公司（Dow Corning）的董事長兼執行長高京（W.C. Goggin）於一九七四年提出。不過，這裡所陳述的設計，並非高京最早提出的版本。要了解這項設計爲什麼能讓組織不需要以重新改組，來面對重大的內、外部變化，首先必須洞悉組織的本質。

組織的起源，來自於人們對分工的需求

組織的形成，便是爲了達到特定的產出，而將不同的工作分配給不同的人士或團體，並且協調每個人的活動；分工愈精細，協調的工作就愈吃重。在典型的組織圖上，橫向層面顯示每個層級的分工方式，也就是工作責任的歸屬；縱向層面則顯示組織不同層級進行協調與整合的方法，也就是權力分配的方式。

分工的方式僅有三種型態，因此組織單位也僅可分爲三種型態：

1. **功能性單位（輸入單位）**：功能性單位的產出，主要供企業內部其他部門使用；例如採

購、財務、法務、人事、研發、建物與土地、工業關係以及零件製造等部門。

2.產品或服務單位（產出單位）：產品或服務單位的產出，主要供外部顧客的使用；以百威啤酒公司為例，產品或服務單位包括啤酒部門、娛樂部門以及鋁罐部門。

3.市場或使用者單位：此類單位通常依據外部顧客的分類而劃分，而它所銷售的產品或服務，則來自公司內的產品或服務單位。例如，以顧客的地理區域而劃分的單位——諸如北美與南美、歐洲、亞洲以及非洲等部門；或者以客戶的種類來區分——諸如消費者部門、零售商部門與批發商部門等。

在大多數的組織中，尤其是企業組織，這三種型態的單位經常同時並存。它們在組織中的地位各有高下，而從組織結構鮮明的層次裡，通常可以看出各種單位的重要性。至於組織賦予各單位的重要性，則視在目前的環境之下，組織求生存或成功的最關鍵因素而定。好比說，在具有壟斷地位的企業中，使用者單位通常無足輕重；假使產品的獨特性是企業致勝的關鍵，產品單位便會成為強勢的單位；倘若成本是首要的考量，或者組織的產品種類很單純，那麼功能性單位很可能是組織中的主幹。在各地方都功能齊備的國家，企業便很可能以地區別來定義市場。

組織結構的設計，通常自組織的最上層開始的，也就是執行長，有時也包含營運長（COO），由這個層級，自上而下地進行。在設計執行長與營運長之下的第一個階層時，會以功能、產品或服務、市場這三項準則中一項以上的準則進行分工，隨後層層向下，以同樣的方式分配每一個單位的權責。運用分工準則的層級愈高，該單位在組織中的地位就愈重要。因此，組織的設計總是能反映出這三種準則之間的相對重要性。

現在，要了解組織重整的本質，已不再是件難事：**一切組織重整的動作，就是改變這三項分工準則的相對重要性**，也就是改變這三種單位在組織中出現的層次。

組織重整的典型情況，發生在企業高層主管改變工作權責的時候。好比說，當原先各司組織不同功能的資深副總裁，必須開始協調各市場區域的活動時，功能性單位便會往組織下層移動，不再直接向總裁辦公室報告，改成市場部門的下層單位。這是許多向全球市場擴張的企業，所發生的情況。它們首先會在海外設置小型的單位，這些單位歸屬於總公司的功能性部門或產品部門。當海外單位的人數與規模逐漸擴大，必須開始站在海外市場的角度協調整個單位的活動時，市場單位的層級便因此往上提升，成爲組織中的強勢單位。

組織的生存環境、組織本身，或是它在更大型系統中所扮演的角色若發生了變化，或許就是組織不得不重新排列分工準則的原因。當美國政府開放電信市場，美國電話電報公司（AT&T）的生存環境於是產生重大變化，首次得面對如MIC與Sprint等競爭對手的挑戰。這樣的改變增加了行銷單位的相對重要性，削弱了功能單位與產品、服務單位的地位。而當組織由於多角化經營——例如百事可樂購併富多利（Frito-Lay）洋芋片與速食連鎖店——或其他原因，造成產品種類與產品差異性的增加，組織或許必須賦予產品單位更重要的地位。話又說回來，假使三種單位同時存在組織的某個層級，那麼當它們的相對重要性產生變化時，

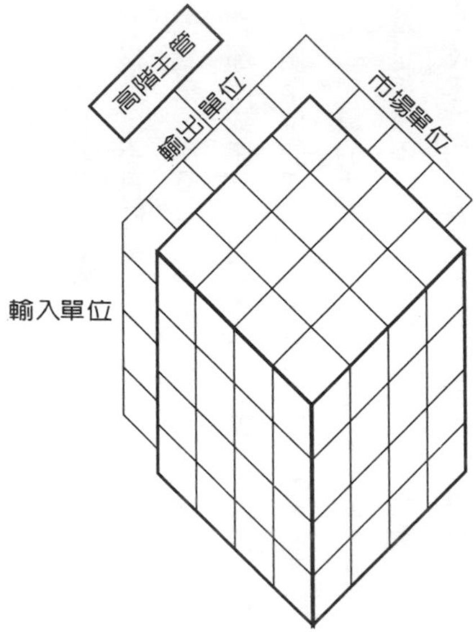

圖11.1 簡化的多層面設計

組織在此層級唯一需要進行的改變，就是資源的重新分配；組織重整不再是勢所必行的事了。

因此，如果組織的每個層級都具備這三種型態的單位，將可以完全消除組織在任何時候進行重整的必要性。在不需要改組的情況下，可以增加或去除這三種型態中的任一種單位；組織的結構便得以保持穩定不變。

圖11.1顯示一個簡化過的多層面組織，每一個方塊的表面，代表兩種不同型態單位的互動，而每一塊方塊本身，則可能代表三種不同型態單位的互動。不過，並非所有單位都相互關聯，所以在多層面的組織中，不見得會出

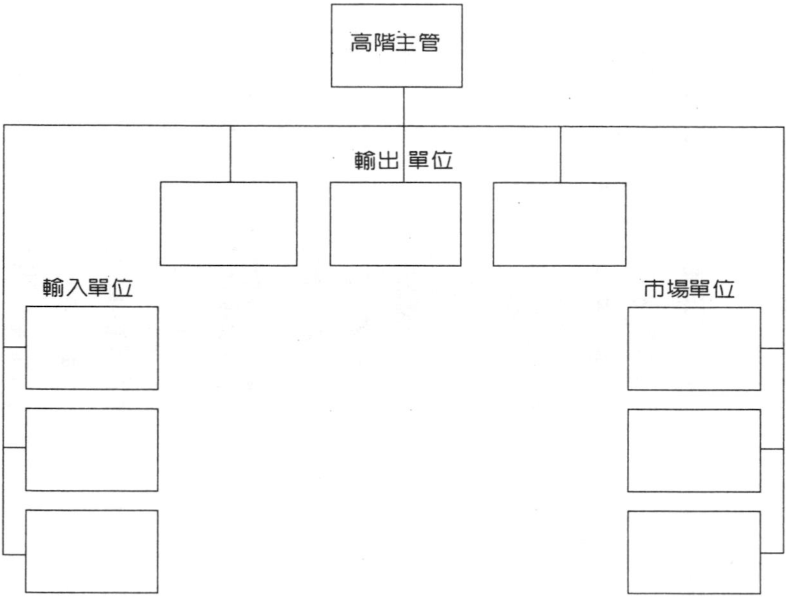

圖11.2　多層面組織常見的表達方式

現所有可能的互動關係。

值得注意的是，組織的三維圖像，能夠一目了然地呈現單位之間應該具備、或已經具備的互動關係，這是傳統的組織圖所不能及的。在一個以傳統方式組織的企業中，單位之間的互動，多半發生於結構上不具有直接關聯性的單位之間，因此無法在傳統的組織圖上呈現，也經常受到單位共同歸屬的最低主管忽略。難怪經理人通常較關心下屬單位單獨的表現，而不重視單位之間的互動。

圖11.1以三維的圖像勾勒出多層面的組織，不過這並非大多數

組織喜歡使用的表達方式，它們偏好如圖11.2的組織圖。圖11.3也是一種相當傳統的表達方式，同樣地，它也無法表現單位之間的互動關係。

我將在本章的結尾，提出一個多層面組織的案例。請記住，此處所提出的多層面設計只是一個概念，每個組織應該發展出適合自己的運用方式；任何兩個組織的設計，不可能完全一致。

三種單位的描述

雖然內部市場經濟體制，並非採用多層面組織設計的必要條件，不過若是同時採行這兩種組織概念，將可以相輔相成，大大地提高它們個別的價值。因此，此處的敍述將以兩種概念的結合爲前提，不過要將這兩種概念區隔開來、單獨理解多層面組織的內涵，也不是一件困難之事。

產品或服務（輸出）單位

在多層面的組織中，產品或服務（輸出）單位除了主管階層以及人數不多的員工之外，沒有其他多餘的人員，而除了部門員工工作所需的場地之外，也沒有其他的設施。不過有一個情況例外：如果輸出單位是另一個內部單位（例如工廠）的獨家用戶，那麼此內部單位將

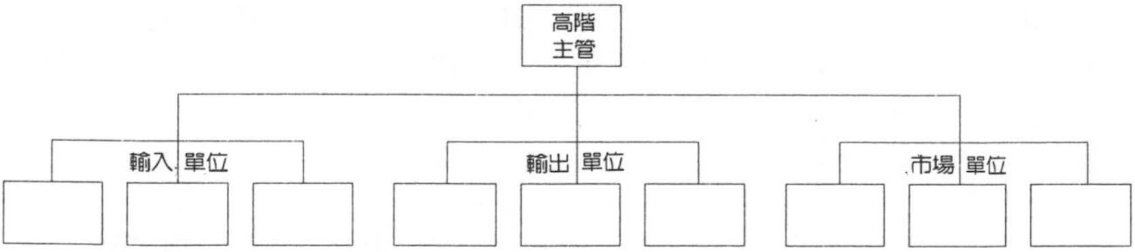

圖11.3　多層面組織的傳統表達方式

成爲產出單位的一部分。

請注意，輸出單位與民生消費品產業的品牌管理部門，有著高度的相似性。

輸出單位使用內、外部供應商的服務、設施與產品時，必須以直接的方式付費。由於它們沒有固定資產，所以通常不需要資本投資；不過輸出單位仍需要一筆營運資金。它們的收入，完全來自銷售產品與服務的所得，此外，當它們將多餘資金借給總公司或者其他單位時，也會產生利息收入。

產品與服務單位負責提供或安排製造產品與服務的一切相關活動。在採用內部市場經濟體制的組織內，所有的產品與服務單位都是一個利潤中心。不過，如同第十章所論述的，並非所有利潤中心都必須是賺錢的；或許有些利潤中心負責管理才剛上市的新產品，有些則負責管理公司寧可虧本出售的商品。儘管如此，由於這些單位都是以利潤中心的方式營運，組織整體必須對它們的成本有清楚的了解。

舉例來說，在某一個採用內部市場經濟體制的大學，任何一個連續三年蒙受虧損的系所，都將在教職員委員會中被提出討論，決定其存廢。在第一批被提出討論的系所中，兩個學系遭到廢除，因爲它們的品質充其量只有二流的水準；第三個學系則基於它的卓越品質與國際聲譽而得以保存。至於在系所內，每位教授也被視爲一個利潤中心。學年結束時財務出現赤字的教授，將沒有資格獲得加薪。這種作法對教授活動的影響，比學校試過的各種方式更具有正面、積極的效果；如今，每位教授都更熱中於教學或研究的工作。

輸出單位必須購買營運所需的一切原、物料與服務，並且有權自行選擇任何內部或外部的供應商。不過如同第十章的論述，高層主管可以干預輸出單位的購買決策，而干預行爲所產生的成本，將由決定干預的高層主管負擔，而不是由受到影響的單位承受。

這些單位的收入，來自銷售產品或服務的所得。如果輸出單位需要高於它們所獲得或累積的資金，可以要求組織的高層單位伸出援手。高層單位提供的資金將被視爲一筆貸款或投資，輸出單位必須爲這筆資金付出利息或報酬。

在內部市場經濟體制裡，產品或服務單位必須向高階管理者繳納利潤的稅金。稅率應該在課稅年度開始之前訂定。稅率不應過高，以不榨取獲利單位可以自行運用的資金爲原則；每個單位都有權利視情況運用其利潤的一部分，例如用來改善既有產品、發展新產品或者開創新市場。然而如同第十章所說的，單位自有資金的累積，應該以單位能夠適當地投資運用、並且獲取合理報酬的金額爲上限。多餘的累積盈餘，顯示單位無法找到可以獲利的使用方式，因此必須將超過上限的部分，呈交高層單位進行有效的運用。

企業可以輕易地增加或廢除某個產品或服務單位，因為這些單位通常沒有固定資產，員工的人數也不多。不過，如果輸出單位是某個輸入單位僅有的內部用戶，此輸入單位將成為輸出單位的一份子，組織要增加或廢除這類的輸出單位，可能就得大費周章。

功能性輸入單位

產出主要用來供應其他內部單位使用的部門，就是所謂的功能性單位，或稱為輸入單位。提供這類服務的單位，包括製造、運輸、倉儲、資料處理、人事、法務與會計等部門。它們也可以為來自組織外的顧客提供產品或服務，只不過這是功能性單位較為次要的業務來源。然而，一旦外部的業務量開始高於內部的生意，這些單位的角色，就應該轉變為產品或服務單位。

功能性單位通常被區分為兩種型態，一種是「營運單位」，另一種則為「服務單位」。營運單位對組織的產出（或營運）有直接的影響，例如製造、維修與採購部門。服務單位則缺乏此類直接的效力，但它們能夠影響其他單位的非營運相關表現，例如會計、資料處理與人力資源部門。這兩類單位之間，並沒有絕對的分界線。當輸入單位的數量過多，主管無法獨立協調與管理時，就可以採取適當的方式將輸入單位劃分開來。

某些功能性單位（例如元件製造與組裝部門）不僅需要人力，也需要特定的設施與機械。也就是說，除了營運資金之外，這些單位也需要投資於生財工具的資本。和產品與服務單位

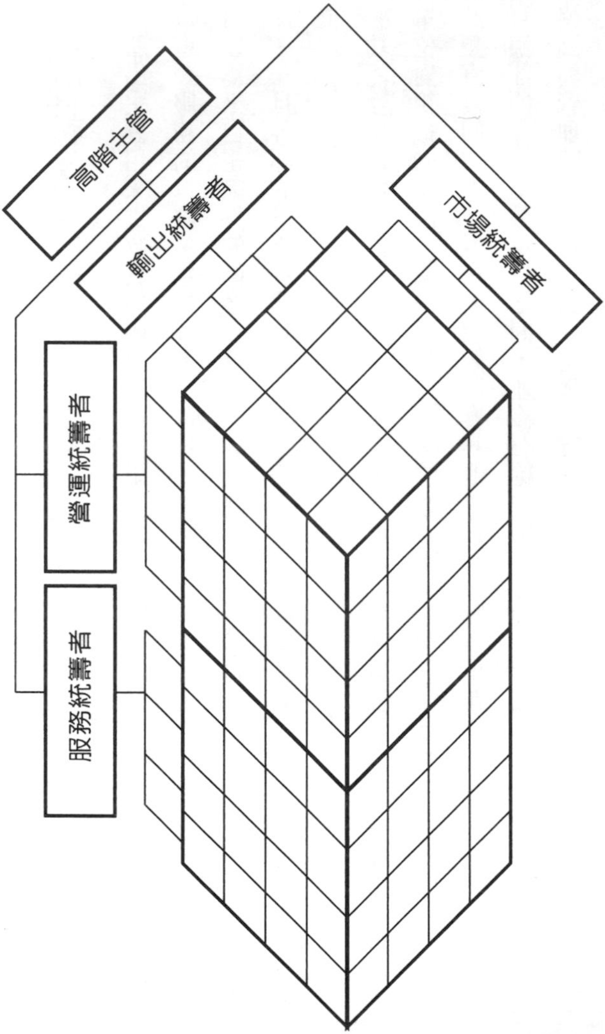

圖11.4 將功能性單位區分爲兩類的多層面組織

相同，功能性單位所需的資本若高於本身所能創造或累積的盈餘，也能要求組織高層單位的協助。功能性單位應將高層單位的投資或貸款，視爲向外界籌措的資金；也就是說，它們必須爲使用這些資金而付費。

在內部市場經濟體制內，功能性單位可以自由地向任何內、外部來源購買原料，也可以自由地向任何內、外部的客戶銷售它們的產品或服務。高層單位可以視情況干預功能性單位的交易決策，並且負擔因其干預所造成的成本。功能性單位的收入來自銷售所得，而必須在進行採購時支付成本。

如果總裁辦公室發現，組織內部大量地耗用某項來自重要外部供應商的產品或服務，企業或許會決定進行垂直整合；也可以另創適當的功能性單位，或要求某一個既有單位擴大營運範圍，試圖提供該項產品或服務。一般而言，企業唯有在相信自己能以更優越的品質，或更低廉的成本提供該項產品與服務時，才會決定進行垂直整合。另一方面，如果總裁發現基於成本或品質的考量，組織單位通常是向外界購買某項可以在組織內部取得的產品或服務，企業可能決定廢除提供此項產品或服務的內部單位，而外包給外部的供應商。

不論增加或刪除某個功能性單位，都不須更動組織的結構。

市場或使用者單位

市場單位——依使用者的範疇而定義的單位，具有兩項互補性的功能。第一，它替組織內需要其服務的單位，向外界銷售他們的產品；市場單位也可以自由地爲外部組織提供服務，不過，高階主管有權力干預它與外界的交易決策。舉例來說，大型製藥公司的業務人員，也可以銷售其他小型藥廠的產品，並且收取佣金，這樣的作法，讓公司得以分攤專業業務人員拜訪客戶的成本。第二，市場單位也扮演市場用戶代言人的角色，它們不僅在市場上代表公司，也在公司裡代表它們所服務的市場。

在內部市場經濟體制內，市場單位以利潤中心的方式營運，因此能夠累積一筆可以自行運用的資金。這筆資金可以用來改良舊產品，或者用來發展新的產品。發展出的產品與服務，可以銷售給內部或外部的客戶，其收入的來源，正包括佣金或固定金額的手續費。此外，市場單位也能夠向其他內部或外部的供應商購買商品，然後加價售出，賺取價差。當企業在某個實行資金管制的海外國家營運，因而無法將利潤回注於母公司時，它可以在此國家設立一個貿易公司，以利潤中心的方式營運。貿易公司將利潤以產品的形式移出該地，然後在另一個沒有管制資金的國家銷售。此類的貿易公司，是企業保護自己不受海外國家匯率波動的絕佳工具；當該國貨幣的價值下跌，在另一個國家銷售商品的利潤通常隨之上升。

而在扮演代言人的角色時，市場單位站在實際或潛在使用者的角度，客觀地評估組織內部其他單位的產出，幫助組織找出未開發的機會，以及實際或潛在的威脅。因此，市場單位同時也是總裁辦公室或其他單位主管的顧問。當市場單位提供顧問服務時，應獲得適當的酬庸；它也可以在不牴觸企業目標的前提下，自由地爲外界不具競爭力的組織提供諮詢服務。

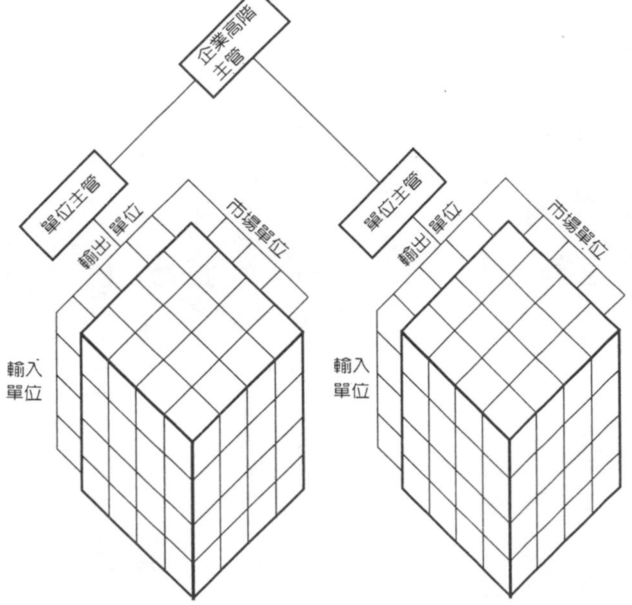

圖11.5　次級單位階層的多層面設計

由於市場單位沒有（或僅有微乎其微的）固定資產，企業可以輕易地增加、廢除或調整這些單位。

組織單位的設計

多層面組織中的許多部門本身，就能夠設計爲具有三種層面的單位，即使組織整體或者該單位的上、下層單位，並非以多層面的方式設計，組織單位仍可以成爲多層面的單位。圖11.5是多層面設計的一種變化，它是伊朗衛生部在革命之前所推動的設計（衛生部是伊朗國王遭到罷黜之後，少數幾個不須重新改組的部會之一）。衛生部將全國區分爲幾個區域（單位），在每一個區域設立一個多層面的政府機構。然而，由部長、副部長以及地方署長構成的中央衛生單位，仍是以傳統的方式組織。一般而言，當地方區域在政治上至少具有一部分的自主權時，就可以設立以地區劃分的多層面組織。例如在跨國性的企業中，縱使總公司保有傳統的組織型態，位於各國的分公司仍能採用多層面的設計。同樣地，不論總公司的組織型態爲何，大型企業集團內的策略性事業單位，仍能夠以多層面的方式組織。

在某個專門從事研究發展的組織中，負責兩項專案以上的部門，均採用多層面設計的組織架構；其中，各專案小組的角色爲產出單位，而技術小組的角色則爲輸入單位。不過這些部門的頂頭上司，仍是以傳統的方式組織。例如，圖11.6是一個軟體研發單位的組織圖，此單位隸屬於一間大型的研究機構，負責發展、安裝、管理與服務大型的電腦軟體系統，並負責教育產品的使用者及操作者。

即使組織最低的層級，也能採用多層面的組織結構。例如負責影印事務的單位，可以將採購與開發票的工作、操作影印機器的工作以及行銷的工作，各分派給單位內不同的員工；當然，一位員工也可能負責好幾項不同的工作。

多層面組織內的每一個單位，都能以自成一個整體的方式組織；功能性單位，特別是製造部門是最明顯的例子。製造部門的功能性次級單位，可能包括採購、倉儲、維修、品管等；而負責零組件製造、元件半成品裝配以及成品裝配的製造部門，可以依照不同的產出劃分其

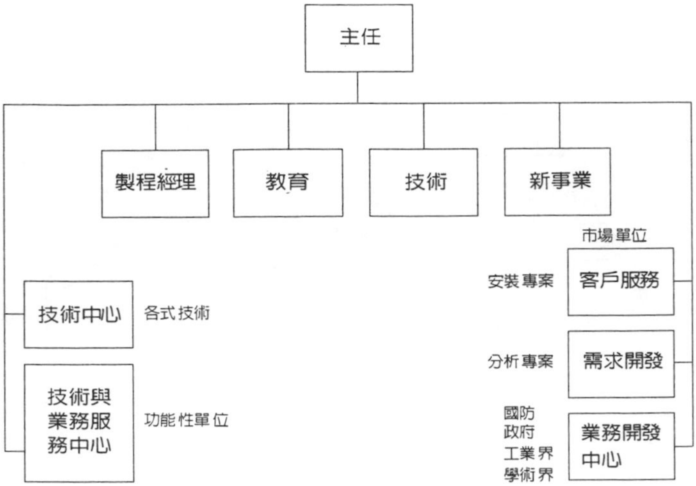

圖11.6　研發組織的多層面設計

服務單位；至於製造部門的行銷次級單位，則可以分別（或同時）負責處理內部客戶與外部客戶的業務。圖11.7是一個採用多層面設計的功能性單位（製造部門）之案例。

在某些特定的案例中，兩個或更多個採用多層面結構的部門，可以共享在特定層面上的幾個或所有的次級單位，如圖11.8所示。輸入（功能性）單位與使用者（市場）單位，是最常共用的層面。例如，兩個採用多層面結構的策略性事業單位，可能由於產品具有互補性，而委由同一個行銷單位進行行銷工作，或者爲了追求規模經濟，而共享諸如會

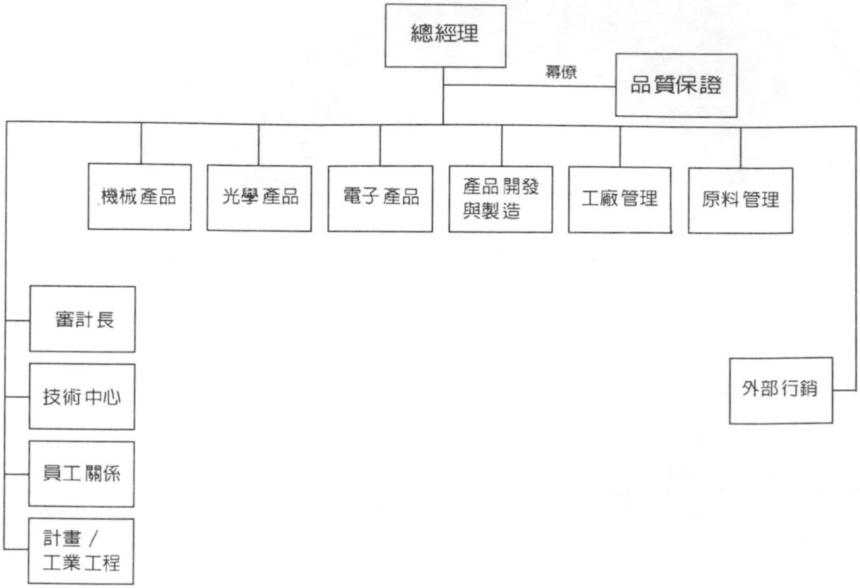

圖11.7　製造部門的多層面設計

計、資料處理，以及大樓與周圍土地管理等服務單位。

產品與服務單位，可以進一步地（例如依照品牌、款式及尺寸）細分爲許多次級單位；譬如雪佛蘭或福特汽車的每一個副品牌，都可以組織成地位相當於品牌經理的產出單位。這類次級單位的規模與複雜度，可能更甚於許多企業。

業務範圍涵蓋一整個國家的市場單位，可以依照縣市別或地區別，進一步區分爲規模較小的單位。而其功能性單位，則可能包括市場研究、媒體採購與特別活動部門。最後，由於在內部市場經濟體制之下，行銷單位可以

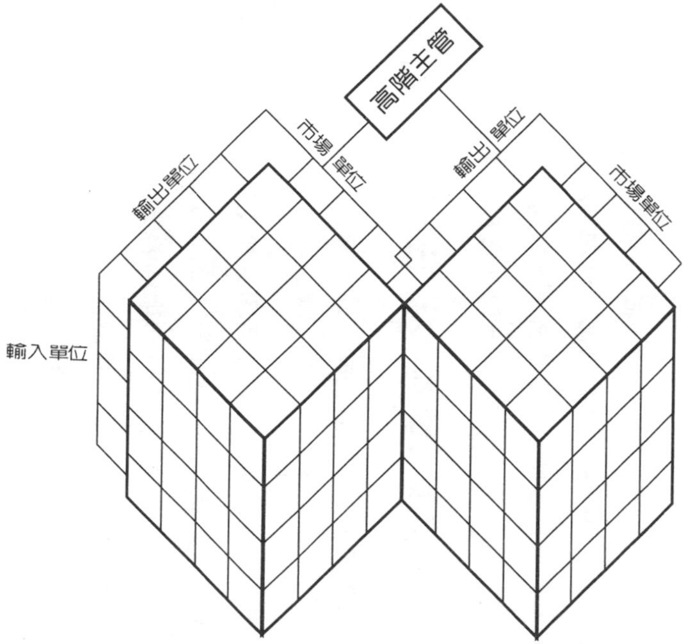

圖11.8　共享同一層面的兩個多層面單位

爲外界的客戶提供服務，因此單位本身或許還擁有一個專門銷售其服務的行銷單位。

雖然多層面的組織設計，適用於組織的任何一個層級，不過此設計的實際運用，往往局限於組織的上層階級，以及自主性相當高的事業單位。

大型組織的多層面設計

如果組織內部單位數量過多，總裁無法一一地直接管理，可以在每一個層面上任用一位或多位主管，負責統籌該層面各單位的活動，如圖11.4所示。如果某個層面上的單位數量過於龐大，光由一位主管進行統籌，工作負荷量可能過大，便可以將此層面的單位，分配給多位主管管理，如圖11.4的輸入單位。舉例而言，功能性單位可以區分為兩種範疇——營運（直線）單位或服務（幕僚）單位；或者區分為行政服務單位與人力資源單位。產品部門則可分為許多產品群，例如汽車公司的產品部門，可分為轎車、卡車、巴士與牽引機；資訊公司可分為研究與技術規劃、產品與服務、資訊系統與資料處理中心。市場單位能夠以地域別劃分，而行銷活動則可以依照其功能性而加以分門別類，例如區分為顧客協助中心、客戶管理與客戶服務中心。

至於負責統籌的主管，則可能直接隸屬於總裁辦公室。

多層面設計 vs. 矩陣式組織

熟悉矩陣式組織概念的人，或許會對此處所描述的多層面設計，有一種似曾相識的感覺。兩位擁護矩陣式組織的著名學者，戴維斯（Davis）與勞倫斯（Lawrence）認為，多層面組織的設計，不過是矩陣式組織的延伸；這是錯誤的觀念。

戴維斯與勞倫斯寫道：

> 我們相信〔矩陣式組織〕最有用的定義方式，是以最能突顯矩陣式組織與傳統

組織之不同點的特徵爲基礎。這項特徵，就是矩陣式組織揚棄了由來已久的「員工只有一位老闆」的準則，也就是揚棄了單一指揮鏈的組織架構，轉而採用「兩位老闆」的多重指揮系統。因此，我們將矩陣式組織，定義爲任何採用多重指揮系統的組織；多層指揮系統不僅包括多層指揮架構，還包括相關的支援機制，以及相符的組織文化與行爲模式。

多層面設計與矩陣式組織的最大不同點，正是矩陣式組織的員工擁有兩位直屬上司的這項事實。其中一位上司，是員工所歸屬的輸入單位之主管，另一位上司，則是他們被分派的產出單位之主管。根據加爾布雷斯（Jay Galbraith, 1973）的論述：「兩位主管共同決定員工的升遷機會與調薪幅度，並且與員工共同訂定他的績效目標。」加爾布雷斯隨後又評論道：「矩陣式組織，在企業全面推行一種充滿敵意的系統」。矩陣式組織的這項特徵，產生了所謂的「組織精神分裂症」，當員工的兩位上司意見不合或價值觀迥異時，員工將無所適從，這會是非常令人焦慮的問題。員工決定聽從哪一位上司的意見，通常以政治上的考量爲基礎，而忽略了組織的最大利益。多層面的組織設計，就不會產生這樣的問題。

在多層面的組織中，向其他部門提供服務的單位員工，對待用戶單位主管的方式，與面對外部客戶的態度一致。他們僅有一位上司，也就是他們所歸屬的單位主管；用戶單位的主管並非他們的上司，而是他們的客戶。上司在評估員工的表現時，或許會、或許不會參考用戶單位的評價。爲組織其他部門提供服務的單位員工，例如替其他內部單位撰寫程式的電腦工程師，可以清楚地辨別上司與客戶之間的不同。由於心存不滿的客戶，可以輕易地淘汰表現不佳的服務單位，而上司要開除不稱職的員工，可能就困難許多。因此服務單位往往能快速回應客戶的要求，尤其當客戶是服務單位的衣食父母時，更是如此。

此外，一般的矩陣式組織只涵蓋兩個層面——輸入與輸出，不包含市場單位。倘若行銷工作是矩陣式組織中一個獨立的功能，它可能被納入產出單位內，或者設立一個獨立的輸入單位。

如果將行銷部門列入功能性單位，而非組織的第三個層面，結果將出現一個兩層面的組織，而不是矩陣式組織；這是因爲組織中的員工僅有一位直屬上司，同時，大部分的單位皆爲利潤中心。市場層面的去除，可能會削弱組織的彈性，以及對消費者與顧客需求的敏銳性，更確切地說，行銷人員將不再扮演代言人的角色，傳達潛在與實際顧客與消費者的聲音。不過在某些情況之下，負責製造產品或服務的人員，的確是擔任行銷工作的最佳人選。艾默科的拉丁美洲部門ALAD，就是一個很好的例子。

ALAD是專門從事金屬製造的事業單位，隸屬於跨國性的艾默科集團，在拉丁美洲的八個國家營運。它採用兩層面的組織設計，將行銷工作交由產品（輸出）單位負責。這是因爲它的產品涉及了大量的技術內涵，顧客也希望與產品的製造單位直接接觸。圖11.9顯示ALAD的組織圖與該公司的註解，這個組織同時採用了內部市場經濟體制以及循環式的組織概

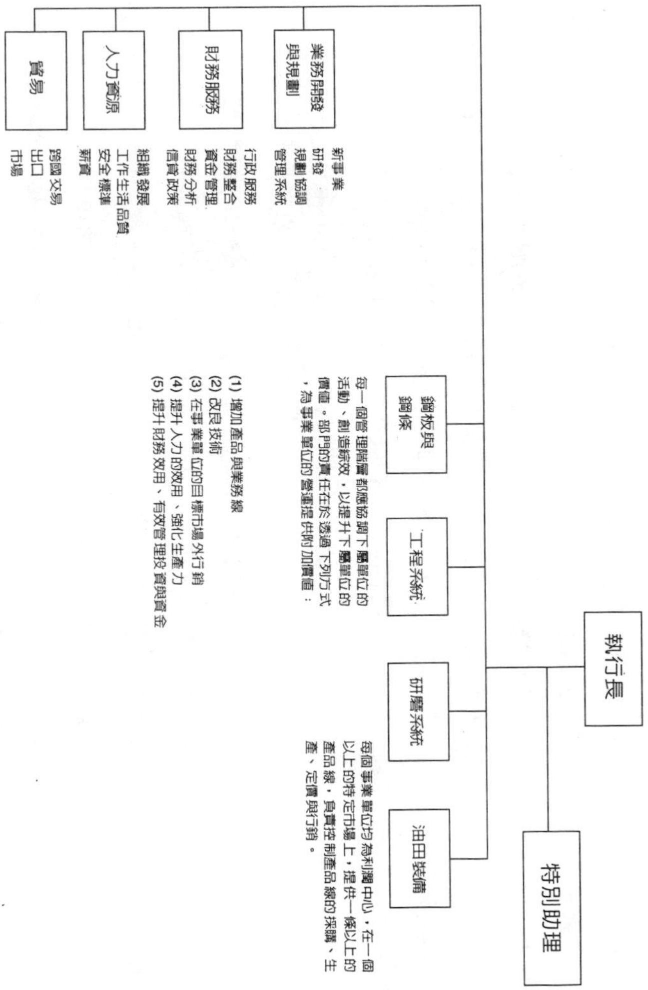

圖11.9 ALAD（愛默科拉丁美洲部門）的多層面設計

念。

由於矩陣式組織幾乎從未具備內部市場經濟的特質，因此組織內的功能性單位，往往得到公司的補助，成爲官僚式的壟斷單位；它們對自身的生存較感興趣，而將應該對組織提供的服務，以草率的態度了事。功能性單位鮮少服務組織外的客戶，而它們的內部用戶，通常也沒有其他的供應來源。此外，由於矩陣式組織中的產品與服務（輸出）單位，可能在設施與機械上投下大筆資金，並且配置大批的工作人員，因此比起多層面組織，要在矩陣式組織內增加或廢除產出單位，可說是困難重重。記住，多層面組織內的產出單位，通常僅需少數的管理人員與營運資本，而不需多餘的人員與物資。

方案預算與零基預算

方案預算與零基預算（zero-based budgeting），是主管爲下級產出與輸入單位編列預算的方法，兩者均假設單位不須背負過去的財務責任，一切從頭開始。由於方案的執行是產出單位的職責，因此一開始，方案預算是專門爲產出單位編列的預算。方案的總預算編列完成之後，再依照輸入單位的索價，將預算細分爲產品與服務的成本；輸入單位的總預算，便是各個產出單位分配給該單位的預算之加總。以此種方式編列預算，目的在於確保方案獲得充分的資金，並且致使支援單位的活動，不超過方案所需的範圍。

方案預算可以與內部市場經濟體制並行，不過這種情況並不多見。這是因爲在採用內部市場經濟體制的多層面組織中，主管不會爲他們的下級單位編列預算；和管理整體企業的方式相同，每個單位都會自行編列預算。組織高層或以投資、或以貸款的方式投注資金，然後向下層單位收取利息或利潤，不過，他們不會幫下層單位制定預算。

方案預算法的採用與否，通常不會影響組織的設計（不過，比起傳統的組織，方案預算更適用於矩陣式組織），也不會改變組織的彈性。此種預算方法的確能幫助組織去除無意義的工作，並且在假設產出單位必須以輸入單位爲供應來源的前提下，幫助估算產出單位與輸入單位必須達到的財務目標。不過，方案預算法並沒有試圖比較內部單位與外部供應商的成本，因此無法爲輸入單位的活動設立標竿。而由於預算過程無法揭露內、外成本的差異，因此內部輸入單位的成本可能異常高昂而不自知。在採用內部市場經濟體制的多層面組織裡，每一個輸入單位都必須與外部的供應商競爭，因此在此類型的組織中，標竿的設立是一個自動而持續不斷的過程。

案例

大西洋與太平洋茶葉公司（Great Atlantic and Pacific Tea，簡稱A&P），打從一九七〇年代初期，便陷入財務困境。連年的虧損，致使管理權與經營權數度易手，而店面的數量，也從一九七四年的三萬五千家，驟降至一九八二年三月的一千家左右。

公司在費城大都會區內，原本共有一百一十家店面，從一九八二年年初開始，公司在兩年之間關閉了六十家店，撤掉了將近三分之二的據點。根據公司的說法，高昂的人事費用是造成營運困難的首要問題。由於A&P的員工都加入了工會，因此基於勞動契約內的資歷條款，公司裁員的對象，大多是兼職的、年紀較輕的以及較廉價的勞工。這麼一來，A&P的人力成本遠高於業界的平均（大約是營收的一五%，業界平均則是營收的一○%），而員工的平均年資，是其他連鎖超市的兩倍。

一九八二年年初，美國食品與消費品勞工工會（UFCW）第1357地方分會的主席溫道爾·楊（Wendell Young），與賓州大學華頓管理學院的鮑許中心（Busch Center）聯繫，共同爲費城地區的店面面臨關閉的危機商討對策。會議由鮑許中心的蓋瑞傑德許（Jamshid Gharajedaghi）主持，討論的結果顯示，工會成員應買下公司關閉的幾個店面加以營運。比較大的問題是，工會如何在公司失敗的地方獲得成功？

研究小組發現，公司的員工具有極爲珍貴的營運知識，那是管理階層從未試圖去發掘、利用的。在集思廣益之下，研究小組提出一個創新的組織型態——參與式的管理——以及一些訓練計畫。這樣的結果與工會的傳統角色有著雲泥之別，傳統上，工會的責任主要包括組織、談判與退休基金的管理等。人們對於工會新角色的適當性與成功的可能性，抱持極大的懷疑。

儘管A＆P的高階主管懷著保留的態度，工會仍在一九八二年三月初，出價購買好幾間店面。兩個星期之後，工會宣佈六百位成員將各提出五千元美金拋磚引玉，預備募集一個基金。這樣的作法讓公司重新思索它的立場，並考慮以其他方式取代大舉關閉的動作。在工會及其顧問的協助之下，公司提出一份「工作生活品質計畫書」，幾經協商之後，A＆P與UFCW的第56與第1357地方分會達成如下的協議：

1. A＆P同意至少重新開啓二十家店面，並且准予工會再買下四家店。這些店面將歸屬於A＆P旗下新設立的子公司——「超新鮮」超市。

2. 地方工會同意縮短假期並接受減薪，減薪幅度不超過每小時兩塊錢美金。

3. 如果人力成本維持在營業收入的一○％，勞工可以獲得營業毛額一％的分紅。若是人力成本高於一○％，分紅的金額將酌量減少；而當人力成本低於九％，公司將會增加分紅的金額。

4. 公司承諾在新店面開張之際，立即實施工作生活品質專案。

鮑許中心獲聘與公司及工會，連袂推動這項專案。三個設計小組在同年六月中旬成形，組員來自新組織的各個階層，包括從超新鮮的總經理到兼職的收銀員等各層員工。每個小組分別爲組織整體提出一項設計，企業集團在稍作修改之後，於九月中旬核准了整合之後的版本。在此期間，第一批的新店面紛紛開張。

我將在下一節陳述此設計的一小部分。公司在一九八五年五月，出版一本標題為「食品與消費品工會第27、56、1357、1358與1360地方分會暨超新鮮食品市場之工作生活品質」的小冊子，詳細地記載這項設計。我將相關內容的原文節錄於下。請注意，這項設計結合了循環式組織、學習與調適支援系統，以及多層面結構等組織概念。在完成此項設計的陳述之後，我將描述它所達成的成效。

綜觀

超新鮮的組織結構，將由二到三個階層構成。企業總部是組織的第一個階層，包含五種不同的層面。

- 產出單位（商店）
- 輸入單位（服務性的功能單位）
- 環保單位（行銷／顧客代言人）
- 規劃委員會（政策單位）
- 管理支援系統（控制）

第二個階層是商店本身的內部結構；商店的組織概念與企業整體相同，也包含五種層面。

・產出單位（部門）
・輸入單位（前端、收貨）
・環保單位（地方業務發展與代言）
・規劃委員會（政策單位）
・管理支援系統（控制）

當超新鮮經營的店數逐漸增多，公司將採取三層的組織結構，設置新的區域單位，將商店依照地區劃分，納入不同的區域單位管理。

產出單位

組織理想與目標的達成，將是產出單位（商店）的責任。其他單位的角色，在於協助產出單位的營運。產出單位必須自給自足，並且在不犧牲系統整體之完整性的情況下，擁有一定程度的自主權。

輸入單位

輸入單位爲產出單位提供營運必要的服務。基於規模經濟的考量，技術以及來源分散各地的原、物料，最好由總公司統籌提供。這些單位具有部分的自主權。

環保單位

環保單位協助系統與環境進行互動。行銷與代言人的角色——也就是吸引顧客、與外部利害關係人接觸，以及傳達外部利害關係人的意見——是這些單位的兩大功能。

規劃委員會

規劃過程可以幫助輸入、產出與環境單位，進行全面的協調與整合。規劃委員會是組織最主要的政策單位，也是各個層級發揮超新鮮的互動式管理風格的工具。員工可以善用其資訊、判斷與關心的議題，在委員會中影響其切身決策的制定。規劃委員會的主要功能之一，是透過管理支援系統的回饋，持續地評估企業、商店與部門的目標達成率，並且在必要時候設定新的目標。商店層級的規劃，以影響商店績效的事務爲議題，影響範圍超過一個店面的議題，將在企業層級進行規劃。

（超新鮮的總經理古德提到，此連鎖超市的經營方式，是「一種開放、互動式的管理風格，涵蓋了組織中的每一個人……規劃委員會將出現於每一家分店，每一個人都會歸屬於一個委員會」。）

管理支援系統

管理支援系統的職責，在於以規劃委員會所制定的計畫與政策爲基礎，比較實際成果與預期成果之間的差異。這也是組織獲得學習與調適的管道。

在費城詢問報（Philadelphia Inquirer）於一九八三年四月三日刊載的一篇文章中，莎費這麼寫道：

> 當八個半月以前，超新鮮食品超市的第一家店面在此開幕時，衆人莫不爲其突破性的員工參與式的管理而大聲喝采。
>
> 事實上，這家隸屬於Ａ＆Ｐ集團的食品連鎖超市，在浴火重生之後表現傑出，前景看好，Ａ＆Ｐ正認眞地考慮將版圖拓展至全國的可能性……
>
> 超新鮮的經營模式，一開始僅用在重新開幕的商店，如今就連現存的Ａ＆Ｐ超市，也試圖改頭換面，成爲超新鮮超市的一員。

員工在設計過程中與資方達成的協議，包括放棄較高的時薪，以換取商店利潤的分紅以及參與商店營運重大決策的機會。

超新鮮的第二十九家分店，在該項設計完成的當年年底開幕，超越了原本在該年開設二十家分店的目標。當時是二次世界大戰之後失業率最高的時期之一，但是超新鮮卻雇用了二、〇一五位員工；這些店面在六個月之前，才因屢屢打破銷售與利潤的最壞成績而宣告關閉。一九八三年六月，A&P在季報表中宣佈兩年來的第一次獲利。費城詢問報在一九八五年六月十七日報導：「隨著一步步地蠶食其他超市的市場占有率，超新鮮在超級市場產業中，完成了令人稱羨的傲人成績；它的確是賺錢的。」

如今超新鮮在全美已有一百二十八家分店；它從賓州的達拉威山谷擴展至其他地區，再走入新澤西、德拉瓦、馬里蘭、維吉尼亞與哥倫比亞特區，甚至加拿大境內也有它的據點。

結論

在採用內部市場經濟體制的多層面組織中，許多（甚至是大部分）阻撓變革的障礙都會消失或式微。首先，在這一類的組織中，沒有必要爲了改變分工準則的相對重要性，而進行組織重整；只需透過資源的重新分配與高階主管訂定的限制條件，就能轉移組織的重心。

第二，在不對其他單位造成嚴重影響的情況下，就能夠增加、廢除或調整組織內的單位。組織單位擁有的內、外部顧客群愈龐大，它的體質就愈健全，對單一客戶的依存性就愈低。

第三，由於就連最低層單位的營運方式，也無異於市場經濟體制之下的大企業，因此，低階主管能夠獲得與高階主管相同的自主權與整體的管理經驗。此外，由於高階主管所負責的單位，同樣也是利潤中心，所以如果他們的決策影響了下級單位的績效，主管必須爲其決策負全責，由他們的單位吸收決策造成的成本。主管的首要考量，在於下屬單位彼此之間、以及與組織和環境中的其他單位之互動，而不應將重心放在下屬單位單獨的行動。

最後，組織可以採用一致、明確而且不易產生爭議的標準——也就是將利潤納入計算的公式，例如資本報酬率——來衡量各階層單位的績效，包括總裁辦公室。如此一來，組織得以比較各階層單位的績效，遏止無意義的工作與官僚作風的形成。不過，利潤決非唯一重要的績效指標。從社會系統的角度來看，組織本身、利害關係人與大環境的發展，才是組織最崇高的目標。利潤雖然是企業發展的必要條件，卻不是充分條件。

當組織的所有成分都採用多層面的設計，這樣的組織，便可以稱爲「不規則的碎形」(Barnsley, 1988)。所謂不規則的碎形（fractal），是一種在各階層都擁有相同結構的實體。在「不規則碎形」概念的幫助之下，我們對本質的了解產生了重大的進步。有鑑於這項事實，人們可能以爲不規則碎形狀的組織能吸引社會科學家的注意；情況卻非如此。由於在內部市場經濟體制內運作的多層面組織，是一種不規則碎形狀的組織，因此每一位主管都扮演著總經理的角色——不論其單位的工作範圍多麼單純；單位之間的主要差別，只是規模的不同。多層面組織的這項特徵，簡化了企業繼承人選的規劃過程，並且對管理人才的發展，貢獻卓著。

總而言之，循環式組織、內部市場經濟與多層面的設計，可以同時在組織中推行。三種組織概念將相輔相成，在其互動之下，每一項概念都將發揮更驚人的力量。

第四樂章
變革
改革與轉型

12

一時之計的萬靈丹

靈藥原來不靈

標竿運動、核心能力、顧客至上等
管理大師口中的「超級特效藥」，其實是
絕對主義的化身、逃避複雜狀況的避風港
它們之所以失靈，在於
將整體視爲個別元素的加總

捷徑是兩點之間最長的距離。

——依薩維（Charles Issawi）

仰賴萬靈丹、特效藥、緊急應變措施以及一時流行風潮，與堅信帶領組織轉型才能扭轉逆勢的領袖，可說是判若天淵的兩種態度，形成強烈的對比。

如今，愛用萬靈丹的管理者，每天接觸的靈丹妙藥，在數量上甚至超過組織問題本身。舉例來說，下面這份節錄的清單，是我粗略地瀏覽管理文獻，以及從很跟得上時代的大師口中，蒐集而來的「超級特效藥」的名單。

作業基礎成本法（Activity-based costing）
行動檢討（After action review）
靈活式製造（Agile manufacturing）
標竿學習（Benchmarking）
認知療法（Cognitive therapy）
決心管理（Commitment management）
連續性進步（Continuous improvement）
核心能力（Core competencies）
顧客至上（Customer focus）

縮短循環時間（Cycle-time reduction）
對話決策過程（Dialogue decision process）
裁員—人事合理化（Downsizing—Rightsizing）
經濟附加價值（Economic value added）
群體軟體（Groupware）
資訊架構（Information architecture）
學習型組織（Learning organization）
外包（Outsourcing）
流程再造工程（Process reengineering）
情境規劃（Scenario planning）
自我導向團隊（Self-directed teams）
感應與回應（Sense and respond）
策略聯盟（Strategic alliances）
系統動力（System dynamics）
全面品質管理（Total quality management）
價值鏈分析（Value chain analysis）

人們之所以追求複雜問題的簡單答案，甚至是過於天真的答案，是因爲在面對複雜狀況而感到手足無措之故。這樣的無力感，誘使人們將現實與問題的處理方式加以簡化。那些無法面對複雜人生的人，轉而向基本主義（fundamentalism）尋求慰藉；而無法處理複雜問題的企業，便會求助於靈丹妙藥。基本主義與靈丹妙藥，是人們逃避複雜狀況以及伴隨而來的不確定感的避風港；兩者都是絕對主義（absolutism）的化身。絕對主義提供了簡單而唾手可得的答案，很方便地解決了人們願意思索的問題，至於人們不想面對的問題，則完全不予理會。基本主義者的信條，是一種不論有多少反面證據都無法推翻的信條，因爲在信徒眼中，這些證據都是不實的僞證。

我想起一位生物學分類學家曾告訴我，他已針對海洋貝類生物，發展出一套巨細靡遺的分類方法。當我問他如何確定他的方法是徹底而詳盡的，他告訴我，他走過了世界各地的海灘，已將所見的貝殼一一檢查、分類。「當然囉，」他補充說道：「我偶爾也得被貝殼扎到腳。」

廣爲流傳的萬靈丹，以及發明它們的大師，幾乎很少能夠完全實現諾言。這類的評估，占了管理文獻的大篇篇幅（例如 Altier, 1991, 1994; Ernst & Young and the American Quality Foundation, 1992; Hamel and Prahalad, 1994; Kiely, 1993; Arthur D. Little, Inc., 1994; Rakstis, 1994; Shapiro, 1995; Huczynski, 1996; and Micklethwaite, Wooldridge, 1996）。

批評萬靈丹的學者，已找出許許多多造成萬靈丹不靈的因素。不過，我相信大部分萬靈丹之所以失靈，都是基於一項原因——它們失之於化零爲「整」。所謂「化零爲整」，是指處理系統整體內的某些元素時，應以整體的績效爲首要考量，而非只注重元素的個別表現。這些萬靈丹的作法正好相反——它們是「化整爲零」，換句話說，它們將整體視爲元素的加總。這正是它們失敗的原因，因爲系統整體的績效，不等於重要元素個別績效的加總，而是元素交互作用之下的產物。因此個別提升系統重要元素的績效，不一定能夠（通常不能夠）提高整體的表現，甚至可能傷害系統整體的成績。還記得在第一章裡，那個試圖挑選市面上最佳汽車零件的案例吧！由最佳零件拼裝而成的車子，並非性能最佳的汽車；事實上，由於各廠牌的零件不相容，甚至無法拼出一部車的樣子！評估系統重要元素的表現，應以它對整體績效的影響爲基礎。勞斯萊斯出品的引擎，在勞斯萊斯汽車中能夠發揮優異的性能，但若安裝在其他廠牌的汽車內，它可能非常彆脚，甚至完全無法運轉。

社會系統的責任之一，是幫助利害關係人以及系統所隸屬的更大型系統獲得發展。某些萬靈丹失於讓社會系統負起這項責任，是另一項常見的缺失。

爲了展現萬靈丹反系統化的特質，我在此針對幾項最受歡迎的萬靈丹與特效藥進行評論。

裁員

最常用來提升白領階級生產力的手段，便是嚴厲的人事刪減（meat axe），這種作法很可能形成嚴重削弱部門體質的全面性裁員。與其歷經一連串只能暫時降低成本的裁員行動，企業眞正需要做的，其實是管理內部的營運，並且隨時保持掌控。接下來，支援性的單位必須負責調整它們的功能，以滿足組織內部用戶的需求。組織若非設定了成長的限制條件，這些單位不得恣意地擴充（Davis, 1991）。

裁員失敗的機會遠大於成功的可能性，已是一項無可爭辯的事實。裁員過後的短期間內，企業的成本往往上揚，也經常出現嚴重的士氣問題；學者在大量的文獻中，提出裁員負面效果的例證（如 Drucker, 1991; Rakstis, 1994; Pourdehnad, Halal and Rausch, 1995 and Wysocki, 1995）：「每一位在裁員邊緣走過一遭的員工，都象徵著一項創新機會的夭折、一項新收入來源的消失、或是棄新的服務機會於不顧；裁員是爲了解決今天的問題，而阻撓未來成長的一種作法」（Petzinger, 1996）。

儘管裁員無法有效地解決問題，卻絲毫不影響它的流行；股市分析師的熱情歡迎，是裁員風潮維持不墜的主因。對於進行裁員的公司，股市分析師幾乎都以正面的態度回應，反映在企業的股價上。分析師預期公司的績效會因爲裁員而獲得改進，就極短期的角度來看，的確沒什麼不對，但就長遠的角度而言，這項預期幾乎毫無例外地錯得離譜。屆時，分析師將修正他們原先的預測，以避免自尊心受損。

我在此處強調：**裁員只能治標、不能治本，因此這是一種既不負責又沒有效果的作法。**由於裁員沒有解決造成人員過剩的問題根源，企業多半得重複裁員的動作。「裁員往往反覆出現——就平均數字而言，在某一年度進行裁員的公司，有三分之二會在隔年發起另一波的裁員行動」（American Management Association, 1995）。

爲什麼有些企業會在毫不自覺的情況下累積了十萬名以上的冗員，才發現員工人數早已超過公司所需？什麼因素造成員工供應量過剩，以致於需要進行裁員？要如何停止這種現象？爲什麼提出這些問題的企業少之又少呢？

裁員所代表的企業失責

企業顯然也是一個社會系統，因此在它所隸屬的更大型系統中，企業必然具有特定的功能。正如第二章所述，從社會的角度來看，企業具有兩大功能——也就是財富的創造與分配。企業分配財富的方式，包括給付勞工薪資、支付貸款利息、發放股利、繳納稅金以及購買商品與服務。然而，提供具有生產力的就業機會，是唯一能夠同時創造與分配財富的方式；其他各種分配方法，不論好壞，都只會消耗企業的財富。所以說，**創造與維持生產性的就業機會，是企業最主要的社會責任**。更進一步地說，站在社會的角度來看，企業若無法提供與維持生產性的就業機會（裁員是此類失敗的一種形式），就是一個不負責任的企業。

私人企業無法提供足夠的生產性就業機會，就很可能造成政局的動盪不安。政府的反應之道，不是以國庫補助這些體質衰弱的企業或產業（例如美國以往對克萊斯勒、目前對菸草及乳製品工業的津貼），就是將它們收爲國有（像是英國與墨西哥的作法）。政府採取這些措施的目的，在於將生產性就業機會維持在一定水準，不過在某些案例中，也有爲了其他的目的。國營產業的生產力與利潤一向比不上民營企業（墨西哥在一九七〇年代收歸國營的三百多家企業中，只有十七家能產生利潤）。一旦國營企業與工業所消耗的財富，絕大多數超過它們所能創造的價值，它們最後在社會上分配的將是貧窮，而非財富，國家整體的生活水準也因而下滑；這就是在蘇聯發生的狀況。

共產主義與社會主義仍然沒有創造足夠財富的能力，因此人民甚至無法保有起碼的生活水準。另一方面，某些資本主義社會（尤其是那些發展程度較低的），則在財富的分配上顯得不夠公平，以致於政治情勢起伏不定。財富分配不均對資本主義的威脅，與財富不足對共產主義與社會主義的威脅，可以說不相上下。

人們對於「創造與維持生產性就業機會，是民營企業管理階層責無旁貸的工作」這種說法，可能出現如下的正常反應：「企業最大的責任，在於滿足它的利害關係人，因此企業必須要創造利潤。冗員會降低企業的利潤，所以企業有義務裁撤多餘的員工」。如果除了裁員之外，企業沒有其他維持或增加利潤的途徑，這種主張就能令人信服，問題是，其他方法的確存在。下面這幾種負責任、同時也能夠令利害關係人受益的替代方法，值得我們深思熟慮。

比裁員更完善的作法

第一個案例與克拉克設備公司有關；正如我在前文中提到的，該公司在一九八〇年代陷入嚴重的財務困境。

新任執行長萊因哈特受命幫助克拉克脫離財務困境。他發現，若由企業內部的運輸部門負責運送產品給經銷商，在成本上將遠高於外包給運輸公司所需支付的費用。他計算了企業裁撤內部運輸部門將發生的成本，然後詢問地方上的銀行：如果公司願意投注一筆資金，金額相當於裁撤運輸部門所需要的成本，銀行將願意提供多少貸款，幫助該部門的員工出面進行槓桿購股（leveraged buyout）？銀行表示願意提供足夠的金額，幫助員工達成槓桿購股的計畫。於是萊因哈特向員工提出，由他們入主運輸部門的可能性，並且表示如果新公司運輸服務的價格等同於市場價格，克拉克將與新公司簽訂兩年的合約。員工接受了這項提議，成立了日後獨立而成功的運輸公司，而克拉克則因爲運輸成本的大幅下降而受惠，雙方皆大歡喜。

第二個案例是關於一家多元化的大型企業，它在一九七〇年代，決定關閉企業內的一個事業部門。

公司擁有一座專門爲該事業部門生產的工廠，工廠雇用了數百位勞工，廠房設備也還很新。公司決定以極低的價格出售工廠，對於任何一個願意保留全數員工的買家而言，工廠的價值遠高於公司的拋售價格。很快地，公司便找到一位買主。公司省下的資產註銷金額，足以彌補銷售工廠的虧損，買賣雙方都從交易中受惠。

在第三個案例中，大型企業的副總裁得到上層的命令，要求他將下屬主管的人數裁掉一半。

對於副總裁而言，這項任務實在是太痛苦了，他不願意面對這項任務，因此召集所有可能被遣散的主管開會，將問題丟給他們。他要求主管們在一個月之內，找出處理問題的方法。這群主管除了制定一套決定誰去誰留的衡量標準，還積極地爲任何一位即將去職的主管尋找出路。他們向企業內部的其他單位以及主要的供應商與顧客，徵詢任何可能的就業機會；他們所找到的工作，足以吸收所有被遣散的主管。接下來，主管們將制定出的衡量標準呈交給副總裁，並且監督副總裁確實使用這套標準的方式。裁員的過程十分順利，沒有人心懷怨恨，離職的主管也都很快地找到了工作。

(要參考類似的案例，可以參照 Petzinger, 1996)

豐田（Toyota）汽車公司因爲員工人數過剩，而處於競爭的劣勢。公司將多餘的員工，指派給一個負責制定方案以降低成本、提高生產力與激勵員工士氣的小組。「事實上，在四年的經濟衰退期期間，豐田不但維持日本的終生雇用制的傳統，並且將七萬名員工，轉變爲公司最大的幫手。」。豐田最大廠的主管表示，在他執行了員工的建議之後，工廠的生產力提升了一〇%，利益遠大於執行提案所需的成本。

這幾個案例在在顯示，如果管理者將維持或增加生產性就業機會的社會責任看得很重，並且真心誠意地願意負責，通常就能夠找到負責任的作法，即使必須向外界求援也在所不惜。這些負責任的作法通常不需要讓公司花錢，事實上，公司甚至可以從中獲利！

冗員從何而來？

一旦產品在市場上銷售的成長速度，比產業生產力提升的腳步緩慢，便會產生多餘的勞動人口。在此情況之下，若要維持就業機會，必須創造足以吸收這些多餘勞力的新產品或服務；當然，轉而生產新產品的勞力，可能必須先接受訓練。因此，在低成長或零成長的市場上維持或增加就業機會，是一件必須妥善規劃的事，不會自然而然地發生。不過，相較於企業內部官僚化的壟斷單位所雇用的冗員，基於生產力提升或市場日趨成熟而產生的多餘勞動人口，在比例上還算少數。

大多數企業主管，以競爭環境改變、企業必須進行「重整」維持競爭力爲理由，「解釋」公司不得不裁員的原因。不過這項說法如果屬實，爲何那麼多公司必須一而再、再而三地裁員？問題的答案，就在於造成員工過剩的主要原因是來自公司內部，而非來自外界環境的改變，並且也不是裁員可以解決的，因此這項原因在裁員之後仍會繼續發酵。倘若公司以合適的方式處置產生多餘員工的內部來源，將不需要以大規模、具破壞性的方式，來適應環境的變化。

如同我在前面指出的，多餘員工的主要來源，是企業內部官僚化的壟斷單位。這些單位爲公司內部其他部門提供產品與服務（通常也僅與內部客戶交易），並且具有壟斷性的地位；它們所服務的內部用戶，依公司規定不得採用其他供應商。常見的例子包括會計、人力資源、資料處理、法務、研發與採購等部門。

此外，服務或產品的內部使用單位，鮮少以直接的方式付費；它們透過上層管理單位強制規定並徵收的管理費用（一種稅金），以間接的方式爲它們所使用的服務或產品付費。接下來，提供服務的內部單位將從上層所收集、累積的管理費用中，編列單位的預算（這是一種較婉轉的說法，意思就是上層的「補貼」）。因此，內部供應單位對於其他單位的需求，關心程度遠不及提供經費的上層單位。事實上，只要在提供或審核預算的上層單位眼中，內部供應單位達到令人滿意的表現，那麼不論它們實際的績效多麼糟糕，都無法動搖內部供應單位在組織中的地位。由於不需要與他人競爭，也不需要滿足它們的用戶，內部供應單位的績效往往十分拙劣。

沒有任何經濟指標，可以用來衡量官僚化壟斷單位的績效；組織對這些單位的產出價值與成本，通常也像霧裡看花、不甚了了。因此這些單位的重要性，通常是以單位員工人數或者預算多寡做爲判斷的憑據。這麼一來，它們往往在上級單位的允許範圍內恣意地擴張，而正因爲無法評估它們的績效，上級單位對它們的要求通常十分寬鬆。爲了加快擴充的脚步，壟斷性服務單位開始創造一些無意義的工作；這是一種沒有實際產出的工作，更糟的是，他們經常製造不具生產性的工作——例如繁文縟節，以增加那些從事生產性工作員工的負荷。

一旦公司出現冗員過多以及財務結構與競爭力低落，逐漸成爲顯而易見的問題時，通常首先想到的解決方法，便是裁員。然而當裁員風波結束之後，官僚化的壟斷單位又會故態復萌地創造無意義的工作，並且在系統所允許的範圍內盡量擴張。因此，員工過多的現象通常會一再發生，而裁員的行動，也將一再重複。

如何避免產生冗員？

對於防止或廢除內部的官僚化壟斷單位來說，內部市場經濟（第十章）是最有效的方法，這應該是顯而易見的一點。這些單位本身並不是一種罪惡；它們對組織的妨礙，來自於創造並供養它們的組織結構。如果它們所服務的其他內部單位，可以自由地選擇與外部供應商交易，而它們也必須將產品或服務銷售給外界的顧客，官僚化的內部供應單位將沒有容身之地。同時，內部市場經濟體制，也將消除爲供應單位的績效設立標竿的需要。

需要與外部供應商競爭的內部服務單位，必須保持單位的精簡；爲了控制成本以增加競爭力，它必須刪除或減少不必要的員工。

全面品質管理

繼日本之後，美國在一九八〇年代掀起一股全面品質管理（TQM）的狂熱；這是當時最熱門的作法，用來幫助美國主管提升企業的績效。如今，這股熱潮已逐漸衰退，然而，儘管致遠會計師事務所（Ernst & Young, 1992）與Arthur D. Little（一九九四）兩家公司，相繼提出大多數運用TQM依然無法滿足顧客期望的實際案例，TQM卻仍廣受企業界的採用。

凡顧客皆期望企業提供高品質的產品與服務，這是無庸置疑的一點。那麼，TQM之所以無法達成顧客的期望，必定是在執行層面出了問題，出發點並沒有錯。企業使用TQM的方法，有哪些常見的錯誤呢？

消費者與顧客

當「高品質」一詞用在產品或服務上頭，通常意指「滿足或超越顧客的期望」，有時還會加上「及時、隨時」這樣的字眼。以顧客的期望來定義品質的人，經常在不知不覺之中，錯誤地在「顧客」（customer）與「消費者」（consumer）之間劃上等號。顧客與消費者通常不是同一群人；好比說，當供應商將產品銷售給批發商，批發商又賣給零售商，零售商賣給其他人，而這些人再將產品致贈另一些人時：採買禮物的購物者是零售商的顧客，而受贈禮物的人，才是產品的終極消費者——除非他又將禮物轉送出去。大多數人都會同意，就產品的品質而言，消費者的期望至少與顧客的期望一樣重要。兩者的期望都需要獲得滿足，單滿足其中一方是不夠的；如果其中一方覺得產品或服務的品質不夠水準，那麼就不會購買；或者，如果顧客購買了產品或服務，消費者也不會使用它。

TQM專案通常會將企業內部的消費單位納入考量。舉例而言，卡松（Jan Carlzon）在斯堪地納維亞航空公司（SAS）所創造的奇蹟背後，最大的成功因素，就是他讓航空公司的每位員工都了解，每一個人的產出都得供內部或外部的消費者使用，而每一個人都得負責滿足或超越消費者的期望。請注意，除了採用內部市場經濟的組織之外，企業內部的消費單位，通常都不是供應單位的顧客，甚至不是心甘情願的消費者；它們迫於高層主管的規定，不得不採用具有壟斷地位的供應單位，而高層主管則會藉由資源的分配，確保內部服務單位的生存。

在TQM運動中，「顧客」這個概念的涵蓋範圍愈來愈廣。全面品質管理已愈來愈全面了，不過在大多數狀況中，仍然不夠完全。所謂的「全面」品質，應適用於所有受組織所影響的人，也就是所有的利害關係人；這表示組織的供應商、員工、顧問、批發商、零售商、股東、債券持有人、往來銀行、債務人等各方面的期望，都必須納入考量。唯有眞正做到這一點，才有資格稱爲「全面品質」的組織，比一般提供高品質或服務的公司更出類拔萃。TQM的目標在於創造一個具有全面品質的組織，而不是光爲顧客提供高品質的產品與服務。

根據《American Heritage Dictionary of the English Language》字典，「期望」一詞具有兩

種不同而重要的意義：⑴「認爲適當或合理的」，以及⑵「對可能發生的事件有所期待」。當以顧客的期望來定義品質，那麼，「期望」指的是第一種意義，而不是第二種意義。在此，期望與顧客合理的需求有關，而與未來可能發生的事件無關。

找出顧客的期望

爲終極消費者提供品質合乎期望、並且爲顧客提供價格低廉的產品與服務，顯然是TQM所關心的議題。不過即使TQM的擁護者明白，消費者與顧客的期望不同，他們通常無法提供一個有效的方法，幫助組織找出消費者與顧客究竟有哪些期望。爲了探索這些攸關重大的期望，企業通常採取傳統的市調方法，直接向顧客與消費者詢問他們的需求。

直接向顧客與消費者詢問他們的需求，通常會得到錯誤、不可靠的資訊。他們通常不清楚自己究竟要什麼，縱使明白自己的需求，他們也經常掩藏眞正的喜好，試圖揣測詢問者的心意，然後提供一個能迎合詢問者的答案。而即使消費者與顧客既淸楚自己的需求、也願意提供誠實的答案，他們的需求，也很有可能強烈地受到現實所限；即使市面上的產品與服務僅有差強人意的品質，他們也不可能提出一種前所未見的需求。當然，大家都知道，需求爲創造之母；然而較不爲人所知的事實是，創造其實也是需求之母。在掌上型計算機、錄放影機、個人電腦問世之前，從未有人表達對此類產品的需求；一旦上市之後，市場上立即出現廣泛的需求。

有一個有效的方法，可以幫助顧客、消費者與其他利害關係人明瞭自身的需求，同時鼓勵他們盡可能誠實地表達他們的需要。這個方法，就是邀請他們參與產品或服務的理想化設計。

透過理想化設計探索期望：在進行產品與服務的理想化設計時，實際或潛在的顧客與消費者，可以具有極高的貢獻。他們所參與的理想化設計，包含了五花八們的產業，例如超級市場、屋頂建材、醫院、毒品勒戒中心、學校以及男性服飾店。

在其中一個案例中，五種利害關係人——建築師、一般包商、屋頂包商、建材經銷商與房地產業主，聯手設計出屋頂的建材。

他們成立一個能設計並且建造部分屋頂的實驗室，實驗室裡的零件，可以搭蓋各式各樣不同的屋頂。除了屋頂包商之外，所有人一致傾向於其中一種建材，這種建材，與製造商所認定的消費者及顧客的需求大相逕庭。屋頂建材製造商假設房屋的屋頂，看起來應該像木片、石板或泥瓦；這是錯誤的想法。實驗室中設計出的屋頂，大多不是單色、無花紋的，而是色彩繽紛並且有設計圖案的。相反地，屋頂包商對屋頂的美觀與否興趣缺缺，他們只在意興建屋頂時建材是否容易使用。

雖然製造商只要求這群人設計出一種屋頂建材，但是他們玩得津津有味，堅持在實驗室裡待到深夜，好蓋出至少三種不同的屋頂。這啓發了製造商的靈感，他們決定在銷售屋頂的商店中設立類似的實驗室，讓消費者得以設計自家的屋頂，並且製造出一個小型的樣本。

類似的設計活動，總是爲實驗者與廠商雙方提供了豐富的啓發。第六章提到的男性服飾連鎖店，就是一個例子。

由潛在顧客進行的設計顯示，首先，顧客希望商店在他們的預算範圍之內，提供最高品質的產品與服務，而不是以最低的價格，提供他們所要的品質。此連鎖店的折扣價格廣告訊息無法吸引他們，因爲對他們來説，這項訊息等同於品質上的犧牲。

第二點，他們希望相同尺寸的不同服飾，能夠擺在商店的同一個區域。他們不喜歡以服飾種類來分區的方式，因爲在此方式之中，他們必須跑遍整個商店尋尋覓覓，並且在各個櫃檯結帳。

第三點，他們希望在不受店員干擾的情況下，好好地檢查商品。他們提議商店應設置許多呼叫按鈕，讓他們在需要店員服務的時候，能夠很方便地找到服務人員。他們也提議商店雇用女性的服務人員，因爲他們認爲女性對男性外表的意見，很可能比男性店員的意見可靠許多。

某些時候即使透過理想化設計，消費者仍無法明確地表達他們的期望；通常當他們沒有使用這類產品或服務的經驗時，最常發生此種狀況。他們在體會了原本以爲有所需要的事物之後，往往才發現那不是自己所要的。例如，杜邦纖維部門發現，當地毯製造商收到符合其規格的原料之後，往往才意識到原本未曾考慮的缺點。它們通常得透過一連串的反覆摸索，才能了解自己眞正的期望，更別提詳述能滿足期望的產品了。當人們爲家人打造一幢房子時，最後所要的，往往不同於與建築師初次會面時所描述的房屋，這是建築師們再清楚不過的狀況了。隨著設計逐漸成型，人們對自身需求的概念也日益成熟。當他們終於遷入原先以爲自己想要的房子，卻幾乎總能找到房子需要改進的地方。

即使在市調過程中提供了實際的產品或服務，也可能產生誤導性的結果——除非調查方式的設計，與消費者使用產品與服務的實際經驗極爲類似。

我們曾受聘爲一個剛推出市面的啤酒品牌進行口味測試，以了解它的口味在消費者心目中的地位。我們選擇了四種競爭品牌加入測試，每一個牌子都有獨特的風味。我們將啤酒樣本放入五個玻璃杯中交由受測者試飲，每個杯子各以一個英文字母代表（A、B、C、D與E），沒有標示品牌。其中兩個標示不同的杯子，放入同一品牌（也就是受測品牌）的啤酒；不過受測者並不知道這一點。我們要求他們將「五種」品牌的啤酒，依照口味排列高下。

受測者試飲兩次的品牌，在實驗結果中分居第一名與最後一名，而其他品牌的排名，也無法反映出它們的市場占有率。我們向釀酒大師報告這份令人困惑的結果，他說：「當然囉，沒有人用那樣的方式品嚐啤酒。他們在特定的時間喝某一種啤酒，又在不同的場合喝另一種不同的啤酒，然後才決定出他們的最愛。」

在重新設計測驗方式之後，我們將沒有標明品牌的啤酒，各留一箱（受測品牌則留了兩箱）在一群受測者家中一個月。這個月結束時，我們詢問受測者的喜好，結果發現他們對受測品牌的反應相當一致，同時，其他四種品牌的排名，也與其市場占有率的高低完全吻合。

值得注意的一點是，當產品的設計講求長遠的使用壽命時，可能會喪失未來的變通性。例如美國電信市場解禁之前，AT&T在它的電話服務裡投注衆多資金以延長服務壽命，而爲了盡可能地從這些投資得到報償，AT&T延緩推出許多技術上更進步的產品。直到市場解禁、競爭對手入侵之後，AT&T才採用新技術，並且大幅提升器材的品質。

TQM專案的重點，充其量就是試圖讓組織從現狀走向理想的狀態，從較差的形勢達到更好的局面。正如我在第三章所陳述的，這種作法遠不及倒推式規劃來得有效。反向式的規劃簡化了追求理想的過程、更能保證獲致成功，同時延展了我們對可行性的概念。

工作生活品質

以下這個案例或許不是眞實故事；即使如此，它仍提供了活生生的教訓。

有一個人買了一輛非常昂貴的凱迪拉克轎車，在經銷商那兒領了車、開了一小段路之後，遇到一處顚簸的路面，車子開始咯咯作響。他轉回頭將車子開回經銷商，極爲不滿地連聲抱怨。經銷商向他道歉，並且保證解決這個問題，顧客在隔天就可領回修好的車子。經銷商致電汽車的維修經理，描述了這項問題。維修經理將車子掛在架上懸空檢查，卻找不到任何可能造成噪音的原因，他斷定咯咯的聲音是新車主想像中的毛病，於是什麼也沒做。

第二天，車主領了車子、開了一小段路之後，又遇到同一處顚簸的路面，車子又開始咯咯作響。他氣極敗壞地回到經銷商處，表示若非全數退費，就要換一輛車子。經銷商好說歹說，終於讓他同意再等一天讓維修部檢查。

經銷商於是要求維修經理試駕這輛車，直到找出問題所在爲止。維修經理照做之後，發現咯咯聲出現在駕駛座旁的車門上。他回到維修廠，將車門卸下、拆開，發現在爲了搖下車窗所預留的空間裡，有一個可樂空罐，罐中有一張紙條，紙條上有一段很鄙陋的話：「你終於找到它了，你這該死的渾蛋！」

如果員工對他的工作持有如此負面的態度，根本不可能製造出高品質的產品。他對工作生活品質低劣的怨恨，蓋過任何想要提升產出品質的念頭。

我從經驗中發現，如果企業對於提升員工生活品質的重視，勝於提升產品或服務的品質，經常可以得到更大的進步。員工將ＴＱＭ運動視爲另一種壓榨勞力的方法，並非罕見的情況。另一方面，在沒有附加條件的情況之下，由員工設計並執行工作生活品質專案之後，那些受惠的員工，經常會尋求途徑表達他們的感激，自然而然地試圖提升產出的數量與品質。這時候，如果企業教導他們提升品質的技巧，他們將會很熱切地實行。

此外，我發現不論目的在於提升工作生活品質或是提升產出品質，改革專案若由執行的員工進行設計，效果將遠勝於由專家設計、員工受迫執行的專案。（回顧第九章探討的循環式組織，在這類組織中，每位員工都能掌控自身的工作生活品質）。企業可以聘請顧問供員工諮詢，不過，只有在員工需要時才派得上用場。這種作法，可以讓必須執行專案的人，對專案產生一股歸屬感。

其他缺點與疏漏

以統計方法進行品質管制，是ＴＱＭ運動的起源，統計方法用於降低產品與或服務的不良率，成效卓著。隨著時間的移轉，人們創造出新的程序與方法，例如品管圈（quality circles）與共識決策方法，更進一步地提升品質管制的效果。不過這些發展主要以經驗爲基礎，很少涉及理論；因此，TQM的各項活動，無法融合成爲一個和諧的整體。TQM專案往往是各項獨立程序與方法的加總，而不是各項工具、技巧與方法在互動之下的系統化組合。

更重要的是，TQM引發了一些它所無法處理的問題。例如，它試圖將管理階層的活動，從監督轉變爲領導；也就是由控制部屬的行動，轉變爲引領部屬之間的互動，並且鼓勵、加速他們的成長。但是它缺乏一套指引經理人創造一個能促進互動管理，與發展部屬的組織結構之理論基礎；由於TQM並未在傳統的組織中提供替代的方法，因此互動、發展管理以及領導能力均受到莫大的阻礙。所謂的替代性方法（例如第九章提到的循環式組織）的確存在，但是TQM並未採用這些方法。

此外，TQM隱含著一項假設：在實施TQM的過程中，組織結構具有相當程度的穩定性。事實上，美國大多數企業在兩次組織重整之間的期間，大多比實施TQM所需要的時間短。組織是否能夠採取某種結構，使得重整的次數不需要那麼頻繁呢？答案是肯定的，第十一章所描述的多層面組織，就能夠消除組織定期重整的需求。

TQM同時假設管理者能夠快速而有效地學習與調適，然而，它並未提供達到這一點所需的管理支援系統概念。若缺乏此類支援系統，管理者的學習與調適，在最好的情況下僅能緩慢地進行，在最糟的情況中則完全付之闕如。一套學習與調適支援系統（如第八章所述），不僅促進與加速學習與調適的過程，也能幫助管理者學會學習與調適的方法。

TQM也未曾探討績效衡量標準與報酬制度等議題，這兩者是組織鼓勵員工表現某些特定行爲的激勵因子，能對組織行爲產生重大的影響。因此，如果不改變組織的績效衡量標準與報酬制度，員工的行爲將不會產生顯著的變化，而任何可能的變化也不會持久。關於必要的衡量標準與報酬型態，蓋瑞傑德許與吉若梅耶（Gharajedaghi and Geranmayeh, 1992）提出了深入的討論。

如果組織將重心放在持續性的品質改善運動，最嚴重的後果，將是模糊了效率與效能之間的界線。TQM能夠輕易地運用在生產毒氣瓦斯的流程上，也能運用於藥品的製程中，就其本身而言，這並不是一個缺點；但是無法判斷毒氣瓦斯是否是個適當的產品，就是一項很嚴重的缺失。例如，日本汽車廠商廣泛地進行TQM運動以期能提升品質，不過這項運動從未刺激廠商去思考，現存的汽車概念是否適宜。人們愈來愈清楚地看到，目前的汽車製造出諸如空氣污染、過度仰賴石化燃料，以及交通壅塞等大量的問題；而能夠避免產生這些問題的汽車概念，已經完成設計並且已進入生產。

換一種方式來說：TQM在試圖提升產品或服務的品質時，沒有納入產品與服務的道德與美學評估；這是TQM應該改進的一點。

連續性進步

連續性進步專案，經常是TQM中一個很重要的部分，不過它也可以獨立進行。方案一開始時，通常是藉由檢驗目前的活動、程序、產品或服務，以找出企業的問題點；接著便將重心放在組織的弱點上——例如員工疏失、產品不良以及送貨出錯或遲到。所謂的「進步」，在概念上通常是指缺點的去除，而人們假設一旦去除了缺點，就是往理想境地又邁進了一步。如同我們在第三章提到，互動式管理與規劃時所陳述的，這樣的假設是謬誤的。去除了一個人不想要的東西，並不保證就能獲得他所想要的事物。

如果問題的解決方式，是以去除某項缺點爲依歸，那麼事情的結果很可能比打算去除的缺點更糟糕。想想看，過去以禁酒令解決社會的酗酒風氣，以及目前爲去除犯罪所做的努力，都導致更嚴重的問題。所以，改進方案應該以幫助組織及其利害關係人獲得理想的事物爲導向，而不是專注在去除他們所不想要的東西。理想化設計可以幫助組織定義它們的理想。

跳躍式的進步

連續性的改進，主要是以一連串微幅的改變，一步步地往理想邁進。這種理念無法讓組織產生如量子躍遷（quantum leap）的創新作法；具有創意的行爲，往往會導致組織的質變、產生不連貫的躍進。創意行爲包含三個步驟：⑴找出自我設定的限制（與假設），⑵去除這些限制，以及⑶探討去除它們所可能導致的結果。它否定了我們（通常在不知不覺中）視爲理所當然的某種想法，這也正是創意行爲總能令我們感到驚訝的原因。在我們搜索枯腸仍無法回答某項謎題，卻乍然見到謎題的解答時，這一點就顯得特別清楚。謎題之所以難解，正是因爲我們做了錯誤的假設、自我設限，所以我們才會在見到解答時，經常有恍然大悟之感。

創造性的跳躍式進步，通常比一連串微幅的進步更具有價值。然而，由於創造力經常具有顚覆、破壞的力量，組織往往試圖扼殺員工的創意。創造力也決非容易培養的，不過，開放的心胸以及對創意行爲可能導致的錯誤之高度容忍，可能會有一些幫助。

有一些技巧可以幫助提高創造力（Ackoff and Vergara, 1981），例如水平思考（de Bono, 1973）、聯想法或分合法（Gordon, 1961）、腦力激盪（Osborn，1953）、TKJ（Getzels and Csikszentimihalyi, 1971）、破除概念障礙（Adams, 1974）以及理想化設計。維吉拉（Elsa Vergara）一九七六年以實驗的方式比較這幾種技巧，結果發現理想化設計的成效，遠遠地超越其他各種技巧。回顧一下，理想化設計的第一個步驟，是假設打算改進的事物在昨晚被摧毀了、或者從未存在。當人們將這項假設謹記在心，許多自我劃下的限制便會自然而然地消除，創造力也就得到發揮的空間了。

換句話說：創造性而不連貫的躍進，是成爲領袖的必要條件，而連續性的進步，充其量只是逐漸接近領袖的方法；一個人永遠無法藉由模仿，而超越領袖的成就。

分析式 vs. 綜合式的改進

連續性進步以分頭進行的方式，一次處理組織的一個問題，它所欲去除的缺點，通常是組織中的一小部分。這種作法，嚴重地違背了第一章所討論的系統原則：如果分頭改進系統的各個元素，系統整體的績效不會得到最大的進步。系統元素的屬性，取決於系統整體的屬性，不能反過來說。

標竿學習

當組織發現有設立標竿的必要時，就表示問題很嚴重了。為甚麼非得出現危機，組織才會赫然發覺自己效率不彰？什麼因素讓組織無法在一開始就察覺問題的存在？所謂的「預防勝於治療」，特別適用於這些情況。

此外，就連續性進步而言，進步的方式來自組織內部；但在標竿學習中，進步的動力則出自與外界的比較。但是兩者的目的，都在於讓組織的各個元素達到最佳表現，不過這樣並不會產生最佳的系統；系統整體的績效甚至達不到一般的水準。

某家飲料公司擁有十二座工廠，每座工廠都生產相同口味的同一種飲料。公司將飲料的製程細分爲十五個步驟，並且製作一張表格，表格中的每一欄代表一座工廠，每一列則代表製程的一個步驟。接下來，公司大舉展開研究，希望了解每一座工廠在每一個步驟上的成本（這項研究所費不貲），同時針對每一項步驟，找出成本最低廉的模範工廠。公司試圖將每一座工廠的每一個步驟，都以該項步驟之模範工廠的作法取代；如果能夠成功，每座工廠製程中的每一個步驟，都能以最節省的方法完成。這種作法根本行不通！成本最低廉的各項步驟並不相容。結果僅完成了一些意義不大、表面上的改變，比起實施這項方案的成本，公司眞是得不償失。

管理階層應重視元素之間，以及系統與其他系統之間的互動，而非專注於元素個別的行動。透過標竿學習選定的作法，很少將互動關係納入考量；標竿學習的研究對象，是脫離了系統的程序與行動。唯一一種能避免產生這類錯誤的情況，是企業在相互競爭時所實行的標竿學習；如果不了解競爭者在市場上的相對表現，企業將無法存活。這正是內部市場經濟體制能消除標竿學習之必要性的原因，事實上，在這種體制之下，組織持續而系統化地爲自己設定標竿。

流程改造

正確地說，「流程改造工程」是指：「在根本上重新思考，並且徹底地改造企業的流程，以在跟得上時代的關鍵績效指標上(例如成本、品質、服務與速度)達到長足的進步」(Hammer and Champy, 1993)。

到目前爲止，實行流程改造工程的案例，有七五%是失敗的。失敗的主要原因有二，韓默(Hammer)曾在華爾街日報(Wall Street Journal, 1996)，公開承認了其中一項原因。

造成失敗的第一項原因，來自於「工程」一詞所隱含的偏差；它意味著出於意識地操縱事物——流程工程(process engineering)早期的應用，可以以此一語帶過——不過，它也在下意識中操縱著人們。它忽視人們，或者視他們爲可以輕易地被取代的機械零件。而牽涉其中的人們，反應方式並不如工程師的預期；人們擁有自由意志，並且厭惡企業在設計他們所執行的活動時，沒有徵詢他們的意見。雖然韓默與其他提倡流程改造工程的人，已了解這項缺失的嚴重性，但他們是否能有效地處理人性問題，還有待時間的證明。

不同於「設計」一詞的涵義，「工程」這個詞的內涵，並未包括道德與審美，也就是價值觀的考量。流程改造工程著重的是效率，而不是效能。因此，它經常導致以更正確的方式做錯誤的事，而加深了組織的錯誤。

改造工程的第二項缺失，也同樣事關重大，縱然成功地在推行過程中注入人性，仍無法解決這項弊端。面對問題時，改造工程的處理方式，是在組織中創造垂直的區隔（通常以功能別爲區隔基準）而形成一個個壁壘，而使得組織內的橫向互動困難重重，甚至完全停滯。爲了滿足組織橫向互動的需求，改造工程轉而以水平的方式切割組織。遺憾的是，這樣的作法同樣肢解了系統整體——即使是橫向而非縱向的肢解。換句話說，這樣或許解決了協調問題，卻產生了整合的問題，也就是垂直互動的管理問題。再次強調，個別地改進系統的元素不論縱向或橫向，通常不會提升系統整體的表現。

理想化設計避免了改造工程所招惹的兩項問題。它從組織整體出發，然後探討各項元素，而不是如同改造工程那樣地反向操作。而它不僅處理重新設計組織時所遭遇的機械性問題，也正視一切與人性及社會相關的層面，因此達成了改造工程所無法實現的夢想。

結論

複雜問題沒有簡單的答案，而且，既然問題盤根錯節、彼此相關，它們的解答也該如此。彼此相關的問題構成一個問題系統，因此問題的答案也應該形成一個系統。由解答構成的系統就是計畫，而計畫是錯綜複雜的，決非結構簡單的。想要不費力氣地爲經年累月所累積的問題找出解決方案，是不可能的事。最後，正如愛因斯坦所指出的，若未改變導致問題發生的思維模式，人們決不可能找到足以有效處理問題系統的計畫。

13

組織發展與轉型期領導者

偉大的領導才能是無法傳授的

改革是一種連續性的變化

轉型則是改頭換面的跳躍式變化

發生在對系統型態的觀感產生變化之時

必須歷經許多徹底的改變

同時能有效運用所有的利害關係人

總有一天，某些急切地追求成功的人，會一路踉踉蹌蹌地走到你的跟前，讓你知道你要不就領導他，要不就跟隨他，否則就別擋他的路。

——戈登

發展的本質

我在第二章指出，一個社會系統應該以幫助自身與利害關係人的發展爲首要目標，而比起生活水準（standard of living），生活品質（quality of life）是更適切的發展指標。生活水準是用來衡量成長的指標。令人遺憾的是，人們經常將發展（development）與成長（growth）視爲同義詞，其實兩者不可混爲一談。兩者皆可獨立存在，不需要以對方爲前提；例如垃圾量日漸成長，但不會發展，而愛因斯坦在停止成長之後，仍然繼續發展。

「成長」是規模或數量上的增加；因此在成長與發展之間劃上等號的企業，將重心放在擴大組織的規模、增加市場占有率以及它們所擁有與產生的資源量。購併、合資、合併、策略聯盟以及其他型態的聯盟，便充分地反映出這種心態。

「發展」不在於一個人擁有多少，而在於手邊的資源能發揮多大的效用。財富本身無法刺激發展，在原始社會中投注大量的資源，居民也無法因此而獲得發展。發展是學來的，而不是賺來的；**所謂「發展」，是增加一個人滿足自己和他人的需求（need）及合理慾望（desire）**

的念頭與能力。

很不幸，「需求」與「慾望」也經常被混爲一談。在我的定義中，需求品是生存不可或缺的事物，如氧氣與食物。如果人們不渴求某項必需品（例如鈣質），通常是因爲不了解這項物質的必要性；相反地，人們可能會對非必需品（例如引人上癮的毒品或珠寶）產生慾念。**滿足合理的慾望，不但不會減低、甚至可能增加他人追求發展的念頭與能力**；這項觀念讓發展的道德層面清晰可見。

「能力」（competence）是讓需求與慾望獲得滿足的本事；因此，「發展」追求的是能力，而非財富。**「無所不能」**是發展的極限——一項不可能到達，卻可以不斷迫近的理想。「無所不能」是可以滿足一切需求與合理慾望的能力，它與「全能」（omnipotence）的含義不同，因爲後者的能力來自權力，而前者則意味著領導力——也就是幫助衆人滿足需求與合理慾望的念頭與能力。

相對於成長，發展是一種心智上的、而非物質上的過程。由於發展主要是一種學習，也由於一個人或一群人無法代替他人學習，因此人們無法代替他人發展。「自我發展」是發展的唯一途徑，不過像政府與企業這類社會系統，有能力也有義務鼓勵並促進組織所有利害關係人的發展。這一點連同創造與分配財富，是企業存在的主要理由。**當企業加強了幫助利害關係人與大環境獲得發展的念頭與能力，組織也隨之獲得發展**。

這並不表示財富與社會、企業以及個人的發展（連帶地與生活品質）無關，相反地，財富非常重要——儘管它既不是發展的必要條件，也非充分條件。不論一個人的發展程度如何，他擁有的財富愈多，所能支援的額外發展也就愈高。

不同於成長，發展是充滿價值判斷的；成長無所謂好或壞，發展就不同了——它必然是好事一樁。成長伴隨效率而來，發展卻與效能有關；能夠將效率轉變爲效能的價值觀，就是道德學與美學的中心議題。不過，由於效能是由效率與價值共同組成的函數，發展也少不了資料、資訊、知識與心得；這些大都是科學的產物。所以說，發展有四種不同的層面：科學、經濟、道德與美學。

發展的層面

希臘的古哲學家，認爲發展有四種主要的層面——眞、豐富、善、美與樂。各項層面缺一不可，唯有同時追求此四種層面，才足以獲得持續的發展。

眞：眞理的追求是科學的工作，科學能產生資訊、知識與心得；技術是科學的運用，而教育則是傳播科學與技術產物的主要途徑。結合科學、技術與教育，能夠幫助人們以更有效率的方式追求目標；這三者提供了人們追求目標的手段，並且持續地改善這些手段、精益求精。

豐富：豐富的追求是經濟的功能，它所關心的是⑴以最有效率的方式創造與分配追求目標所需的資源（這是企業與政府的角色）；以及⑵保護我們所獲得的資源，不受他人或自然的侵占、竊取與破壞（這是司法體系、醫療體系、環保機關、軍隊與保險業者的角色）。

善：善的追求，牽涉倫理、道德原理的散播，這項工作主要由宗教與教育機關執行，不過，最近精神病院也開始擔起這項責任。「善」促進了人與人之間的合作，使人們能達成原本無法達成的目標。爲了發揮最大的功能，人們必須消除內在的衝突（達到心靈的平靜），與人際間的衝突（達到世界的和平），因爲衝突將限制人們所能達成的目標，或減少能夠達成目標的人數。因此，道德協助了目標的確認，而目標的追求就能導致發展。

美／樂：美與樂的追求是創造性與娛樂性活動的產物，是美學上不可分割的兩個層面。美與樂提供了追求理想必要的推力與拉力，在它們的伴隨之下，人們才可能持續不斷地追求任何理想，也因此不斷地獲得發展。

值得注意的是，互動式規劃（在第二篇中討論）完整地涵蓋了這四個層面。

政治與人們的互動以及組織的建構和管理有關，是道德的一個層面。它處理權責分配的問題，因此也與權威和領導有關。它控制、分配實質上和心智上的資源，因此掌握著人們的欲求能否獲得滿足的決定權。

美學的角色

美學是人們了解最淺的一個發展層面。對大部分經理人而言，「管理科學」、「管理技術」、「管理教育」、「管理經濟學」與「管理倫理學」等名詞，或多或少都傳達了某些意義。

然而「管理美學」一詞，對任何人來說可能都不具意義，經理人也不例外。

柏拉圖在《共和國》（*The Republic*）一文中，聲稱藝術——創造性活動的產物——是一種危險的刺激物，具有威脅社會穩定的潛力；它刺激人們憧憬一種據稱比現實世界更理想的生活，因此柏拉圖視藝術爲一種具有破壞性的社會影響力。相反地，亞里斯多德認爲藝術具有淨化功能，能舒緩人們的不平，爲社會帶來穩定與滿足。他視藝術爲娛樂，人們可以在從事藝術活動的時刻汲取歡樂。

這兩種藝術觀點，表面上看似對立，其實是互補的：它們是追求目標時，不可分割的兩面。藝術創造美，而美則啓迪心靈；它不僅勾勒出更美好的生活，也讓人們對這份想像產生憧憬、不願意妥協於現實。它是創造性活動（也就是改變）的產物與製造者，而持續性的發展非仰賴創造性活動不可。

藝術同時帶來歡愉、提供娛樂、創造樂趣，不論我們從事藝術的目的爲何，都能夠從中獲得滿足。它讓我們從「過程」中得到快樂，與「結果」所帶來的快樂形成強烈對比。娛樂是一種「令人重新充滿活力的暫停」，少了它，人們就不可能持續不斷地追求理想。

管理倫理

回顧一下「發展」的定義，涵蓋了幫助他人滿足需求與慾望的念頭及能力；這是一種道德上的要求。倫理學的範圍，探討個人和組織彼此影響的方式。顯然地，當我們說社會系統有責任滿足其利害關係人的利益時，指的就是道德上的責任。

二次世界大戰之後，由於通訊與交通產生了爆炸性的進展，人類、組織、公共機構與社會之間的互動程度，也隨之大幅度地提升。最近這幾年來，網際網路的發展，更使得人們目前與未來的互動關係，呈現級數的成長。正因如此，道德議題在企業事務上的地位，有著愈來愈重要的趨勢。

合作與衝突

生物的互動關係，有兩種基本型態：衝突與合作（第六章）。一旦發生衝突時，一方的行爲，降低了另一方滿足其需求與慾望的可能性。而在合作的狀況中，一方的行爲則會增加另一方獲得滿足的機會。（艾末利（Fred Emery）和我於一九七二年曾以－1.0到1.0的數值，衡量衝突與合作的強度；其中負數代表衝突，而正數則代表合作）。競爭與利用（exploitation）是兩種衍生的互動型態。

競爭

還記得吧，競爭由隱含在合作之內的衝突所構成。舉例來說，假設兩位好朋友A與B，在網球賽中成了敵手，他們各有兩個目的：(1)贏得球賽，以及(2)獲得娛樂。就贏球這個目標而言，兩方是有衝突的，但就娛樂的目的來說，他們又有合作關係。其中，合作性的目標占有強勢地位；藍道（Ivan Lendl）在贏得男子職業網球球王的榮譽時所發表的演說，就是很好的證據。他表示，由於對手因病棄權而讓他拾得了勝利，實在是一大憾事。一般說來，雙方爲求勝利而產生的衝突愈激烈，合作性的娛樂目標就愈能獲得滿足。

競爭中的合作性目標，可能是第三者的目標，例如觀衆；許多體育活動都是如此。第三者目標的存在，並不妨礙競爭雙方的合作性目標，不過在競爭狀況中，雙方的衝突至少必須滿足一項合作性目標。

在經濟競爭當中，滿足消費者的利益是合作性的目標，而參與其中的企業，則在銷售量與市場占有率上產生衝突。也可以說，公司之間的競爭，創造了一個迫使企業追求更高效率的經濟體系，同時提供企業成長與發展的機會，這是非競爭性的經濟環境所無法達成的。

如果在競爭狀況中，合作與衝突的角色互換；也就是說，合作隱含於競爭之中，競爭加強了雙方的合作，那麼就會產生不道德的關係。舉例而言，如果兩家競爭公司攜手合作——例如透過操縱物價——他們便與消費者產生衝突。從社會的觀點來看，剝削消費者成了他們最主要的目標；這是違背道德規範的。

競爭的遊戲規則，目的在於確保競爭者之間的衝突能幫助達成合作性目標。在競爭性的體育活動中，比賽規則的目的，在於防止競爭的脫序，例如避免拳擊賽轉變爲漫無規則的鬥毆。泰森（Mike Tyson）在一場職業拳擊賽中咬掉對手的耳朵，違反了拳擊規則，因此受到禁賽的處罰。

隱含於競爭之中的衝突，不盡然是惡事，它可能是件好事。不過如果衝突影響了達到合理目標的渴望與能力，而且不隱含於競爭之中，就會被視為惡事。所謂的「合理」目標，意味著此目標的達成，不會妨礙他人達成其合理目標。

利用

衝突與合作的成分，不見得是對等的；一方（A）或許視另一方（B）為衝突的對象，但A可能認為A是合作的夥伴——好比說主人與奴僕之間的關係——或者，A與B對彼此間的衝突與合作，有著不同的比例分配。這類不對等的互動關係，便構成了「利用」。值得注意的是，一個人可能在不自覺的狀況中利用他人，例如，一位病人可能在不知不覺中，利用了照料他的看護。

利用有三種型態：

1. **善意的**：人與人彼此合作，但是付出的心力並不均等。這是大多數殖民帝國供稱的狀況；它們承認帝國從殖民地獲得的利益，超過殖民地人民從帝國得到的好處。許多雇主與員工之間的關係，也可以用此類利用型態來形容。

2. **惡意的**：人與人彼此衝突，但是衝突的手段並不均等。受苦最淺的人，可說是衝突者的惡意剝削者。剝削者願意犧牲一點利益，使得其他人受害更深；復仇通常就是這種狀況。大多數的戰爭，都是惡意利用的範例。

3.「**正常的**」：一方對另一方採衝突的態度，但是後者卻對前者採合作的態度。歷史上奴僕與主人之間的關係，可以用此類型態的利用來描述。

為什麼合作通常是好事，而衝突通常是壞事呢？回答之前，讓我們先探討「倫常」(ethics)與「道德」(morality)之間的差別。

倫常與道德

倫常與道德之間，並沒有公認的界線，因此經常被視為同義詞；這讓我能夠自由地提出劃分的方式。我傾向認為倫常能提升合作的關係，而道德則能減低衝突；因此，倫常具有規範的功能，告訴我們何者當為，而道德則具有禁制的作用，告訴我們何者不當為；倫常說的是「應該」，而道德說的是「不應該」。

我認為「善」與「惡」是倫常觀念，而「對」與「錯」是道德觀念。「善、惡」與「對、錯」只有程度上的不同，不是黑白分明的。降低衝突通常是對的事，但要視降低衝突的程度，才能決定「對」的程度。同樣地，提升合作通常是好事，但合作提升到什麼程度，才能決定它有多好。

著名的系統哲學家喬屈曼在一九六七年曾寫道：

對於任何行動與政策，道德規範問道：它是對的或錯的？但是另一個沉思的聲音必須問道：「對」與「錯」能夠完整地解釋宇宙嗎？答案必須是「對」或「錯」嗎？道德僅存在於是非分明的理論世界中嗎？即使理智給了「對」這個答案，又有何來源依據呢？的確，如果系統研究的目標在於設計一個道德的世界，那麼，這些難題將是最根本的問題。

道德是人類與先人之間無止盡的對話，以期爲後代子孫建立一個良善的世界。這些對話必須充滿睿智……如果堅持以「對」或「錯」回答，對話將無法繼續。然而對話不應該停歇，這表示斬釘截鐵的「對」或「錯」從未發生：道德既不是絕對的，亦非相對的。

然而，倫理學家與道德學家，總是無止盡地追求絕對的行爲規範。十誡、金科玉律（Golden Rule）以及康德（Immanuel Kant）的無上命令（Categorical Imperative）都是絕對的。創造這些規範的人，試圖降低人們在服從規範時的道德判斷。這不僅造成道德判斷兩極化的現象，更引發了道德上的難題。舉例而言，這些規範由誰鑑定？上帝嗎？哪一個教派的上帝？如何證明以主之名陳述意見的人，獲得了上帝的委託？要如何解釋不同教義——據說是不同的上帝制訂的——無法相容的現象？「良心」提供的答案，恐怕與「上帝」的答案相差無幾。但是，是誰的良心呢？不同的善惡觀念提出了相互牴觸的指令時，要如何處理？

只要道德倫常觀念取決於來自天啓的證明，就會出現互相牴觸的倫常觀。想想那些以這類道德倫常觀念爲自己開罪的種族屠殺與戰爭！就某種意義來說，這是我們應該試圖消滅的根本性衝突。

我想，我們需要一種不同的方式來運用道德判斷，一種不以決策結果爲基礎的方法；我們必須評斷制定決策的方式與過程，而不評斷決策的成果。

要設計一個講求倫理道德的決策過程，必須探索兩個問題：「誰應該參與決策過程？」以及「他們參與的方式爲何？」我將提出的程序原則是一份理想，雖然無法達成，卻可以一步步地接近它。第一項原則是：

除了下述的例外情形，決策的制定，應取得所有直接受決策影響者的共識，也就是決策利害關係人的共識。

這項原則的運用，可以確保在多數情況下，決策滿足了所有利害關係人的利益，因此能確保彼此之間的合作。再次強調，這份理想雖然無法實現，卻可以不斷地迫近。

這項原則解釋了犯罪行爲之所以不道德的理由；罪犯在未取得被害人的同意之下，與他們產生了衝突，剝奪了被害人參與切身決策的「權利」。

第二項道德原則是第一項的延伸，建立在一個事實基礎之上，那就是人們只有一個共通的渴望：渴望獲得能令一切心想事成的能力，也就是成爲無所不能的人。換句話說，沒有人會刻意地剝奪自己獲得發展的能力與機會。因此：

任何決策不可剝奪他人的發展機會與能力，除非此人打算剝奪另外一些人的機會與能力。

當罪犯遭到逮捕，人們必須決定如何處置他們。既然罪犯直接受到處置決策的影響，難道不該得到他們的同意嗎？不，這就是第一項原則的一種例外情形。至於處置的方式，應該由受到犯罪行爲影響的被害人或其代表來決定。不過，處置的目的，應該是增加罪犯在未來以合作行爲取代衝突行爲的機率。增加道德行爲出現的機率，與減低不道德行爲出現的機率，是不同的兩回事。**如果處置決策的目的，在於降低罪犯繼續出現不道德行爲的機率，死刑將是最有效的處罰**。但是死刑卻剝奪了他們的一切發展機會。

處置罪犯的方式，應該設法讓他們洗心革面，而不是將重心放在處罰。只有當證明罪犯不可能改過自新，才應該進行處罰。如果處罰與否都不能改變罪犯，那麼唯一適切的處罰，就是將罪犯與其未來的受害者徹底地隔絕。這種處置方式，不論對罪犯或者對實際與潛在的受害者而言，都是最好的方法。這種處置概念適用於所有犯下不道德行爲的人，不局限於罪犯。

至於那些因爲年幼、心智失常或無知，而無法了解如何達到最大利益的人，該怎麼辦呢？例如，當父母爲子女制定切身的決策時，是否應徵求子女的同意？顯然不需要。當人們能夠防止孩童或員工傷害自己與他人，卻不去實行時，是一件不道德的事。當面對這樣的狀況，我建議下列的原則：

不論一個人在條件上有任何缺陷，皆有權利參與其切身決策的制定；不過，假使能夠證明他們無法理解決策可能造成的結果，而其他制定決策的人不僅明白決策的影響，同時也願意爲條件有缺陷的人著想，就不需要取得他們對決策的認同。

誰有權利決定哪些人有資格代表其他人制定決策？答案就是這些「其他人」。回顧一下，在循環式組織（第九章）中，部屬能夠要求更換主管，因此也能參與主管的遴選。這意味著爲其他人制定決策的專家，必須獲得那些受決策影響的人或代表的認可。而鑑定專家的方式，顯然是一個需要進一步探討的主題（參閱 Chafetz, 1996）。

利害關係人

企業的利害關係人，通常包括員工、股東、債權人、債務人、供應商、經銷與零售代理商、顧客、消費者、政府與相關大衆。競爭對手不包含在內，因爲他們不受企業的直接影響，而是透過顧客、供應商或其他人的行爲，而受到間接影響。

顯然地，某些企業決策可能牽涉數以百萬計的利害關係人，但尚未有任何可行的方法，能讓所有利害關係人參與每一項相關決策的制定。這與民主政府遭遇的問題相同：不可能每項議題都交由公民投票來議決。因此，在實行上或許需要採用代表人制度，代替各群利害關係人參與決策。當然，目前由股東代表參與企業的股東大會，正是這項制度的實行。理想上，利害關係人也應該學習股東的作法，推派出適當的代表人。這對企業的某些利害關係人（例如經銷商）是可行的，但對例如顧客與相關大衆的利害關係人大概就不可行。在某些狀況之下，企業可以利用大樣本調查，取得利害關係人代表的意見。

然而，有一群非常重要的利害關係人——員工，是可以直接參與與他們切身相關的決策，或者推派代表參加。循環式的組織設計能幫助做到這一點，因此能幫助產生我所謂的高道德水準的決策。

最常受到忽略的利害關係人，就是我們的後代子孫——不論是否已經出生。他們無法參與目前制定的決策，甚至無法推派代表參加。當然，我們無法確切地知道他們所關心的議題，但是我們的確知道不論他們需要或想要甚麼，他們都希望有能力以高效能的方法追求目標。因此，我們可以藉由確保目前的作爲，不傷害子孫未來滿足其需求與合理慾望的念頭與能力，而將未來利害關係人的利益納入考量。這意味著下一代的選項，不應該因爲目前制定的決策而減少。因此，包括政府在內的各式組織，應該指派特定人選，負責確認並評估目前制定的決策，對下一代的選項以及他們進行選擇的念頭與能力，是否造成任何影響。

那麼，這一切與領導能力有甚麼關聯？

領導力的本質

領導者的指引，是社會系統持續發展不可或缺的一環。遺憾的是，「領導」（leadership）這個概念的定義非常模糊，經常與「管理」（management）、「監督」（administration）混爲一談。實在非常可惜！此三者具有非常重大的差異，若不明白其中的差異，人們將會誤以爲領導才能比實際狀況更容易做到。

「監督」是指揮他人依照第三者的意願執行工作，執行的方法由第三者指定。

「管理」是指揮他人採用某些手段，追求特定目標；目標與手段都由經理人決定（所謂高階經理，就是管理其他經理人的主管）。

「領導」是指引、鼓勵與幫助他人以特定手段追求目標；目標與手段若非由追隨者自行選擇，就必須獲得他們的認可。

在如此有系統地闡述之後，可以發現「領導」需要具備影響追隨者的意念、讓他們與領導者產生共鳴的才能，如此一來，他們將會自願地、充滿熱忱與專注地追隨著領導者。而在管理或監督的過程中，不見得會出現此類自動自發、熱忱與奉獻的精神。

領導才能、願景與策略

根據斯堪地納維亞航空公司的卓越領導者卡松所言，一位領袖必須鼓勵並且幫助制定組織的願景，同時讓利害關係人盡可能地參與制定願景的過程；領袖必須創造……

> 一個能讓員工接受的環境，讓他們在其中發揮自信與天賦、完成自己的職責。他必須與員工溝通，傳達公司的願景，並且聆聽員工的需求以實現這份願景。要達

到成功……他必須具有遠見卓識、善於謀略、樂於溝通，並且成爲一位導師與一位懂得鼓舞人心的領袖。

組織的願景是，描述比目前的狀況更令人渴慕的組織狀態，那是一種非得徹底改變方向才可能達到的狀態。帶領組織進行如此的改革，需要莫大的勇氣，也需要在其他人身上注入勇氣。這需要比說服力更強的力量；必須具備鼓舞人心的才能。與說服他人不同，能夠鼓舞人心的領袖，可以激起人們爲了追求長遠目標或理想而犧牲小我的意願。所以說，一份願景若要誘導他人追求理想，就必須能激勵人心。而激勵人心的願景，是創造性活動——也就是設計——之下的產物，是一種藝術；偉大的領袖皆是藝術家。

領導者或許需要具備，鼓勵並促進人們制定激勵人心的願景之能力，不過，他也需要具備著手實現該項願景的能力。勾勒出無法落實的願景是一種煽動，而不是領導。因此，領導者必須具有創意以激勵人心；必須能激勵人心，以喚起實現願景所需要的勇氣。一份激勵人心、喚起勇氣的願景，必須以具有動員力量的構想（mobilizing idea）爲核心。此種構想不需要考慮是否能夠實現，正如西班牙哲學家加塞特（José Ortega y Gasset, 1966）曾經說道：「難以實現的雄心壯志，能讓一個人燃起滿腔的熱情。他光爲了一個理念，就能埋首於工作之中，盡了一切努力，企圖實現不可能達到的理想，而終究獲致成功。」。

總而言之，領導者若非是以鼓舞人心的願景促進他人制定此類願景的人，就是能詳述他人制定的願景，並且使其廣被接受的人。願景或許永遠無法實現，但必須是能夠持續迫近的。領導者也必須鼓勵與促成願景的實現，也就是說，必須能夠喚起勇氣，使得別人甚至犧牲短期利益也在所不辭。他必須使得實現願景的過程，既充滿樂趣又能施展個人抱負。因此，美學是領導才能的發展層面中，最重要的一環。

爲什麼領導力是無法傳授的？

正因爲領導能力是一種美學上的天賦，所以，偉大的領導才能是無法傳授的。大多數學校傳授領導方法，是提供領導者一些有用的工具與技巧，讓他們得以進行必要的創造性工作；不過，卻無法賦予他們創造力。好比說，一個人的繪畫、雕刻、譜曲與寫作的能力，可以透過學習而進步，但卻無法因此擁有卓越的才氣——無法因學習而成爲藝術家。畫出一幅好的圖畫，與創造一件藝術品，是迥然不同的兩回事。事實上，一些偉大的藝術家，繪圖能力其實並不出色。

在課堂上，老師向學生出題，並且教導他們以老師預期的方式解答；而學生的成績，則取決於是否能達成老師的預期。出了社會，企業主管仍維持著這種心態；面對問題時，總試著找出上司所預期或喜歡的答案。這種心態扼殺了人們的創造力，因爲唯有追尋意想不到的解答，才可能產生創造力。領導者的驅策力量是新的構想，而不是他人的預期；他們精於突破系統的限制，而不是向其臣服。

突破系統的限制是一種創造性的行爲，是領導者所不可或缺的一種才能。它需要找出多數主管所依循的假設、推翻這些假設，並且探索推翻假設之後可能產生的後果。正如加塞特所指出的，它是達成不可能的理想之一種方式。幾乎所有革命行動的成功機會，在一開始時都顯得微乎其微，但是那些帶領革命的領袖，都找到了推翻現行系統的方法——他們所能利用的資源，通常都比現行系統所擁有的資源微薄；美國獨立戰爭就是一個很好的例子。

系統轉型的本質

帶領系統進行轉型的領導者，必須了解系統的本質。他們必須了解轉型與改革不同；轉型是一種改頭換面的跳躍式變化，改革則是一種連續性的變化。

企業的轉型有許多不同的型態，例如可以藉由改變產出的本質，改變企業的本質；好比說，從馬車的生產轉變爲汽車的製造，或者由機械式的計算機轉變爲電腦。或者，轉型也可以來自企業概念的徹底改變；我的重心，將放在後面這種型態的轉型。

回顧一下，系統是一個運作中的整體，不可分割爲獨立的元素。我在第二章介紹了系統的四種型態：

宰制型系統；其元素與整體皆不具備意志。

動物型系統；整體具備意志，但元素則否。

社會型系統；元素與整體皆擁有意志。

生態型系統；某些元素具備意志，但整體則否。

由於來自內在與外在的壓力，許多經理人逐漸明瞭企業身爲一個社會系統的事實，也逐漸了解這項事實的涵意。它意味著經理人需要將⑴系統中的員工，以及⑵組織所隸屬的更大型系統（例如社會），以及更大型系統中的其他系統與元素之議題、利益與目標納入考量。此外，經理人顯然必須⑶顧慮他們所管理的組織之目標。由於必須關注系統元素與環境系統的意願、目標，經理人愈來愈無法將組織視爲一種機械性或生物性的系統。有些經理人開始將組織想像成一種系統，其中具有意志的個人，扮演著非常重要的角色。

此種社會系統觀，主張高階主管具有爲股東創造最大價值之外的責任。例如雅芳產品的董事長沃德朗說道：

> 我們在全球擁有四萬名員工與一百三十萬名業務代表，也有一大群的供應商、機構、顧客與社區。然而這些人不能自由地買賣公司的股票，無法享有股東所擁有的權利。但比起股東，這群人與公司之間的利害關係更爲深遠，也更具有意義。

冠軍國際企業的總裁辛格勒，也道出同樣的心聲：

> 那些手中僅握著股票一小時的股東，憑甚麼決定公司的命運？這是法律賦予他們的權力，而那是錯的。

漢迪對於企業的轉型的觀點，提出的精闢的看法：

> 一家廣爲人知的企業，不應被視作一項財產；而應被視爲一個社會。不過，構成社會、凝聚人們的力量，不是共同生活的那塊土地，而是一個共同的目標。在民主主義的眼光中，所有社會均須具備憲法規章，憲法認可所有社會成員的權利，並且訂出管理的法則。社會的中心份子不再適合稱爲「員工」或「人力資源」，他們將扮演「公民」的角色——除了享有權利，也必須負擔責任與義務的公民。

系統的轉型，發生在人們對系統型態的觀感發生變化之時；例如，當人們的企業觀以及管理、組織企業的方式，由宰制或動物型系統，轉型爲社會型系統時，企業就產生了徹底的轉變。因此，帶領企業進行轉型的領導者，必須能鼓勵人們建立並接受改頭換面的系統願景。同樣重要的是，領導者必須能鼓舞人心、找出實現這份願景的有效方法，即使需要犧牲也不會動搖。

要轉型成爲一個擁有社會型系統觀的企業，必須進行許多徹底的改變，包括下列幾項：

第一，目前企業員工執行自身工作的能力，都比他們的上司來得卓越，因此，組織必須摒棄將管理視爲監督的傳統觀念。相反地，管理者有責任創造一個完善的工作環境，讓員工的才能得到最大的發揮空間；這就需要賦予員工更大的工作自由。

富豪汽車進行的一項研究顯示，企業僅允許員工運用他們與工作相關的一小部分知識。

當時的執行長蓋立漢默（Pehr Gyllenhammar）在一次會議中說道，如果其他資源的運用程度也一樣地糟糕，大多數的企業將無法生存。

第二，領導者有責任讓部屬的能力一天比一天進步，也就是說，必須透過工作上、或工作外的教育與訓練，讓員工得到持續發展的機會。領導者本身必須是一位老師，也必須鼓勵與促進其他人的教育。

波音航空（Boeing）在一九九八年一月開始實行的「共同學習」（Learning Together）專案，毫無保留地讓大家認識領導者的這項責任。此項專案具有下列幾大特色：

> 員工可以前往獲教育部認可的學院、大學或商業學校選讀任何學科。
>
> 員工不須暫墊學費或其他多種費用。
>
> 每一門課，員工可以領取美金一百五十元的書籍及其他材料費。
>
> 員工若在實施專案期間獲得博士、碩士或學士的學位，企業將分三年的時間，贈與一百股波音的股票。

第三，經理人應該管理部屬之間的互動（而非單獨的行動），也需要管理該單位與組織內、外其他單位之間的互動關係，以對組織整體提出最大的貢獻。

民主化組織（第九章）最能滿足上述三項條件；在民主化組織中，⑴所有利害關係人都能以直接或間接的方式，參與制定其切身相關的決策，⑵任何權力凌駕他人之上的個人，將受到組織集體權力的牽制；在欠缺部屬、同儕與上司的支持之下，任何人都無法達到有效的管理。

第四，提供產品或服務給其他部門的內部供應單位，必須盡可能地提高效率，並且快速地回應用戶單位的需求。達到這一點的唯一途徑，就是開放內部單位與外部供應商的競爭，也就是說，形成一個內部市場經濟體制（第十章）。此種方式杜絕了官僚化的內部壟斷單位，也消除了設立標竿的必要性。同時，無意義的工作以及導致發生裁員的冗員現象，也將不復存在。

第五，組織應採取一種隨時做好心理準備、也能夠快速而有效地進行改變的結構。傳統樹枝狀的階級制度，無法達到這一點。有許多其他型態的組織結構，可以提供較接近理想的彈性，包括網路組織、扁平化組織、水平組織、矩陣式組織以及多層面組織（第十一章）。

第六，組織必須快速而有效地學習與調適。一切的學習，均來自個人或他人的經驗，而錯誤則是最終極的學習泉源；當人們發現錯誤、找出錯誤根源並加以修正，便獲得了學習。如第八章所描述的學習與調適支援系統，可以加速組織學習的過程；它可以找出組織在期望、假設與預測上的錯誤，同時根據判斷修正策略、戰術與營運方式。

能夠鼓勵員工持續進行建設性的溝通與討論的企業文化，是有效地從他人身上獲得學習的必要條件。對於帶領組織進行轉型的領導者，卡松也提出了類似的條件：

領導者必須具備……敏銳的商業嗅覺，並且對萬事萬物的配合之道有廣泛的了解，也就是能充分了解公司內、外的個人之間和群體之間的關係，以及企業營運上各個成分的交互作用。

藉由明確訂定目標與策略，然後清楚地向員工傳達，並且訓練他們負起達成目標與策略的責任，領導者可以創造出一個能促進彈性與創新的工作環境。因此，新的領導者是一位聆聽者、溝通者，也是一位導師——一位情感豐富、善於鼓舞人心的人；他創造出完善的工作氣氛，而非獨攬所有的決策。

企業有許多種轉型方式，由動物系統的企業觀轉換爲社會系統，只是其中的一種。不過，就我們目前的環境——一個變化速率愈來愈快、複雜度愈來愈高，心得、知識與資訊日新月異的環境——其他任何型態的轉型，都無法引起企業對員工、顧客與其他利害關係人必要的關注。企業是所有利害關係人達成目標的工具；沒有看清這一點的企業，將無法有效地運用其利害關係人（也無法有效地受其運用），而在此變遷的環境失去生存的能力。

結論

個人或群體的發展必須發自內在，是無法由外而內地進行的。所謂發展，是指個人或群體，強化了他們滿足自身與他人的需求與合理慾望的能力與念頭；這是學習來的，而不是賺來的。沒有人可以代替他人學習，卻可以鼓勵與促進他人的學習過程。發展不在於一個人擁有多少，而在於手邊的資源能發揮多大的效用。

組織不需要成長也能夠繼續發展，不過，成長能提供豐富的資源，促進組織的發展。成長主要是經濟性的，而除了經濟層面之外，發展還包含了科學、技術與教育、倫理與道德，以及美學等不同層面。若說發展是一輛馬車，這四個層面就是提供動力的馬匹；跑得最慢的一匹馬，決定了馬車的速度。

組織的發展需要領導者的帶領；領導主要是一種美學上的活動。願意帶領組織追求發展的領導者，必須參與願景的制定，並且激發人們追求願景的決心。願景是一份勾勒出組織未來狀態的藍圖，那是一種比目前更令人渴慕的狀態。領導者也必須激勵員工制定能夠落實願景的策略、戰術與營運方式。由於願景通常是一份可以持續迫近、卻永遠無法達成的理想，領導者必須確保追求的過程能令人滿足、令人同時感受到樂趣、意義與價值。為了有效地追求理想，領導者必須讓追隨者奉獻出最高的心力；企業若希望做到這一點，就必須提供最高品質的工作生活。

能夠徹底地改變組織企業觀的願景，是具有改造力量的願景；帶領組織落實此種願景的人，就是勇於轉型的領袖。組織的轉型是性質上的變化，而非數量上的變化，是斷層式的跳躍，而非只是改革或漸進的進步。

要追求發展，不僅需要具備將事情做對的能力——因此需要資訊、知識與心得；同時也得擁有做正確事情的能力——因此需要智慧，而智慧則是以道德與美學的價值判斷爲基礎。道德的功能，在於促進心靈與世界的和諧；人類若缺乏心靈的平靜與合作的態度，將無法持之以恆地追求理想。鼓舞人心的能力，是一種美學上的才能，也是讓人從追求理想的過程中獲得滿足的能力。領導者是吸引並改造追隨者，使他們能持續地追求願景的人。

在文藝復興時期，世界萬物——包括生命本身在內，都是人們剖析的對象。生命被分解爲幾項根本而獨立的活動：工作、娛樂、學習與心靈的啓迪。人們設立專門的機構，分頭從事各項活動；工廠是工作的場所，不是用來娛樂、學習或啓迪心靈的地方；劇院與體育館是娛樂的場所，而非工作、學習或啓迪心靈的地點；學校的目的是學習，不是工作、娛樂或啓迪心靈；博物館與教堂是啓迪心靈的地方，不是工作、娛樂或學習的場合。然而，當人們轉而採用系統化的方式思考，便逐漸地體悟出這個事實——此四者中任何一項的執行成果，取決它們的整合程度。因此，勇於轉型的領導者爲了有效地追求發展，必須具備整合生命各個層面的能力，這已是愈來愈明顯的一點。勇於轉型的領袖能夠創造一個重新整合生命的組織——一個融合了工作、娛樂、學習與心靈啓迪的場所。

附錄一、延伸閱讀

Ackoff, Russell L., and Fred E. Emery. 198 1. *On purposeful systems.* Seaside, Calif: Intersystems Publications.

Beer, Stafford. 1966. *Decision and control.* London: John Wiley & Sons.

—. 1994. *Brain of the firm.* 2d ed. Chichester, England: John Wiley & Sons.

Bertalanffy, Ludvig von. 1968. *General systems theory.* New York: Braziller.

Capra, Fri@of 1982. *The turning point.* New York: Simon & Schuster.

—. 1996. *The web of life.* New York: Anchor Books.

Checkland, Peter. 198 1. *Systems thinking, systems practice.* Chichester, England: John Wiley & Sons.

Churchman, C. West. 1968. *The systems approach.* New York: Delacorte Press.

—1979. *The systems approach and its enemies.* New York: Basic Books.

—1971. *Design of inquiring systems.* New York: Basic Books.

Emery, Fred E., ed. 1969. *Systems thinking: Selected readings*, Vols. I and 2. New York: Penguin.

Emery, Fred E., and Eric L. Trist. 1973. *Towards a social ecology.* London: Plenum Press.

Flood, Robert L., and Michael C. Jackson. 1991. *Creative problem-solving.*

Chichester, England: John Wiley & Sons.

—, eds. 1991. *Critical systems theory.* Chichester, England: John Wiley & Sons.

Gharajedaghi, Jamshid. 1985. *Toward a systems theory of organizations.* Seaside, CA.: Intersystems Publications.

Gleick, James. 1987. *Chaos.* New York: Penguin.

Hutchins, C. Larry. 1998. *Systems thinking: Solving complex problems.* Aurora, Colo.: Professional Development Systems.

Jackson, Michael. 1991. *Systems methodology for the management sciences.* New York: Plenum Press.

Kauffman, Draper L., Jr. 1980. *Systems 1: An introduction to systems thinking.* Minneapolis, Minn.: Future Systems.

Kuhn, Thomas S. 1962. *The structure of scientific revolutions.* Chicago: University of Chicago Press.

Lazlo, Ervin. 1972. *The systems view of the world.* New York: Braziller.

Miller, James G. 1971. The nature of living systems; Living Systems: The group. *Bebavioral Science* 16 (July): 277-398.

Schon, Donald A. 197 1. *Beyond the stable state.* New York: Random House.

Senge, Peter. 1990. *The fifth discipline.* New York: Doubleday.

附錄二、杜邦的互動規劃實例

〔請注意：以下的紀錄，擷取自杜邦特用化學品（Specialty Chemicals）事業單位的安全、健康與環保部門（Safe, Health, and Environment；簡稱爲SHE）之互動式規劃專案報告，作者是特用化學品事業單位SHE部門的主管李曼（James E. Leemann）。

這份紀錄刪減了原報告一半以上的篇幅，不過，其中的每一字每一句都出於李曼先生之手。文中將清楚地標示刪除的部分，我也稍微修改了文章的格式，以期與本書的其他部分一致。

這份紀錄經過李曼先生的審核，認爲原文的意思並未受到扭曲。讀者若是希望閱讀原文，可以向杜邦特用化學品SHE系統經理李曼索取，地址是：800 Chapelle Street, New Orleans, LA 70124-3312。〕

……一九九四年七月，杜邦在安全、健康與環保等三方面，往前跨出了一大步。杜邦制定了一份新的整合性政策，名爲「杜邦的決心——安全、健康與環保」……在此決心之下，企業喊出了一個新的口號：以零爲目標。各個事業單位莫不以零傷殘、疾病、廢料與污染，以及零意外（例如環保、製程與交通上的意外）爲努力的目標。而特用化學品若要實現此項決心與目標，此策略性事業單位（SBU）的SHE部門，就必須採取異於以往的工作方法。

我在一九九五年三月，向特用化學品SBU的資深領導階層，提綱挈領地介紹SBU現行的SHE系統。我認爲現行的SHE系統，與單位目前的事業系統並不相容。在特用化學品事業單位之下，共有二十三個小型的獨立單位，負責製造、處理杜邦所有具有危險性的毒性化學品，並且向四千位內、外部顧客進行銷售。這些單位的營業收入毛額，合計每年高達十六億美元。特用化學品事業單位積極地向新產品、新市場以及世界上的其他地區，尋找新的發展機會。此外，此事業單位也開始建立高績效的工作文化。

當時，特用化學品事業單位所採用的SHE系統，是製造業中最常見的一種。各項安全、健康與環保規範，並未納入事業單位的決策過程。SHE部門是一個非常集權的階級式組織，其角色在於確保事業單位不違反中央與地方政府的法規，以及企業的政策與標準。由於缺乏完善的知識管理技能，SHE部門的專業人員，每二到三年便會重新發展出一套新的SHE知識，這種作法嚴重地妨礙了SHE部門的運作。此外，各事業單位不知道如何有效地運用SHE人員的專長，使得他們將時間放在費時的瑣事，以及應付危機上，完全沒有時間從事專業技能上的發展與成長。

在一九九五年已相當明確的SHE趨勢，包括中央與地方政府機關，開始以創新的方式面對SHE議題，取代過去懲罰性的強制手段。美國環保局與工業界的環保激進團體，愈來愈樂於向大衆揭露更多關於製造營運的資料與資訊，特別是有關廢料與排放物的部分；激進團體與地方社區，要求企業聘用採取獨立稽核員審核公司的SHE專案，也有些人留心在歐洲發展的新環保管理標準——ISO 14000系列。

一九九五年五月，特用化學品單位的資深領導階層，同意重新設計該單位的SHE部門，並且承諾將大力支持這項專案。此專案遵照艾可夫的互動式規劃方法（在艾可夫博士的建議之下稍作修改），展開理想化再造的過程。

有系統地闡述混局

一般而言，此階段的工作包括系統分析、障礙分析，並且起草預估參考值以及參考狀態……根據艾可夫博士的建議，由於杜邦已被公認爲世界上最安全的製造商，所以我們不需要大費周章地試圖闡述組織的混局。的確，理想化再造之所以如此吸引管理階層，是因爲公司渴望維持其世界領先地位，同時如果可能的話，更進一步地將SHE部門的卓越成就轉變爲事業單位的競爭優勢。既然我們認爲SHE部門必須進行轉型，才有能力幫助事業單位實現新的杜邦決心與零目標，因此我們組織了一個小團隊，著手進行理想化再造的過程。

目標規劃

目標規劃階段分爲兩部分進行：第一組由使用SHE資訊的人員參與，第二組則根據消費者載明的規格，著手設計SHE系統。

消費者小組

消費者小組的成員，來自特用化學品事業單位的各個層面，參與者的遴選標準如下：⑴使用ＳＨＥ資訊；⑵負責ＳＨＥ的執行；⑶有能力明確地敍述他對ＳＨＥ系統的需求；⑷能代表多元的需求；⑸能跳出思路的框框；以及⑹了解ＳＨＥ的必要性，以及ＳＨＥ在組織中的角色。遴選出的十七位小組成員，包括生產線操作員與技師、廠長、製造經理、產品經理、事業單位經理與主任、功能性單位主管以及一位ＳＨＥ專業人員。ＳＨＥ專業人員的角色在於回答一切關於ＳＨＥ的問題，並且將消費者小組的洞見傳達給設計小組。

消費者的任務是找出一套ＳＨＥ系統規格，以創造能滿足他們需求的理想化系統。有趣的是，消費者小組制定的規格，是ＳＨＥ專業人員在下個階段設計系統時所需遵行的，我的衆多ＳＨＥ專業同僚爲此感到氣憤難平，其中許多人評論：「在重新設計ＳＨＥ系統時，消費者根本不知道自己眞正的需求是什麼。」

在消費者規劃的階段中，於公司外部舉行了爲時一天的會議，會議地點在德拉瓦州的威明頓（Wilmington）。根據過去與杜邦人共事的經驗顯示，爲了不讓參與者受到干擾，在工作環境之外的地點舉辦此類密集、深度的討論會，是非常重要的。我們在會議一開始，簡短地介紹了規劃過程的背景。消費者小組首先確認在目前的ＳＨＥ系統之下，他們所遭遇的正面與負面的議題。接下來，消費者明確地指出，如果能夠在今日推行新的系統，他們認爲理想的新系統應該具有哪些屬性。此計畫會議的前提，是假設特用化學品的SHE系統已遭到摧毀，不過此事業單位的其他元素仍保留原狀、未受破壞。消費者小組負起這份困難的工作，明確地說明新的SHE系統之理想屬性。他們收到指示，表示新系統的屬性不須受到可行性的限制；不過，他們必須表明哪些屬性是大夥的共識，哪些則有重大的歧見。然而，會議之中並未產生意見上的重大差異。爲了幫助消費者小組找出理想的屬性，會議中使用了一套完整的問題架構。

消費者小組繼續找出現行SHE系統的問題，並且利用聖吉提出的多層級解釋法，將問題分爲三大類：系統結構、行爲模式與事件（event）。如同聖吉在《第五項修鍊》（*The Fifth Discipline*）中指出的，從系統的角度來看，任何複雜情況的解釋，都可具有許多層級。事件式的解釋回答：「誰對誰做了什麼」，這是當代文明中最常見的解釋法；也正是懷舊式管理盛行一時的原因。行爲模式的解釋，則側重於觀察較長期的趨勢，並且評估其影響力。系統結構式的解釋，專注於答覆：「造成行爲模式的成因爲何？」一類的問題。

會議中提出的系統結構性議題，涵蓋了廣泛的領域，並且顯然早就存在參與者的腦海中。許多參與者表示，他們很感激能有機會公開地暢談這些議題，不需要瞻前顧後……

消費者小組的下一個步驟，便是詳述新的SHE系統之理想規格。記住，我們假設SHE系統已在前一晚遭到摧毀，不過事業系統的其他部分仍保持原狀……

消費者小組羅列了五十八條創造新系統所不可或缺的規格。他們隨後將五十八條規格縮減爲十九條，並且區分爲九大類別……

幾天之後，消費者小組重新檢視各項規格，並且進行下列的測試：首先，小組得針對每項規格提出反面的論證；接下來思考是否有任何人會提出這些反面論證；最後，他們必須確定不會有人試圖推翻任何一項規格。舉例來說，如果聲稱進入市場的目的「不爲獲利」，就是很荒謬的陳述，因此應當從規格表中刪除。在對他們所提出的規格感到滿意之後，消費者小組就準備好將規格交給設計小組，進行再造程序中的下一個步驟。

設計小組

設計小組的成員，同樣也是來自特用化學品事業單位的各個層面，參與者的遴選標準如下：⑴在SHE領域上，具有深入的知識；⑵具有突破性思考的能力（也就是能跳出思緒的框框）；⑶具有積極的態度；以及⑷能代表多元的需求。二十六位獲選的參與者，包括十三位SHE專業人員、功能性單位經理與協理、事業單位經理與協理、製造經理以及行銷經理。

設計小組的任務，是爲SHE系統發展出一套理想化設計。同樣地，仍然假設現行系統在前一晚受到徹底的破壞，不過其環境仍維持原狀；重新設計出的SHE系統，將立即取代現行的系統；此外，新的系統必須反映消費者小組陳述的一切規格，並且解決該小組提出的種種議題。

設計人員的規劃期間，採用一套反覆的設計程序……這套程序由三次爲期兩天的計畫會議組成，每次會議大約間隔兩週。在第一次會期中，設計人員檢閱消費者小組創造出的所有資料（也就是目前ＳＨＥ系統的問題，以及理想化設計的規格），接著針對各項疑點加以討論、澄淸。値得注意的是，在此時間點上，沒有任何一位與會的ＳＨＥ專業人士，不贊同消費者小組提出的議題，並且對消費者小組陳述的理想化設計，感到旣驚又喜。如同稍早提到的，設計人員的任務，在於針對ＳＨＥ系統，創造一個解決所有現存問題，並且滿足一切規格的理想化設計。每一次會期，均以同一套假設爲前提——系統在前一晚受到徹底的破壞，不過其環境仍維持原狀。

在著手進行反覆的設計程序之前，設計人員必須首先確認ＳＨＥ系統的利害關係人；換句話說，必須先確認有哪些個人或團體，會因爲ＳＨＥ系統的重新設計而受到影響，或者影響系統？設計人員確認出下列的利害關係人：顧客、工廠所在地、員工、功能性部門、政府、事業單位、地方社區、杜邦、ＳＨＥ卓越中心（SHE Excellence Center）……他們也準備了一份簡短的說明，就他們的理念，指出每一群利害關係人對ＳＨＥ系統的期望……

這套反覆的設計程序包含四大部分，每一部分均會歷經三次的檢驗。此四大部分爲⑴闡述部門宗旨；⑵確認ＳＨＥ的系統功能；⑶制定ＳＨＥ的工作流程；以及⑷設計ＳＨＥ的組織結構。設計人員首先將重心放在ＳＨＥ的功能與工作流程，接下來才設計一個能完成工作、達成使命的ＳＨＥ結構，這是整個理想化設計過程的關鍵所在。受到組織重整影響的人們，向來沒有甚麼機會參與組織重整的過程；經理人若首先將心力放在組織結構的重整上，幾乎可以保證將抽不出時間來改造組織的功能與工作流程。

在制定SHE的宗旨時，設計人員採用……艾可夫提出的準則（第五章）……

此設計程序的第二個步驟，還是由設計人員確認SHE的系統功能。設計人員參考消費者小組指出的議題以及利害關係人的期望，以了解若要滿足工作上的需要，SHE系統必須具備哪些功能。此步驟的核心，在於定義經過理想化再造的SHE系統，將會提供使用者（也就是利害關係人）哪些服務與幫助。而試圖解決對立的意見：例如決定某項SHE功能由總公司的SHE小組執行，還是由各個事業單位中的SHE人員負責，是設計人員在此步驟遭遇的最大難題。爲了克服這個難題，我們採用一種方法……讓設計人員在面對此難題時的心態，由提出「夠好」的方案，轉而試圖改變系統本質以化解衝突——將系統的本質從「從中擇一」的對立關係，轉變爲「攜手合作」的夥伴關係。

一旦完成了系統功能的定義工作，下一個步驟，就是要制定SHE的工作流程。設計人員所制定的流程，包含組織流程、生產流程與潛在的流程（latent process）。組織流程涵蓋規劃與決策、學習與控制系統，以及評估與獎勵系統。生產流程再造的目標，在於降低複雜度，同時提升營運的效率與品質；爲所有的重大生產流程，提出一個整合性的解決方案（單一設計），以縮減生產週期時間、根除廢料的產生、增加彈性與全面品質。除此之外，尚有潛在的流程。此種流程捕捉實際與潛在用戶的隱性需求，並將之納入系統之中，爲SHE系統創造更大的潛能。它們提供一個基礎，持續不斷地爲既有市場與新市場創造新的產品與服務。潛在流程能幫助釐清未來的競爭方式，讓組織隨時就緒，接受技術上與組織上的大突破。組織結構的設計，是此設計程序的最後一個步驟。在此，設計小組決定如何安排SHE的組織要素，並且進行SHE部門的權責分配；同時也決定單位之間的關係、內部溝通的方式，以及資源在單位之間流通的方式。

正如前文所述，此設計過程的每一個步驟，設計小組都得反覆地走上三回。對大多數的設計人員來說，此程序一開始看來是充滿艱辛的；事實上，在第一次兩天的會期結束之後，就有兩位成員決定退出，他們相信會議的成果已經夠好了。但是隨著過程的進展，其餘的小組成員看到他們的設計成果歷經了重大的改變，而且一次比一次更完善。到了第二次兩天的會期結束之時，每一位成員都感到十分振奮，對設計成果滿意極了，大家都懷疑第三次會期是否有其必要性。經過討論之後，大夥同意再開一次會。幸好他們這麼做了，因爲最後一次的會期，爲SHE系統產生了更嚴謹的組織宗旨、更明確的系統功能、更清楚的工作流程，以及一種全新的組織結構，能夠解決消費者小組指出的議題，並且達到SHE系統理想化設計的一切必要規格……

方法規劃

完成了SHE系統的理想化再造之後，一群SHE專業人員組成了一個團隊，負責縮短SHE的現狀與理想之間的距離。結果顯示，此階段是整個規劃過程中，最困難的一個步驟。

在很大的程度上，這群SHE人員首次發現，藉由找出落實理想化設計的方法，讓他們得到一個機會，能夠塑造自己未來的工作環境與內容。致使此階段困難重重的原因之一，就是小組成員對於實現理想化設計的方法，產生了不同的見解與立場。

這個小組的成員，大多任職於我們的特用化學品工廠。這些專業人員處理化學製品工廠內的SHE日常工作，都有十年以上的經驗；其中某些人是特殊領域的專家，如：工業衛生、安全、環保議題、危險化學品處理、風險評估、製程安全管理、訓練、消防，以及緊急措施反應，其他人則涉獵SHE的各個領域。

在一九九六年期間，小組在每一季舉辦一次爲期兩天的會議，目的在於訂定專案的範疇，並且提升小組成員對SHE理想化設計的認知、爲執行工作做好心理準備。小組成員花了一年的時間定義專案內容、發展出工作的方式，並且學習魯柏集團（Rummler-Brache）針對流程的簡化與改進所提出的「流程改進專案」方法（Rummler-Brache Group, 1988, 1990）。

選定的專案內容包括發展⑴一套涵蓋整體事業單位的標準化SHE訓練課程，以達到政府明訂的訓練水準；⑵一份標準化的「安全手冊」，內容涵蓋整體事業單位的安全標準與程序；⑶電腦化的追蹤系統，用來追蹤SHE稽核以及意外事件調查之後的後續動作；⑷一套電腦化的資料管理系統，用來儲存所有與SHE相關的報告；以及⑸一個電腦化的資料庫，隨時更新政府的SHE法規，以及杜邦法務與工程部門對法規的詮釋與行動指導方針。小組成員選擇這些專案，意圖學習跨事業單位小組的工作方式。他們以專案對企業整體的影響以及其可行性（就時間與成本而言），評估每一個專案，希望藉由這樣的練習，能夠更了解將來執行工作的方法。

評估之後發現，在這幾項專案之中，唯有以電腦化方式儲存政府SHE法規的專案，對企業具有適度的影響力，能在短期之內實行，並且能夠大幅地節省成本。至於專案中的法規詮釋與行動指導方針這兩部分，則基於杜邦法務部門提出的考量而暫時擱置。小組透過一套可以在市面上購買的軟體，經由網際網路取得中央與地方政府的一切SHE相關法規。這項決策導致企業取消訂閱所有關於法規服務的書面文件，例如BNA公司的服務、聯邦註冊報（Federal Register），以及政府傳達法規的出版品。這項專案在三個星期之內執行完成，每年爲事業單位省下美金四萬七千元。另外兩項電腦化專案（也就是追蹤與資料管理）並未在此時同時展開，這是因爲杜邦缺乏跨事業單位的電子基礎建設，無法支援此類專案的施行。我們發現事業單位之內的另一個小組，正在嘗試以電腦化的方式，實行聯邦政府所規定的訓練課程。有鑑於此，小組決定將關於訓練的專案，與另一組人員的工作合併。

儘管衆人對於發展一套適用於所有特用化學品工廠的標準化「安全手冊」感到興致勃勃，不過將此專案當作小組的先發專案之一，成員們還是感到非常憂心。由於每家工廠目前使用的安全手冊不盡相同，它們都將現有的安全手冊視爲工廠的財產，因此每家工廠將盡最大的努力，企圖保留自己的手冊內容，這是小組成員爲此專案感到憂心的主要原因。在杜邦的歷史上，各家工廠爲了解決意外或受傷事件所浮現的議題，經常自行修改手冊上的內容。例如，職業安全與健康署所訂定的繫繩高度(目的在於防止人員摔傷),是從地面上六呎開始。不過,由於曾有員工從六呎以下的高度跌落地面嚴重受傷,因此,杜邦大多數的工廠,都擁有更嚴苛的標準(例如,從地面上三呎處開始繫繩)。請記住,在杜邦的文化中,安全是最受重視的營運原則之一。

關鍵步驟

在第一次的方法規劃會議當中,我們便清楚地發現,即使所有參與設計小組的SHE專業人員都加入了這個小組,組員中仍有許多新面孔,我們需要進行額外的工作,讓每位成員對於改造SHE的進度,達到同樣程度的了解。雖然在這一年當中,我們花了許多時間讓小組成爲素質劃一的團隊,不過,我們也採取了許多關鍵性的步驟,確保能成功地完成此階段的任務。例如:

- 爲實現SHE理想化再造的宗旨、功能、流程、結構以及消費者小組制定的規格打下穩固的基礎,同時也撥出時間交換意見、建立共識。
- 讓SHE的理想化設計與企業需求產生密切的關聯,幫助SHE專業人員了解改變SHE工作方式之必要性。
- 定義SHE專業人員的角色與責任,確保他們了解工作內容並且同意投注於理想化設計的工作中……

主要的失誤

在一九九六年進行方法規劃的期間，我們經歷了幾項主要的失誤，包括下列幾項：

■每個人都同意撥出一五到二五％的時間（大約每星期一天），專注在SHE的再造；然而實際上，由於日常工作上的迫切需求，每個人都只能努力地撥出五％的時間。許多人認爲理想化再造的工作，耽誤了他們執行正事的時間；不過，仍有許多人全心地支持理想化再造的理念，願意利用下班之後的時間爲此任務而努力。

■一九九六年泰半的時間，花在促進小組組長們的幹勁，讓他們對理想化再造的工作，產生一股休戚與共之感。不過，指派其他SHE專業人員加入各個SHE知識網路小組，並且確認小組角色的工作進度，卻因此產生嚴重的落後。

■我們假設高階主管在一開始時的支持態度，便足以激發組織各個管理階層的支持意願。不過，由於大多數高階主管都僅以口頭支持，鮮少以實際行動證明，因此組織其他成員，便對主管的實際意願產生各種不同的詮釋。換句話說，有些人相信企業並未強制要求每個人的支持……

第一年的省思：我們實行SHE理想化再造的頭一個年度，結果盡數用在研究、設計理想化再造的執行方法上。一九九七年的重點執行範圍，包括尋求管理階層及其幕僚更明顯與更實際的支援、增強參與感、指派一位全職的專案經理與輔導人員、研討資訊科技（IT）基礎建設議題、聘請一位軟體工程師，以及找出一種不會影響差旅費用而可以增加組員接觸時間的方法。

資源規劃

到了一九九六年年底，組織結構產生另一次變動，影響了此策略性事業單位中的SHE經理一職，這是我從一九九一年起便開始擔任的職位。我受分派進行特殊任務，成爲事業單位的SHE系統經理，專職負責SHE再造專案，原先的職位則由另一位經理接手。在完成了SHE經理一職日常工作的交接之後，我們專注地討論SHE的再造專案。我們都了解有必要發展一套計畫，明確地指出執行SHE理想化再造所需的資源。我們在計畫中提出的資源型態，包括人員、資金（財務規劃）、廠房與設備規劃（資本投資）與輸入性資源（原料、日常用品與服務）。

人員規劃

根據SHE理想化再造的執行需求，有必要聘請一位全職的經理與一位新的輔導人員，估計這些暫時性的職位，大約需要兩年的工作時間。

爲了實現SHE的理想化設計，我們決定設立八個連結各座工廠的知識網路小組、一個由小組組長與功能性單位的支援人員所組成的核心小組，以及一個指導小組。SHE知識網路小組涵蓋了安全、健康、環保議題、製程安全管理、配送、社區、產品管理，以及消防與緊急應變措施。每一個知識網路小組將由十到十五位成員組成，成員們來自特用化學品工廠以及總公司的SHE幕僚單位。知識網路小組的任務，在於執行SHE理想化設計的戰略性事項。

核心小組的成員，包括八個知識網路小組的組長、專案經理、輔導員、事業單位的SHE經理、事業單位的SHE系統經理、專案的資訊系統經理，以及事業單位的組織學習領導人（Organization Learning Leader），同時也會得到總公司資訊系統小組的支援。核心小組的任務，在於處理執行階段浮現的一般性戰略議題，並且爲策略性議題提供意見。

指導小組由專案經理、事業單位的SHE經理、事業單位的SHE系統經理、輔導員、事業單位的資訊系統經理，以及事業單位的組織學習領導人構成。除了這些固定成員之外，八個知識網路小組的組長也會派代表參加。指導小組的任務，在於處理執行階段的策略性議題。

財務規劃

除了小組組長事務繁忙、難得有時間進行理想化再造的工作之外，成本也是管理階層的討論重點之一。爲了降低成本以達到事業單位的利潤目標，許多重要的活動（例如組織縮編、停止浪費專案、零出差、訓練課程的暫緩）在一九九六的下半年展開。特用化學品事業單位進行了一項巨細靡遺的成本會計專案，以期能更清楚地了解在目前的狀態之下，執行SHE所花費的成本細節。這項專案的目的，在於爲各項成本建立正確的會計項目，並且以此爲基礎，爲理想化再造的工作爭取經費。

根據此專案的估計，特用化學品事業單位每年耗用一〇六MM美元的成本執行SHE的工作，占了此事業單位全年總收入（包括銷貨收入與內部移轉收益）的七%。廢水處理的成本，占了SHE總成本的三一%；作業員、機械工與技師，大約花費一五%的時間執行SHE活動，也就是每年大約一千七百萬美元的成本；此外，聯邦政府規定的訓練活動，每年大約花費一千一百萬美元……

爲了顯示實施理想化再造所能節省的成本，我們針對標準作業程序（standard operating procedure，簡稱SOP）的更新以及每個月一次的安全會議，進行了一項成本分析。目前SUB的二十座工廠，每年各以一個六人小組檢查、更新十項SOP，所以總共是以一百二十人更新兩百項SOP。每項SOP得花每個人十小時的時間進行檢查與更新，因此就整個事業單位而言，每年得花費二十四萬個人工小時的成本。藉由連結各個工廠，並且同意採取更標準化的SOP，每個工廠可以派出一位代表形成一個小組（共二十人），共同檢查與更新兩百項SOP，每項SOP仍花十小時的時間，每年總共花費四萬個人工小時；如此一來，將可省下二十萬個人工小時的成本。每個工廠可以派出不同的代表，爲不同的SOP進行檢查與更新。

另一個例子，是關於每座工廠每個月召開的安全會議；傳統上，二十座工廠各有一個六人小組，負責籌畫每個月的安全會議議題；每個議程的設計，需要花費每個小組成員三小時的時間，因此就整個事業單位而言，每年需要花費四千三百二十個人工小時。藉由連結各個工廠，並且同意採用相同的議程，每個工廠可以派出一位代表形成一個小組（共二十人），共同籌畫每個月的安全會議議題，每次會議的規劃仍需花費每個人三小時的時間，全年總共是七百二十個人工小時；如此一來，整個事業單位一年將可節省三千六百個人工小時。同樣地，每次議程的設計，可以由不同的代表進行籌畫。

透過成本會計與這兩項節約成本的範例，我們爲SHE的理想化再造，成功地爭取到三年的預算承諾。一九九七年到一九九九年，總共編列美金四十九萬五千元的執行預算，供網路小組與電腦軟體的發展之用。此外，管理階層同意讓知識網路小組的成員，撥出二〇%的時間投注於理想化再造專案。

廠房與設備規劃

廠房與設備規劃的重點，在於爲知識網路小組的每一位成員，配置電腦設施與符合規格的硬體設備。某些時候，小組成員在等候之後獲得適當的配置，不過儀器在短期之內不會得到更新。當某些成員無法如期收到適當設施，專案小組與事業單位的SHE經理會前往該單位協調，爲小組成員重新安排裝置儀器的排程。某些單位由於並未預期這些設施成本的發生，因此在這一方面顯得遲疑不決。

輸入性資源——原料、日常用品與服務的規劃

原料、日常用品與服務的規劃，側重於滿足套裝軟體上的需求，幫助小組成員聯手改造他們的工作。我們決定採用 Lotus Notes 4.5 版，做爲主要的共同軟體平台。一俟完成軟體的配置，將有必要訓練小組成員有效地使用此工具。我們將聘請一位電腦訓練顧問，完成對小組組長的訓練；之後，輔導員將在事業單位SHE系統經理的協助之下，在各個工廠訓練所有小組成員。

除了這些服務之外，我們還將聘請一位 Lotus Notes 的軟體工程師，爲存放SHE知識的電腦資料庫設計範本。此專案的關鍵成功因素，在於此軟體工程師必須能隨著專案的進展，快速地設計應用軟體的螢幕畫面與資料庫範本，不能等到資料累積到龐大數量之後，才進行

資料輸入的工作。

事業單位的每一份子，仍持續感受到刪減成本的壓力。小組組長明白SHE理想化再造的實行，必須仰賴跨工廠的組員之間更緊密的聯繫。在徵得高階主管的同意之後，小組成員決定每季在德拉瓦的威明頓市碰面一次。爲了促進核心小組與跨工廠的小組會議，每個人都安裝了微軟的網路會議軟體（NetMeeting），開始透過公司的電腦網路召開會議；此舉大幅地降低了差旅費用。在幾次會議之後，大夥都對這個軟體以及網路會議的方式感到得心應手。

執行

所謂執行，是關於誰在何時、何地、以何種方式進行甚麼工作。當執行工作達到特定的里程碑之後，我們會檢查工作成果，以確保理想化設計的實現。在執行階段當中，工作方式必須展現相當程度的彈性，並且根據企業當時所面臨的議題而調整。其中主要的議題包括(1)持續刪減成本的壓力，(2)進一步裁員，(3)功能性單位與事業單位的進一步整合，以及(4)達成利潤目標的強烈壓力。

執行SHE理想化再造的關鍵成功因素包括：

- **人員因素**
- **組織因素**
- **工作因素**

■ 技術因素
■ 決心因素

人員因素

參與特用化學品SHE理想化再造的人員，是最重要的成功因素。事實上，每一個人在其職場生涯中，都曾有歸屬於某個委員會或小組的經驗。然而，大多數的人承認，他們參與團隊的性質主要是資訊的交換，少有機會直接從事實際創造價值的活動。

爲了實現SHE理想化再造的最大潛能，八位SHE知識網路小組的組長，邀請事業單位各個層面的SHE專業人士加入小組，幫助發展與特用化學品事業相關的SHE知識。每個小組由十到十五位成員構成；這些網路小組所涵蓋的SHE知識，包括安全、職業健康、環保、製程安全管理、配送、社區事務、產品管理，以及消防與緊急應變措施。

在遴選網路小組成員之前，組長們確認了能幫助網路小組獲致成功的人格特質……

在組員名單確定之後，下一項挑戰，便是設法讓任職於全國各座工廠的組員，以遠距的方式達成實質的合作。Lotus Notes、微軟的網路會議軟體以及電子郵件的運用，的確促成了遠距合作的實現……

遠距會議進行了幾個月之後，小組成員產生了更高的默契，開始著手找出SHE的相關工作，並且排定優先順序，決定何時、由誰以何種方式完成哪些工作……

在整個執行階段中，幫助成員實現潛能，並且明確地指出他們成功的例子，以期為網路小組提供成長動力，是非常重要的一點……

組織因素

如此大刀闊斧的行動，若非組織上下各個管理階層的全力支援，是不可能完成的。管理階層眞心誠意、而非形式上的參與，是這個成功因素的關鍵所在。在大多數的情況下，管理者之所以表示支持態度，通常是因為這是合宜的作法。小組組長們明白，若希望獲得成功，就必須得到管理階層顯而易見、積極的支持；而為了得到積極的支持，每個網路小組邀請一位對該知識領域具有濃厚興趣的高階主管，擔任該小組的贊助人。

為了實行SHE理想化再造的工作，小組組長根據他們的理念，定義了贊助人的特質與期望……

在執行階段初期，我們徵詢事業單位內的諸位廠長與執行總監，希望他們提出對於SHE理想化再造的看法以及任何考量……大家異口同聲地認為……SHE的改造將改變每個人在未來的角色與責任。領導階層承諾將花時間了解SHE理想化再造的細節，並且藉由贊助人的角色，實際地展現其參與感……

工作因素

執行階段之初，許多網路小組的組長與成員，都對SHE工作的改造抱持著懷疑的態度。他們的想法從擔心工作量不勝負荷，到懷疑專案的目的僅是擷取他們的SHE知識、輸入電腦資料庫中，以便將來縮減該層級的人數。為了消除後面這項疑慮，在開始執行SHE的理想化再造之後，我們立即花了時間，專心地制定SHE專業人員的新角色與責任的特色和期望……專業人員個人獲得的利益，包括更深入了解組織的業務及其挑戰、參與更有趣也更具挑戰性的高階層工作，以及創造升遷的機會。策略性事業單位受到的好處，則包括由於附加價值更高的SHE工作，導致了生產力的提升、更優異的安全表現、污染的防範，同時創造SHE的學習組織。

SHE知識的發展，幫助知識的最終使用者（組織的直線單位），在原本困難重重的日常工作當中，眞正地利用SHE知識來制定決策。負責SHE再造的知識網路小組一開始就明白，為了讓組織整體（包括臨時雇員）輕易地接觸、使用他們的工作成果，就必須將它們存放在電子媒體中。最終，SHE知識將可透過網際網路，供杜邦其他的策略性事業單位，以及特用化學品事業單位的顧客使用……

技術因素

資訊科技提供了促進合作與保存組織記憶的電子媒介，在SHE理想化再造的執行階段中，扮演著舉足輕重的角色。事業單位的高階主管明瞭，資訊時代的來臨，是其一般性化學商品加速成長、創造產品差異化的契機。這項任務具有幾項挑戰，包括以執行 Window 95 以及微軟 Office 95 或 97 的個人電腦，取代所有舊式的電腦硬體。在執行階段之初，事業單位的高階主管決定採用 Lotus Notes 4.5，並且由 Lotus Notes 的電子郵件，取代原有的五種電子郵件系統。幸運的是，負責SHE再造的知識網路小組成員，是第一批更新電腦系統的員工之一……

技術成功的關鍵所在，是必須將SHE理想化再造的IT需求，納入企業目前的資訊系統規劃，而不是試圖採用一個完全獨立的資訊系統……

決心因素

企業中求變的呼聲以及變革方式的設計，通常集中於一小群人身上，然後透過層層的指令與控制，強行在組織中展開。這種廣受管理階層歡迎的方法，的確能收到成效，然而若要持續見效，管理者就必須不斷地指揮、控制、對組織施加壓力。那些奉命維持改革成效的人，順從地執行自己的任務；其中有些人了解改革的好處，因此試著達成（甚至稍微超越）組織的預期，而那些見不到改革利益的人，則僅僅以達成預期爲目標，能保住飯碗就好。

順從的員工與忠誠的員工，可說是天壤之別。忠誠的員工對工作帶有一股幹勁與熱情，他們堅信改革的必要，並且願意不計一切地完成使命，即使必須改變遊戲規則，也在所不惜。

受到規劃程序影響的人，都有權利參與其中；這項原則是互動式規劃的一大特長……

由於理想化再造的過程，廣泛地任用來自組織各個階層的SHE專業人員，因此強化了網路組織小組組長與成員進行變革的決心……一位在再造程序開始之後，才加入的小組組長……評論：「理想化再造是一種革命性的過程，其結果可能徹底地改變企業營運的方式。我相信此程序將使企業脫胎換骨，因爲它的結果是如此令人讚嘆，若是有人不肯投注於變革之中，將得被迫爲自己的行爲辯護。其他策略性事業單位將遠遠地落後……」

控制措施的設計

與執行階段緊密結合的控制措施，追蹤各個SHE知識小組的工作進度。在年初時，每個小組選定預計於年底完成的關鍵任務；這些任務與消費者小組制定的理想化設計，具有直接的關聯性。我們在網路小組會議、小組組長會議與指導小組會議中，不斷地檢討這些關鍵任務的進度。不論時間、預算或資源的使用，與計畫出現偏差，都會在會議中提出、討論。網路小組會議無法解決的議題，將會往上面一個層級提出，尋求解決之道。

結論與啓示

杜邦特用化學品事業單位SHE部門的再造專案，是理想化再造與互動式規劃之原則與方法的切實運用。在過去，這類方案可能局限於SHE部門，而未考慮衆多利害關係人。由於奉行了參與式、一貫性與整體性等原則，我們得以克服過去實行重大變革所遭遇的許多障礙。在此，重新設計杜邦執行安全、健康與環保工作的方式，彷彿爲企業的染色體進行基因改造的工程。

這項專案的原始目的，在於探索系統化思考與互動式規劃的運用，藉以改造SHE專業人員的工作內涵，以求系統化地爲組織提供更高的附加價值。雖然找不到任何互動式規劃運用於SHE單位的案例，供我們參考，但是一俟參與者了解了此方法的原理與運用方式，他們便展現了高度的熱忱與創意。對大多數參與者而言，這是他們的職業生涯中，首次獲得機會改造他們的工作、定義他們未來的角色與責任，爲組織的利潤提出貢獻。藉由系統化地改造SHE，我們期望產生下列的成果。

第一項成果，在於積極創造與發展許多可行的方案，以解決SHE的爭議與難題。藉由建立一個正面的環境，肯定SHE專業人員攜手解決共通爭議與難題的價值，提升了專業人員的創造能力，讓他們探索更寬廣的解決之道，並且透過執行而得到驗證。由於對企業的議題了解更深，SHE專業人員能夠提出各式合理的方案，每一種方案的風險性不一；而當決策者擁有各種風險性不一的方案時，就能夠根據企業的狀況，制定出經過深思熟慮的各項決策。

第二項成果，則是希望賦予SHE專業人士，找出低成本、甚至零成本的方案之能力。藉由首先了解執行SHE的成本，以及這些成本對企業的衝擊，SHE專業人士將能找出具有創意的方案，以解決企業的議題與難題。

第三項成果，希望滿足SHE部門績效達到跳躍式——而非漸進式——提升的渴望。跳躍式的績效改變，需要徹底地重新思考提升績效的方式。對於SHE的績效而言，我們需要在喊出「以零爲目標」的口號之後，重新修正我們的信念系統。此外，用來鼓勵員工更積極參與的各種不同方法，也對SHE績效的脫胎換骨貢獻良多。舉例來說，對於安全上的提升，我們採用一套以行爲爲基礎的方法，取代傳統上階級化的指揮與控制模式……

第四項成果，將幕僚單位由成本中心，轉化爲提供附加價值的利潤中心。這些單位提供的服務，面臨著組織內部與外部的廣大需求。在整個執行階段中，SHE人員與業務人員對彼此議題與考量的了解，發展成一股讓SHE成爲企業競爭優勢的強烈願望。

第五，爲SHE人員創造更多時間以從事附加價值更高的任務，而由直線單位受過訓練的員工，執行例行性的工作。雖然在這一點已有些許成果，但是由於許多SHE專業人員認爲這些例行公事，是奠定他們事業成就的基礎，因此並不願意將它們移交給直線單位的人員。他們將重點放在例行公事的重新設計，並且制定訓練課程，幫助作業人員以積極的態度執行

SHE工作。依我之見，這項成果最難以達成，但顯然能提供最豐碩的報酬。

第六，提供顧客更健全的產品。在執行階段當中以及之後，網路小組學習如何透過電腦，記錄他們的SHE工作經驗，以便將來供其他人使用。特用化學品事業單位的產品，大多是一般性的化學品；一般性化學品的競爭基礎，在於價格、品質、可靠性與服務。由於大多數競爭對手在價格、品質與可靠性等三方面，與我們不相上下，唯一能在市場上突顯我們的一點，便是對客戶的服務。隨著將SHE工作經驗儲存於知識資料庫中，並且供客戶使用，相信這會成為我們在市場上的一大競爭利器。

第七點也是最後一點，將SHE知識供組織整體使用，使得員工制定的決策，能幫助他們增進執行SHE的能力。當所有員工都有權獲得SHE知識，他們將渴望為自己制定關於安全與健康的切身決策。例如，所有作業人員都能透過公司內部的網路，進入杜邦的全球SHE網頁，查詢當接觸特定的化學品時，需要什麼型態的個人保護裝備。此外，我們也教育作業人員穿戴個人保護裝備的原因。在過去，當作業人員希望得到這項資訊，得透過工廠內的職業健康專家，由專家來搜尋資訊、找出適當的個人保護裝備。如今，作業人員了解穿戴保護裝備的必要性，也懂得如何找出適當的裝備，他們對自己的職業健康有了更高的掌握權，不再需要仰賴他人。

……隨著執行階段的推展，我們已產生了許多心得，也會持續地學習。回顧這整個過程，我們發現此程序在起始階段就非常誘人，因為以消費者小組與設計小組創造理想化設計的方式，無疑是獨一無二、其他規劃程序所難以匹敵的。然而，眞正的工作，將落在維持人員徹底執行理想化設計的幹勁與決心。

附錄三、參考資料

Ackoff, Russell L. 1962. *Scientific Method*. New York: John Wiley & Sons.
—1974. *Redesigning the future*. New york: John Wley &
—1979. The future of operational research is past. Journal of Operational Research Society 30:93-104.
—1981. *Creating the corporate future*. New York: John Wiley & Sons.
—1994. *The democratic corporation*. New York: Oxford University Press.
—1996. On learning and systems that facilitate it. *Center for Quality of Management*. Journal 5 (fall): 27-35.
Ackoff, Russell L., Thomas A. Cowan, Peter Davis, Martin C. J. Euton, James C. Emery, Marybeth L. Meditz, and Madimir M. Sachs. 1976. *The SCAT-T report: Designing a national scientific and technological communication system*. Philadelphia: University of Pennsylvania Press.
Ackoff, Russell L., and James R. Emshoff. 1975. Advertising research at Anheuser-Busch, Inc. (1963-68). *Sloan Management Review*, Winter, 1-15.
Ackoff, Russell L., and Miles M. Martin. 1963. The dissemination and use of recorded scientific information. *Management Science 9*: 322-36.
Ackoff, Russell L., and Elsa Vergara. 1981. Creativity in problem solving. *European Journal of Operational Research* 7: 1-13.
Adams, John L. 1974. *Conceptual Blockbusting*. Stanford: Stanford Alumni Association.
Altier, William. 1991. Benchmarking is a wonderful tool.... *the paperspective* (December): 2.
—. 1994. Rightsizing = Wrongsizing. *the pa perspective* (June): 4-5.
American Management Association. 1995. 1994 AMA survey on downsizing. *Research Reports*, 20 July.
Argyris, C. 1993. *On organizational learning*. Cambridge, Mass.: Blackwell Publishers.
Argyris, C., and Donald A. Schon. 1974. *Theory in practice*. San Francisco: Jossey-Bass.
—1978. *Organizational learning. A theory of action perspective*. Reading, Mass.: Addison-Wesley.
Arthur D. Little, Inc. 1994. Companies continue to embrace quality programs, but TQM has generated more enthusiasm than results. 8 June press release.
Barnsley, Michael. 1988. *Fractals everywhere*. San Diego: Academic Press.
Bateson, Gregory. 1972. *Steps to an ecology of mind*. New York: Ballantine Books.
The battle for corporate control. 1987. *Business Week*, 18 May, 102-7.
Beer, Stafford. 1972. *The brain of the firm*. London: Allen Lane, Penguin Press.
Bertalanffy, Ludwig von. 1968. *General systems theory*. New York: George Braziller.
Bierce, Ambrose. 1967. *The enlarged devil's dictionary*. Harmondsworth, England: Pen-

guin Books.
Burnham, James. 1941. *The managerial revolution.* New York: John Day.
Capra, Fritjof 1983. *The turning point*. New York: Bantam Books.
Carlzon, Jan. 1987. *Moments of truth.* Cambridge, Mass.: Ballinger Publishing.
Chafetz, Morris. 1996. *The tyranny of experts.* Langham, N.Y.: Madison Books.
Checkland, Peter. 1981. *Systems tbinking, system spractice.* Chichester, England: John Wiley & Sons.
Choo, Chun Wei. 1998. *The knowing organization.* New York: Oxford University Press.
Churchman, C. West. 1971. *The design of inquiring systems.* New York: Basic Books.
1985. Churchman's conversations. *Systems Research* 2: 257-58.
Ciccantelli, Susan, and Jason Magidson. 1993. From experience: Consumer idealized design: Involving consumers in the product development process.. *Journal of Product Innovation Management* 10: 341-47.
Davis, Stanley M., and Paul R. Lawrence. 1977. Matrix. Reading, Mass.: Addison-Wesley.
Davis, Tim R. V 1991. Internal service operations. *Organizational Dynamics* (autumn): 5-22.
de Bono, E de. 1973. *Lateral thinking*. New York: Harper.
de Geus, Arie. 1988. Planning as leaming. *Harvard Business Review* 66 (March-April): 70-74.
—1997. The Living Company. *Harvard Business Review* 75 (March-April): 51-59.
Department of Health, Education, and Welfare (HEW. 1973. *Work in America: Report of a special task force to the Secretary*. Cambridge, Mass.: MIT Press.
Drucker, Peter R 1986. *The frontiers of management*. New York: E. P. Dutton.
—1991. Permanent cost cutting. *Wall Street Journal*, II January, Al 0.
—1994. The age of social transformation. *Atlantic Monthly*, November, 53-80.
Ernst and Young and the American Quality Foundation. 1992. Best practices report, October. Cleveland, Ohio.
Flood, Robert E 1991. Implementing total quality management through total system intervention. *Systems Practice* 4 (December): 565-78.
Flower, E. F 1942. Two applications of logic to biology. *In Philosophical Essays in Honor of Edgar Artbur Singer*, Jr., edited by E P. Clarke and M.
Nahm, 69-85. Philadelphia: University of Pennsylvania Press.
Forrester, Jay W 1961. *Industrial dynamics.* Cambridge: Wright-Allen Press.
—1971. *World dynamics*. Cambridge: Wright-Allen Press.
Friedman, Milton. 1970. The social responsibility of business is to increase its profits. *New York Times Magazine*, 13 September, 32f
—. 1973. The voucher idea. New York TimesMagazine, 23 September 23, 23f
Galbraith, Jay. 1973. *Designing complex organizations.* Reading, Mass.: Addison-Wesley.

Gall, John. 1977. *Systemantics*. New York: Quadrangle/New York Times Book Co.
Geranmayeh, Ali. 1992. *Organizational learning through interactive planning*.
Design of learning systems for ideal-seeking organizations. Ph.D. thesis in social systems sciences. Philadelphia: University of Pennsylvania.
Getzels, J. W, and M. Csikszentmihalyi. 1971. Discovery oriented behavior and originality of creative products. *Journal of personality and Social Psychology* 19: 47-52.
Gharajedaghi, Jamshid. 1985. *Toward a systems theory of organization*. Seaside, Calif.: Intersystems Publications.
1986. *A prologue to national development planning*. New York: Greenwood Press.
Gharajedaghi, Jamshid, and Ali Geranmayeh. 1992. Performance criteria as a means of social integration. *In Planning for Human Systems*, edited by Jean-Marc Choukroun and Roberta M. Snow. Philadelphia: University of Pennsylvania Press.
Goggin, William C. 1974. How the multidimensional structure works at Dow Corning. *Harvard Business Review* 52 (January-February): 54-65.
Goodman, Ted, ed. 1997. *The Forbes book of business quotations*. New York: Black Dog & Leventhal.
Gordon, Jack. 1996. A devil's dictionary of business buzzwords. *Training* (February): 33-37.
Gordon, W, 1972. *Synectics*. New York: Harper.
Halal, William E. 1986. *The new capitalism*. New York: John Wiley & Sons.
—. 1996. *The new management*. San Francisco: Berrett-Koehler Publishers.
Halal, William E., Ali Geranmayeh, and John Pourdehnad, eds.
—1993. *Internal markets*. New York: John Wiley & Sons.
Hamel, Gary, and C. K. Prahalad. 1994. *Competing for the future*. Boston: Harvard Business School Press.
Hammer, Michael, and James Champy. 1993. *Reengineering the corporation*. New York: Harper Business.
Handy, Charles. 1997. The citizen corporation. *Harvard Business Review* (September-October): 27-28.
Huczynski, Andrej A. 1996. *Management gurus*. London and Boston: International Thomson Business Press.
Hussong, A. M. 1931. An analysis of the group mind. Ph.D. Dissertation. Philadelphia: University of Pennsylvania.
Hutchins, C. Larry. 1996. *Systems thinking*. Aurora, Colo.: Professional Development Systems.
Issawi, Charles. 1973. *Issawi's laws of social motion*. Princeton: Darwin Press.
Jenks, Christopher. 1970. Giving money for schooling: Educational vouchers. *Phi Delta Kappan* (September): 49-52.

Jennings, E. E. The world of the executive. *TWA Ambassador Magazine*, April, 28-30.
Kauffman, Draper L. 1980. *Systems one: An introduction to systems thinking*. Minneapolis, Minn.: S. A. Carlton.
Kiely, Thomas. 1993/94. Unconventional wisdom. CIO, 15 December/I January, 24-28.
Kling, Julia. 1994. Re-engineering slammed. *Computermworld* (24), 13 June, 1, 14.
Laszlo, Ervin, and Alexander Laszlo. 1997. The contribution of the systems sciences to the humanities. *Systems Research and Behavioral Science* 14: 5-19.
Meier, Richard L. 1963. Communication overload: Proposals from the study of a university library. *Administrative Science Quarterly* 7: 521-44.
Micklethwaite, John, and Adrian Wooldridge. 1996. *The witch doctors*. New York: Times Books, Random House.
Miller, George A. 1956. The magical number seven, plus or minus two: Some limits on our capacity for processing information. *Psychological Review* 63: 81-97.
New encyclopedia britannica. 1974. 15th ed. *Macropaedia*, vol. 3, "s. v. Bureaucracy."
Nonaka, Ikujiro, and Hirotika Takeuchi. 1995. *The knowledge-creating company*. New York: Oxford University Press.
Ortéga Gasset, José. 1956. *Mission of the university*. New York: W W Norton.
Osborn, A. J. 1863. *Applied imagination*. New York: Scribner's.
Ozbekhan, Hasan. 1977. The future of Paris: A systems study in strategic urban planning. *Philosophical Transactions of the Royal Society of London*, A.387:523@.
Peters, Tom. 1994. To forget is sublime. *Forbes ASAP Supplement*, 11 April, 128, 126.
Petzinger, Thomas, Jr. 1996. The front lines. *Wall Street Journal*, I 0 May, B7.
Pourdehnad, John, William E. Halal, and Erwin Rausch. 1995. From downsizing to rightsizing to selfsizing. *Total Quality Review* (July/August): 43-50.
Rakstis, Ted, J. 1994. The downsizing myth. *Kiwanis*, April, 46ff.
Rapoport, Anatol. 1960. *Fights, games, and debates*. Ann Arbor: University of Michigan Press.
Raven, B. H., and H. T Euchus. 1963. Cooperation and competition in means-independent trials. *Journal of Abnormal Psychology* 67: 307-16.
Rovin, Sheldon, Neville Jeharajah, Mark W Dundon, Sherry Bright, Donald H. Wilson, Jason Magidson, and Russell L. Ackoff. 1994., *An idealized design of the U. S. healthcare system*. Bryn Mawr, Penn.: Interact.
Sachs, Wadimir. 1975. *Man machine design: An inquiry into principles of normative planning for computer-based technical systems*. Ph.D. thesis in social systems sciences. Philadelphia: University of Pennsylvania.
Schon, Donald A. 1971. Beyond the stable state. New York: Random House.
Senge, P. 1990. *The fifth discipline*. 3rd ed. New York: Doubleday.
Shannon, Claude. 1952. Presentation of a maze-solving machine. *Conference proceedings*

of the Josiab Macy Foundation, eighth cybernetic transactions, New York: Josiah Macy Foundation, 173-89.

Shapiro, Eileen C. 1995. *Fad surfing in the boardroom*. Reading, Mass.: Addison-Wesley.

Snow, C. P. 1964. *The two cultures: A second look*. New York: Mentor Books.

Sorokin, P. 1928. *Contemporary sociological theories*. New York: Harper & Brothers.

Stata, R. Organizational learning: The key to management innovation. *Sloan Management Review* 30:63-74.

Toffler, Alvin. 1971. *Future shock*. New York: Bantam Books.

Vergara, Elsa. 1981. *Creativity in strategic planning*. A Ph.D. thesis in the social systems sciences. Philadelphia: University of Pennsylvania.

Villiers, Chris. 1997. Learning together. *Boeing News* (56), 3 October, 1.

Vogel, E. H., Jr. 1962. Creative marketing and management science. *Management Decision* (spring): 21-25.

White, Joseph B. 1996. Re-engineering gurus take steps to remodel their stalling vehicles. *Wall Street Journal*, 23 December, Alf.

Wysocki, Bernard Jr. 1995. Some companies cut costs too far, suffer "corporate anorexia." *Wall Street Journal*, 5 July, I f.

Zeleny, Milan, ed. 1981. *Autopoiesis: A theory of living organization*. New York: North Holland.

國家圖書館出版品預行編目資料

交響樂組織：互動管理:循環式組織＋內部市場經濟＋多層面組織/羅素.艾可夫(Russell L. Acoff)作；黃佳瑜譯.
--初版.—臺北市：大塊文化，2001【民90】
面；　公分.—(touch；22)
譯自：Re-Creating the Corporation;a design of organizations for the 21st century

ISBN 957-0316-71-3(平裝)

1.企業管理 2.組織（管理）

494　　　　90007963

LOCUS

LOCUS

LOCUS

LOCUS